2012—2013

工程热物理
学科发展报告

REPORT ON ADVANCES IN
ENGINEERING THERMOPHYSICS

中国科学技术协会　主编
中国工程热物理学会　编著

U0326199

中国科学技术出版社
·北　京·

图书在版编目（CIP）数据

2012—2013工程热物理学科发展报告／中国科学技术协会主编；
中国工程热物理学会编著 . —北京：中国科学技术出版社，2014.2
（中国科协学科发展研究系列报告）
ISBN 978-7-5046-6536-2

Ⅰ. ①2… Ⅱ. ①中… ②中… Ⅲ. ①工程热物理学-学科发展-
研究报告-中国-2012—2013 Ⅳ. ① TK121-12

中国版本图书馆 CIP 数据核字（2014）第 003717 号

策划编辑	吕建华 赵 晖
责任编辑	李惠兴
责任校对	韩 玲
责任印制	王 沛
装帧设计	中文天地

出 版	中国科学技术出版社
发 行	科学普及出版社发行部
地 址	北京市海淀区中关村南大街 16 号
邮 编	100081
发行电话	010-62103354
传 真	010-62179148
网 址	http://www.cspbooks.com.cn

开 本	787mm×1092mm 1/16
字 数	310 千字
印 张	14
版 次	2014 年 4 月第 1 版
印 次	2014 年 4 月第 1 次印刷
印 刷	北京市凯鑫彩色印刷有限公司
书 号	ISBN 978-7-5046-6536-2/TK·21
定 价	50.00 元

（凡购买本社图书，如有缺页、倒页、脱页者，本社发行部负责调换）

2012—2013

工程热物理学科发展报告

REPORT ON ADVANCES IN ENGINEERING THERMOPHYSICS

首席科学家 徐建中 金红光

专家组成员 （按姓氏笔画排序）

王秋旺 孔文俊 刘 波 齐 飞 吴玉林

张 兴 张扬军 杜建一 杨 科 杨晓西

周 远 姚 强 姚春德 席 光 谈和平

郭烈锦 隋 军

学 术 秘 书 柯红缨

序

　　科技自主创新不仅是我国经济社会发展的核心支撑，也是实现中国梦的动力源泉。要在科技自主创新中赢得先机，科学选择科技发展的重点领域和方向、夯实科学发展的学科基础至关重要。

　　中国科协立足科学共同体自身优势，动员组织所属全国学会持续开展学科发展研究，自 2006 年至 2012 年，共有 104 个全国学会开展了 188 次学科发展研究，编辑出版系列学科发展报告 155 卷，力图集成全国科技界的智慧，通过把握我国相关学科在研究规模、发展态势、学术影响、代表性成果、国际合作等方面的最新进展和发展趋势，为有关决策部门正确安排科技创新战略布局、制定科技创新路线图提供参考。同时因涉及学科众多、内容丰富、信息权威，系列学科发展报告不仅得到我国科技界的关注，得到有关政府部门的重视，也逐步被世界科学界和主要研究机构所关注，显现出持久的学术影响力。

　　2012 年，中国科协组织 30 个全国学会，分别就本学科或研究领域的发展状况进行系统研究，编写了 30 卷系列学科发展报告（2012—2013）以及 1 卷学科发展报告综合卷。从本次出版的学科发展报告可以看出，当前的学科发展更加重视基础理论研究进展和高新技术、创新技术在产业中的应用，更加关注科研体制创新、管理方式创新以及学科人才队伍建设、基础条件建设。学科发展对于提升自主创新能力、营造科技创新环境、激发科技创新活力正在发挥出越来越重要的作用。

此次学科发展研究顺利完成，得益于有关全国学会的高度重视和精心组织，得益于首席科学家的潜心谋划、亲力亲为，得益于各学科研究团队的认真研究、群策群力。在此次学科发展报告付梓之际，我谨向所有参与工作的专家学者表示衷心感谢，对他们严谨的科学态度和甘于奉献的敬业精神致以崇高的敬意！

　　是为序。

2014 年 2 月 5 日

前　言

在中国科协学会学术部的指导下，中国工程热物理学会承担"2012—2013工程热物理学科发展报告"项目。本项目由中国工程热物理学会理事长徐建中院士，秘书长金红光研究员共同任首席科学家，专家组成员包括学科领域的学科带头人和优秀青年科技工作者。

中国科学技术协会建立的学科发展研究及发布制度，推进了学科交叉、融合与渗透，促进了多学科协调发展，充分发挥了中国科协及所属全国学会的学术权威性，起到了积极的作用。工程热物理学是研究能量以热和功的形式转换过程的基本规律及其应用的一门技术科学，属于应用基础学科的范畴，是能源高效低污染利用、航空航天推进、发电、动力、制冷等领域的重要理论基础。本报告重点回顾、总结和科学评价近两年工程热物理学科的新发展、新成果、新见解、新观点、新方法、新技术；研究分析工程热物理学科发展现状、动态和趋势，国际比较、战略需求，提出研究方向，展望工程热物理学科发展目标和前景；针对国家节能减排、发展低碳经济的重大需求，提出了工程热物理学科发展的对策意见和建议。

第三次工业革命引发的能源生产和消费方式变革，给工程热物理学科的发展带来新的机遇与挑战。为落实中国科协关于学科发展战略研究工作的有关部署，制订我国工程热物理与能源利用学科的发展战略。从学科发展和国家重大需求的战略层面出发，重新审视工程热物理学科的发展。建立能源、资源和环境一体化的可持续能源体系，使能源的发展与资源的开发利用相协调，是我国工程热物理学科的研究前沿。通过对国内外学科发展动态的比较分析，凝练工程热物理学科的前沿增长点。

本报告具体分工如下：学会理事长徐建中院士提出了报告的总体架构。周远院士、金红光研究员等负责综合报告的撰写，全体编委参与了讨论修改。隋军研究员负责工程热力学，吴玉林教授负责流体机械，姚强教授、齐飞教授负责燃烧学，谈和平教授负责传热传质学，郭烈锦教授负责多相流，杨科主任负责风能利用。学会副秘书长柯红缨高工担任学术秘书，负责项目管理工作。

由于编写人员学识限制，本报告不足之处难免，恳求专家学者批评指正。

中国工程热物理学会

2013年10月

目　录

综合报告

专题报告

ABSTRACTS IN ENGLISH

Comprehensive Report

Reports on Special Topics

综合报告

工程热物理学科发展现状与前景展望

一、引言

工程热物理与能源利用学科是一门研究能量和物质在转化、传递及其利用过程中基本规律和技术理论的应用基础学科，是节能减排的主要基础学科。

从人类利用能源和动力发展的历史看，古代人类几乎完全依靠可再生能源，人工或简单机械已经能够适应农耕社会的需要。近代以来，蒸汽机的发明唤起了第一次工业革命，而能源基础，则是以煤为主的化石能源，从小规模的发电技术到大电网，支撑了大工业生产相应的大规模能源使用。石油、天然气在内燃机、柴油机中的广泛使用，奠定了现代交通的基础，燃气轮机的技术进步使飞机突破声障，进一步适应了高度集中生产的需要。但是化石能源过度使用，造成严重环境污染，而且化石能源资源终将枯竭，严重地威胁着人类的生存和发展，要求人类必须再一次主要地使用可再生能源。这预示着人类必将再次步入可再生能源时代——一个与过去完全不同的、建立在当代高新技术基础上创新发展起来的崭新可再生能源时代。这个时代，按照里夫金《第三次工业革命》的说法，是建立在现代信息技术与分布式能源技术基础上的分布式利用可再生能源的时代。

化石能源行将枯竭带给人类巨大的挑战。在 19 世纪以前的长久历史时期中，人类主要依靠可再生能源（生物质能、太阳能、水能、风能）作为一次能源。自 19 世纪中期以来，煤的开发利用逐步取代了木柴，经历约半个世纪后成为全球的主要一次能源，使整个 20 世纪成为化石能源世纪。化石能源，包括煤、石油与天然气，在几乎整个 20 世纪所占份额在 80% 以上；自 1970 年起石油约占 40%，煤与天然气各占 20% 多，满足了全球的需求。根据英国石油公司 2011 年底的统计资料，全世界探明的石油、天然气、煤炭储量及储采比数据显示，按目前产量计算，天然气储采比为 63.6 年；石油储采比约为 54.2 年。煤炭的储采比略长，约为 112 年。而在我国，三种主要化石能源石油、煤炭、天然气的储采比分别为 9.9 年、29.8 年和 33 年，均远低于世界平均水平，我国面临的能源形势更为严峻。

化石能源的使用影响了全球气候变化。随着人类社会的发展，尤其进入工业化时代后，人类改造和影响地球系统的能力显著增强，积累效应使消耗化石能源行为成为影响气候变化的一项重要外界因素。人类在工业化以来，短短 250 余年间就排放了大约 1.16 万亿吨（CDIAC 数据）的 CO_2，而这可能是全球大气 CO_2 浓度由 280ppm 升高到 379ppm 的最主要原因。增高的 CO_2 浓度可能带来了更强的温室效应。1860 年以来全球地表平均气温升高了 0.44 ~ 0.8℃。

以气候变化为核心的全球环境问题日益严重，已经成为威胁人类可持续发展的主要因素之一。气候变化问题将贯穿今后世界政治、外交始终，温室气体控制技术已经成为全球科技领域的前沿热点。我国是 CO_2 排放大国，CO_2 减排未来可能成为制约我国发展的最大国际约束。2011 年德班会议中，我国政府首次表态，在一定的前提下，可以接受 2020 年以后有法律约束力的全球减排协议。然而，我国能源消耗量巨大，总量增长迅速，化石能源为主的能源结构难以在短时间内得到根本改变。

我国现在已经到了一个必须转变经济发展方式、调整产业结构以确保可持续发展的关键时期。能源可持续发展也面临着转变能源利用方式的挑战，特别是如何发展可再生能源和低碳技术，这一变革将成为未来工程热物理学科发展的主题。然而，以往工程热物理学科主要针对热和功的能源形式的研究，已不足以支撑我国能源的可持续发展，迫切需要新的学科发展战略，为新兴能源产业的发展提供科学基础。

为落实中国科协关于学科发展战略研究工作的有关部署，制定我国工程热物理与能源利用学科的发展战略。组织由院士、本学科中青年专家，从学科发展和国家重大需求的战略层面出发，重新审视工程热物理学科的发展。在学科发展现状、发展趋势、重要研究方向、支撑体系建设等几方面开展战略研究工作，重点围绕洁净煤技术、分布式供能系统、新概念发动机、风能与太阳能利用、能源动力系统温室气体控制等自主创新研究，提出具有工程热物理学科特色的学科发展战略和优先领域，提升学科发展规划制定工作的科学性、战略性和前瞻性，发挥在节能减排的重要作用，为我国占领能源科技与新兴能源产业制高点提供科学依据。

二、最新研究进展

（一）科学用能

科学用能从能的梯级利用、清洁生产、资源再循环等基本科学原理出发，寻求用能系统的合理配置，深入研究用能过程中物质与能量转化的规律以及它们的应用，达到提高能源利用率和减少污染，最终减少能源消耗的目的。科学用能强调依靠科学技术来节能和提高能源利用率，旨在全面、切实地推进循环经济的发展，是实现节能的根本途径，是能源科技发展的必然结果。

"科学用能"主要包含三个层面：一是通过"分配得当、各得所需、温度对口、梯级利用"的方式，不断提高能源及各种资源的综合利用效率，降低环境资源代价；二是通过解决能源与环境的协调相容问题，把能源转换过程与物质转换过程紧密结合在一起，特别注重控制废弃物与污染物的形成、迁移与转化，将能源转换利用过程与分离污染物的过程有机地结合在一起，降低甚至避免分离过程额外的能量消耗，实现在能源利用的同时，分离、回收污染物；三是转变传统的能源利用模式，发展资源、能源、环境一体化模式，实现资源再循环，最大限度地减少"废物"和"废能"。

建议发展生态工业园等能源和资源综合利用、梯级利用生产模式，及燃料电池、分布式供能技术、核能、可再生能源利用等新型能源技术。此外，还应该发展可以有效提高能源利用效率、减少环境污染的新兴能源利用技术，如煤炭的综合利用技术，实现液体燃料、化工产品和能源动力的多联产系统，以及固态照明技术等。与此同时，探索用能管理的新方法、新机制、新模式。

我国能源利用效率与国际上存在较大差距，表明我国节能有很大的潜力，完全有可能通过科学用能来大幅度提高我国的能源利用率，赶上当今的国际先进水平，并进而达到国际领先水平。不仅如此，为了达到比传统工业化国家还要低很多的能耗水平，我们还必须研究科学用能的新思路、新理论、新方法和新技术，以保证我国能源的长期、可靠、清洁的供应。因此，我国的节能和科学用能任重道远。

（二）化石燃料的清洁利用

1. 洁净煤发电技术

我国是世界上少数几个以煤炭为主要能源的国家之一。目前我国的能源消费结构中煤炭占 68%，能源资源条件决定了我国以煤为主的能源消费结构在短期内难以转变，未来煤炭仍将在整个能源过程中发挥不可替代的作用。以燃煤发电产业为例，为满足经济高速增长的需求，我国的发电装机容量逐年增加，2010 年火电装机总量已达 7.1 亿千瓦，比 2005 年的 3.9 亿千瓦增长了近一倍，由此导致污染物排放居高难下。国家"十二五"规划提出，"十二五"期间，国家对四种主要污染物：化学需氧量、氨氮、二氧化硫、氮氧化物实施总排放量控制。在 2011 年，全国总排放量化学需氧量 2500 万吨，氨氮排放量 260 万吨，二氧化硫排放量 2200 万吨，氮氧化物总排放量超过 2400 万吨。其中火电厂是上述污染物的主要来源之一。世界银行发布的《世界发展指标 2011》中列举的世界污染最严重的 20 个城市中，中国占了 13 个，包括天津、重庆、沈阳、郑州、北京等城市。世界银行根据发展趋势预计，2020 年中国因燃煤污染导致的疾病需付出经济代价达 3900 亿美元，占国内生产总值的 13%，发达国家在工业化中后期出现的污染公害已经在我国普遍出现，煤炭洁净利用问题在中国极为突出。

降低煤在我国能源产业结构中的比重，增加天然气、可再生能源与核能的比重是我国能源结构调整的主要努力方向。2005年，可再生能源开发利用总量（不包括传统方式利用生物质能）约1.66亿吨标准煤，约为2005年全国一次能源消费总量的7.5%，而天然气占能源比重不到3%。通过充分利用水电、沼气、太阳能热利用和地热能等，加快推进风力发电、生物质发电、太阳能发电的产业化发展，可以逐步提高优质清洁可再生能源在能源结构中的比例，力争到2015年使可再生能源消费量达到能源消费总量的9.5%左右，到2020年达到15%左右。同时，预计2020年天然气占能源结构比重将上升到8%左右，核电装机到2020年超过4000万千瓦。通过上述能源结构调整措施，力争到2020年，煤在我国能源结构中的比重下降到55%以下。

目前我国煤炭的主要利用方式是直接燃烧，它提供了我国发电、供热、冶金、化工等行业的主要热源。这种简单的利用方式不仅造成了近1/3的燃料做功能力损失，而且使燃烧产生的污染物稀释在大量的燃烧尾气中，加大了污染物脱除的难度。为此，我国必须开发高效、洁净的新型煤炭利用技术。

近几年，随着我国电力规模的快速扩大以及"上大压小"措施的实施，煤电技术大型化、高效、环保趋势明显。我国已投运和在建的1000MW超超临界发电机组达到了83台，其中，已投入商业运行的机组为21台。蒸汽参数均采用25MPa、600℃等级，平均供电煤耗295gce/（kW·h），技术水平居国内领先水平。预测到2020年，我国新建机组及"上大压小"机组容量达500GW，这为大容量、高参数煤电技术应用带来了较大的市场空间。

近年来，我国CFB锅炉技术向大型化方向发展，已完成了300MW等级CFB锅炉的自主研制和示范运行，并自主开发、设计、制造了600MW超临界循环流化床燃煤示范工程锅炉。CFB锅炉在工程应用领域已经由"十五"期间主要是引进技术占统治地位，转变为300MW及以下规模CFB锅炉以我国技术为主、300MW以上规模CFB锅炉与国外技术相竞争。

我国已开展大型煤气化、合成气低污染重型燃气轮机改造、液体产品合成、系统优化集成及设计、运行及控制等关键技术和系统的研发、验证工作。863计划重大项目"以煤气化为基础的多联产示范工程"所依托的华能天津250MW级IGCC示范工程已经成功运行。

在IGCC的基础上，洁净煤技术发展的另一重要方向是化工－动力多联产系统。化工－动力多联产系统是指通过系统集成把化工生产过程和动力系统有机地耦合在一起，在完成发电、供热等能量转换利用功能的同时，生产替代燃料或化工产品，从而同时满足能源、化工以及环境等多功能、多目标综合的能源利用系统。作为一种广义的洁净煤利用技术，多联产系统综合了化工生产流程与动力系统的特点，试图从能源科学、化工科学与环境科学的交叉领域寻找同时解决资源、能源和环境问题的新途径。研究表明，化工－动力多联产系统相对于化工与动力分产系统可节能15%以上，替代燃料生产与发电成本有望下降20%以上，从而有力推进洁净煤利用技术的扩散。

我国污染物控制技术发展和应用取得世人瞩目的成绩。从我国国情出发，需要发展可资源化污染物控制技术，以提升其资源和环境效益；发展与燃烧过程协同的污染物控制技术，发展更低成本、更高系统集成度的多种污染物联合（一体化）脱除技术；发展适用于水资源短缺地区的节水型、甚至无水型可资源化烟气污染控制技术。

从洁净煤利用技术的发展趋势分析，主要有以下方面。

（1）洁净煤燃烧与气化

我国目前煤炭利用的能效和洁净化仍落后于世界最先进水平。例如，10万千瓦以下机组占比为11.06%，而美国不到7%；供电煤耗比日本水平高出6.3%；二氧化硫和氮氧化物的排放绩效也比先进水平高。而且，我国仍有大量的分散燃煤锅炉，能源利用效率低，资源浪费严重。中国传统的煤化工企业中，技术水平落后、能源利用效率低、污染物控制难度大的占有相当大比例。与先进节能环保技术水平有很大差距。主要的问题和挑战在于：随着未来我国社会经济的发展，煤炭消费还会进一步增加，会导致更多的排放，这将会与我国目前正在努力减少常规污染和温室气体排放的目标相矛盾。

目前，大型燃煤发电技术已大规模应用，逐步采用超临界和超超临界机组替代亚临界机组。美国、日本、俄罗斯、德国都是超临界及超超临界机组拥有量较多的国家，全世界投入运行的超临界以上的发电机组已有600多台。世界上容量为100～300MW的循环流化床电站锅炉已有百余台投入运行。现已投入运行的最大超临界循环流化床锅炉为波兰Lagisza超临界465MW循环流化床锅炉。

煤气化技术也已大规模应用，成为煤基大宗化学品和液体燃料合成、先进的IGCC发电系统、多联产系统等行业发展的关键技术、核心技术和龙头技术，形成了固定（移动）床、流化床和气流床三种技术流派。20世纪70年代Texaco水煤浆加压气化技术的工业化，大大推进了大型煤气化技术的发展。经过近40年的发展，气流床气化炉已在IGCC技术中得到应用。

煤的高效清洁利用，特别是石油资源短缺和全球气候变暖问题，推动了一些新型煤高效低污染燃烧与气化技术开始进入商业示范阶段。采用温和的热解方法从煤中提取液体燃料和化学品的煤分级转化综合利用技术已逐渐被认识和接受。日本通产省在"21世纪煤炭技术战略"报告中，特别提到了提高燃料利用率的高增值技术，其中把低温快速热解制取燃气、燃油及高价值化学品作为重要研究项目。美国能源部也把从煤中提取部分高品位液体燃料和化学品列入"21世纪能源展望"计划中一项重要内容。

目前煤气化技术发展重点是大型化、高效率和环境友好，其技术应用需要考虑煤种适应性、操作的可靠性和环保特性。未来可能发展的气化技术包括适应煤种的大型煤气化、分级气化、催化气化等。不同于地上煤气化方式，地下煤气化集建井、采矿、运输、气化为一体，实现煤炭全生命周期的综合利用，涉及煤炭地下气化过程稳定控制工艺、适合煤炭地下气化的环保技术、建井技术、气化工作面综合探测技术、煤层顶板管理与地下水的防控技术等关键技术。

化学链燃烧技术，采用载氧体循环反应的间接燃烧形式，是基于近零排放理念的新型燃烧方式，需要在载体选择、反应器的结构与型式等方面取得突破。化学链气化技术也是一种新颖的气化技术，它以晶格氧替代纯氧作为氧源，较好地实现了能源系统燃料化学能的高效利用与系统零能耗回收 CO_2 的统一，需要解决载体的活性保持和载体强度等基础问题。

煤分级转化技术是基于煤炭各组分具有的不同性质和转化特性，突破传统的利用方式，以煤炭同时作为原料和燃料，将煤的热解、气化、燃烧等过程有机结合，可以实现煤炭分级转化和能量梯级利用。以煤的部分裂解气化制高级油品、半焦燃烧发电、灰渣综合利用为主要特点的煤分级转化综合利用技术可以在同一分级转化系统内获得低成本的煤气、焦油产品和蒸汽产品，获取蒸汽用于电力生产和供热，所生产的煤气可用于化工合成或燃料气，焦油可分馏出各种芳香烃、烷烃、酚类等，从而有效降低煤炭转化过程的复杂程度和成本，提高煤炭利用效率和效益。另外，烟气污染物所含 SO_2 和 NO_x 可分别制取硫酸、硝酸钙等资源，灰渣在提取高价值金属后残渣用于建材原料，实现污染物和灰渣近零排放与资源化综合利用。按照煤种特性、转化途径优化、目标产物定向等，煤分级转化技术可优化灵活组合热解燃烧气化等煤转化方式。不仅可以通过采用热解简单工艺实现煤中挥发分提取，而且可以结合热解气化燃烧过程调节目标产物油气电的比例，同时所得油气初级产物后续品质提升时还可以少加氢。煤的分级转化综合利用技术是近年来得到充分关注的技术。目前仍存在部分关键技术问题有待进一步解决和完善，包括煤的热解特性与运行特性的匹配以及含焦油高温煤气的除尘、冷却和焦油回收等问题。

随着资源、环境等客观条件对煤炭清洁高效低碳利用提出新要求，常规燃烧与气化技术已很难满足，需要新型清洁煤燃烧与气化关键技术取得突破，主要包括以考虑煤发电为主的煤热解气化半焦燃烧分级转化综合利用技术，以考虑 CO_2 减排为主的煤燃烧与气化技术等关键技术。

（2）洁净煤发电

国际上燃煤火电机组技术发展趋势是提高蒸汽参数，即提高朗肯循环的热端平均温度。在600℃等级超超临界发电技术成熟后，发达国家相继启动蒸汽温度达到700℃以上的先进超超临界发电技术研究计划，为下一代火电装备的更新提供技术：欧盟从1998年开始实施"AD700计划"，美国从2001年开始实施760℃先进的超超临界燃煤机组计划，日本从2008年开始实施A-USC计划。这些计划的实施，预示着700℃超超临界发电机技术是未来火力发电技术的重要途径，其发展趋势是提高蒸汽参数，以进一步降低机组的煤耗，减少温室气体和其他污染物排放。目前，国内具备了制造1000MW、25MPa、600℃等级发电机组的基础和能力，预测到2020年，新建机组市场容量达500GW。但是，在高参数大容量机组的设计及制造、系统优化、高温部件材料等方面与发达国家仍有较大差距，建设超600℃大容量等级超临界发电机组系统集成示范、研发超700℃关键材料和技术是今后几年的重要任务。

循环流化床燃烧发电技术在近20年内迅猛发展，是煤清洁燃烧发电重要技术之一。从国外市场来分析，CFBC技术是有发展前途的，主要是对亚洲这些地区的环境保护和改造老电厂有利。国际上循环流化床燃烧发电的发展趋势是提高蒸汽参数，机组参数从亚临界向超临界参数发展。我国"十一五"科技支撑计划项目"600MWe 超临界循环流化床"已经投运；针对燃用劣质燃料、大型超临界 CFB 锅炉系列、节能型 CFB 锅炉也在开展大量新技术研发。

近年来，IGCC 技术在煤化工、石化企业、煤制天然气的生产中，获得了明显的经济和环保效益，其关键技术也渐趋成熟。从目前发展趋势看，美国主要是提高 IGCC 发电效率和可用率，技术研发重点主要集中在煤气化、燃气轮机、合成气净化、新型空气分离发电技术方面。美国加州的冷水电站（Cool Water）是世界上公认的真正试运成功的 IGCC 电站。日本加大对空气气化 IGCC 技术方面的研究。从纯发电角度来看，IGCC 技术投资费用过高，运行可用率低，致使其发电成本较高。且 IGCC 技术仍有许多问题需要深入研究，如气化炉对煤的适应性、制氧方法对 IGCC 性能及经济性的影响等。

未来我国燃煤发电技术的发展方向是提高超超临界火电机组参数及相应的系统设计优化集成、发展热电联产技术、开发先进高参数循环流化床锅炉技术和掌握 IGCC 技术等。未来火力发电厂的主要发展方向是大容量、高参数，目前燃煤电厂的发展重点是推广600℃/620℃超超临界机组，开发 700℃先进超超临界发电技术，同时完成相应的机组冷端优化、锅炉热力系统、汽轮机系统、环保系统等部分的优化集成。700℃先进超超临界发电技术，可带动电力装备制造行业、原材料生产行业的协同发展，实现超超临界发电装备和材料的自主化，摆脱国外知识产权的束缚，扩大我国机电设备在国际市场上的份额，增强我国的经济实力，使我国快速进入国际电力科技和工程最前沿。热电联产技术具有显著的节能减排效益，是国家确定的十大重点节能工程之一。在热负荷比较集中或发展潜力较大的城市或工业园区，在满足电力发展规划的前提下，应积极发展热电联产，以实现节能减排。热电联产技术发展趋势是大型发电机组兼顾供热、现役纯凝机组供热改造、利用热电厂实现区域制冷和 IGCC 热电（冷）多联产。

循环流化床锅炉发电技术未来将向大型化、高参数化、燃料多样化、高可靠性，低厂用电率等方向发展。国内锅炉制造厂和科研院校在消化吸收引进技术的基础上，针对超临界循环流化床锅炉技术的研发，已开展了大量有成效的基础研究工作，依靠国内自有的科研和制造力量，自主研发的 600MW 等级超临界循环流化床锅炉已没有颠覆性技术障碍，示范电站也正在建设中。

IGCC 技术是一项方兴未艾的洁净煤技术，它具有高效和洁净利用煤炭资源的潜能，值得人们重视。IGCC 系统的常规污染排放量只有同等容量等级的超临界和超超临界参数粉煤电站的 1/3。IGCC 的技术核心是"煤气化 + 燃气轮机发电"。目前，IGCC 技术的开发重点是进行 IGCC 工业示范，建立不同煤气化技术与燃气、蒸汽联合循环系统，掌握和改进 IGCC，减低造价，积累 IGCC 电站的实际运行、检修和管理经验。

（3）洁净煤加工与转化

选煤是煤炭洁净利用的首要环节，随着洁净煤技术的兴起，世界主要产煤国选煤加工技术和装备都得到了迅速发展，煤炭入洗率越来越高，选煤装备向大型化、机电一体化、自动化和智能化发展。在众多的选煤方法中，重介质选煤技术发展较快。美国有 43.2% 的选煤厂装备了重介质分选机，51.5% 装备了重介质旋流器；澳大利亚 90% 以上的选煤厂采用了重介质选煤，而德国重介质选煤比例为 22.9%，俄罗斯为 42%。同时，发达产煤国家高度重视细粒级煤的分选与脱水技术装备的研究。随着采掘机械化程度的提高，煤炭品质趋向贫、细、杂，为煤炭洗选提质加工过程提出了严峻的挑战，矸石预选和细粒煤分选技术成为提高煤炭提质效果的关键因素。发展高效化、精细化、自动化、智能化的煤炭洗选提质技术是洁净煤技术的研究重要方向之一。

我国煤炭禀赋复杂，煤炭整体质量较差，随着煤炭消耗的增加，以褐煤、高硫煤以及稀缺煤二次资源为主的大量低品质煤利用被提上日程，今后低品质煤将成为我国煤炭资源的主要力量，发展低品质煤提质技术势在必行。褐煤提质技术以实现褐煤资源的大规模工程示范应用为目标。褐煤提质的关键是除去其中的水分，国外在褐煤预干燥领域最成熟、先进的提质工艺是过热蒸汽流化床技术，德国 RWE 公司采用先进的过热蒸汽工艺，已在德国建成 3 套装置，最大脱水能力达到 110t/h。美国、澳大利亚 Coldry 及神户钢铁，分别利用电厂冷凝水余热、微波、高压蒸汽蒸煮、溶剂油萃取等方式进行褐煤提质，但投资巨大、运行费用高，不能完全适应中国国情。褐煤提质的关键技术主要包括：褐煤高效脱水理论中的褐煤水分赋存及复吸基础科学问题；褐煤的低温干馏技术；废弃物资源化利用和 CO_2 减排与处理；褐煤脱灰脱硫技术；煤、焦、电、化一体化技术。大部分褐煤提质技术工艺系统非常复杂，提质成本高昂，系统运行可靠性低，对环境有着较大的污染等，离真正大规模工业化应用还有较长距离。开发系统简单可靠、成本低廉、环境友好的褐煤提质技术，并尽快实现大规模工程示范应用，是褐煤提质技术的重要方向。

煤化工是以煤为主要原料生产化工产品的行业，主要分为煤焦化、煤气化和煤液化三条产品链。洁净煤转化技术主要包括以气化、热解和液化为龙头的各种技术，其产品分为气体燃料、液体燃料、化品及其他类产品。从世界经验来看，煤化工的兴衰始终与石油和天然气化工紧密相关。20 世纪 70 年代末期的石油危机，使德国、美国等重新开始煤化工技术的研发，在煤气化、液化和碳一化工方面开发了一系列战略储备技术。受国际市场的影响，同时基于我国化石能源的赋存特征，我国新型煤化工已经从工业示范进入产业化应用，但在新工艺技术开发、催化剂开发和大型装备上还需要进行不断创新和关键技术突破。进入 21 世纪，世界石油价格不断攀升，使煤化工进入新一轮发展时期。鉴于洁净煤发电、醇醚燃料、碳一化学品等的基础都是煤气化，因此以大型煤气化为龙头的现代煤化工产业已成为全球关注的热点。煤炭洁净气化技术正朝大型化、清洁化的方向发展，以改进设备结构，提高脱硫、除尘及净化效率为目标。目前，全世界大部分的合成氨、甲醇都是以天然气为原料。受能源结构等多种因素决定，世界大多数国家煤化工处于战略技术储备或前期研究阶段。世界上先进煤化工技术开发从未间断，也取得了较好的成果，如南非煤间接液化制油，美国大平原煤制天然气等。目前，除中国、南非、美国少数煤资源大国外，其他国家鲜有大规模煤化工商用。发展现代煤化工最大的意义在于生产煤基替代燃料和替代石油化工产品，也是传统煤化工通往石油化工的桥梁，主要包括煤气化生产天然气、甲醇、二甲醚、油品、烯烃和乙二醇等。

大规模高效煤基转化多联产技术集成研究煤基合成气（一氧化碳和氢气）为原料，在一定温度和压力下，将其各种不同的催化工艺合成为不同烃类燃料油及化工原料和产品的联产工艺。包括煤炭气化制取合成气、气体净化与交换、催化合成烃类产品以及产品分离和改质加工等。煤基多联产系统组成设备众多，配置形式灵活多样，是新型煤化工的一种发展趋势，是一个经过优化组合的产品网。美国、德国等都投入大量人力、物力对 IGCC 的系统设计与优化技术进行深入研究。美国能源部（DOE）提出新型节能环保能源系统。其基本思想是以煤气化为龙头，利用所得的合成气，一方面用以制氢供燃料电池汽车用，另一方面通过高温固体氧化物燃料电池和燃气轮机组成的联合循环转换成电能，能源利用效率可达 50% ~ 60%，不仅排放少，而且经济性比传统煤粉炉电站高 10%。以煤气化为核心的甲醇、电力多联产和费托液体燃料、电力多联产，以及基于煤热解分级转化利用的多联产是煤基多联产未来发展的主要技术方向。涉及技术关键在于大规模的煤炭气化技术、中低热值煤气高效发电技术、三相浆态床反应工艺、低能耗的制氧技术、H_2 和 CO_2 分离技术、耐硫催化剂技术、煤热解分级转化利用技术、高温除尘技术、焦油提质技术、灰渣综合利用技术等。煤基多联产的近期目标是基于目前工业成熟的单元工艺，实现包括煤气化、燃气轮机发电、车用液体燃料生产和化工产品合成的初级多联产系统；远期目标是通过进一步研究开发，除涵盖煤气化制氢、燃料电池发电、液体燃料生产、化工产品合成之外，以实现 CO_2 捕集埋藏、生产无污染的氢能利用及燃料电池发电为最终目标，实现煤炭利用的近零排放。

（4）燃煤污染物控制与 CO_2 减排

提高发电效率仍旧是燃煤发电节能环保的主要方式，但还应发展满足未来环保要求的先进污染物控制技术。采用低能耗、低物耗、低污染、低排放，资源利用率高、安全性高、经济性和环境性好的先进的燃煤污染控制技术，在确保电力安全、可靠、有效供应的前提下，实现电力与环境的协调发展。主要做法是：①充分利用现有污染物控制技术对不同污染物的协同控制作用，通过技术创新，持续提高协同控制污染物的数量和效果，如在脱硫设施的基础上，发展脱硫脱硝一体化、脱硫脱硝脱汞一体化等技术；②大力发展资源化技术，如：氨法脱硫技术、有机胺脱硫技术，在有效控制污染物排放的前提下，实现副产物的资源化；③积极开发专用的多污染物协同控制技术，如低温 SCR 联合脱硫脱硝脱汞技术、活性焦脱硫脱硝脱汞技术等，以及超细粉尘、汞、CO_2 专用控制技术。④在严格控制燃煤大气污染物排放的同时，深度研发和应用固体废弃物、废水中有害物的处理，以及与先进技术匹配的监测技术。

美国、欧盟、澳大利亚和日本等一直致力于发展煤炭利用过程中的污染物控制技术，通过实施洁净煤技术和烟气净化技术，美国和日本引领了全球技术的走向。如日本 2006 年出台的新国家能源概要中明确提出，要通过煤炭高效转化技术降低污染物排放。大气污染物排放控制技术仍是国际上大气污染物减排技术的主流。包括以低 NO_x 燃烧器、燃烧中脱硫技术等为代表的燃煤过程中污染物控制技术，以及以烟气脱硫技术（FGD）、选择性催化还原技术（SCR）和选择性非催化还原技术（SNCR）、高效静电除尘器和袋式除尘器等为代表的大气污染物末端治理技术。燃煤电厂污染物控制技术的发展趋势是技术向多元化发展，使环保工艺效率不断提高，排放控制指标不断降低；控制污染物排放种类增加，由粉尘、SO_2、NO_x 控制逐渐发展到对 PM2.5 细微粉尘、SO_3、Hg 的多污染物控制。目前，国际上已经开始研究同时对 SO_2、NO_x、PM 和 Hg 等污染物进行脱除的技术等，这一类技术的研发成功将降低大型燃煤设备的污染物控制成本。

从世界范围来看，CO_2 捕集、利用和封存（CCUS）技术作为一项新兴技术，受到广泛关注，但目前仍处于研发和示范阶段。该技术新的发展重点方向是开发大规模低能耗、低成本的捕集技术和长期安全的封存技术。近年来，中国对 CCUS 技术的发展给予很大的关注并开展了一系列工作。CO_2 捕集按照技术路线一般分为燃烧后捕集、燃烧前捕集以及富氧燃烧捕集三大类。燃烧后捕集技术相对成熟，应用最广泛的是化学吸收法，在部分化工行业已有多年的工业应用。中国与发达国家的差距不大，已经开展了万吨级 / 年和十万吨级 / 年的工业示范。燃烧前捕集在降低能耗方面具有较大潜力，主要用于 IGCC。富氧燃烧捕集技术可用于部分燃煤电厂的改造和新建燃煤电厂。国外已完成主要设备的开发，并开展了工业级示范项目；我国已对该技术进行了多年研究，正在进行中试研究。低能耗、大规模制氧技术是降低能耗的关键，也是现阶段该技术发展的瓶颈。CO_2 的利用涉及多个工程领域，包括石油天然气开采，煤层气开采、化工和生物利用等。CO_2 驱油技术在国外已有近 60 年的发展和应用，运营的 CO_2 驱油项目超过 100 个，技术趋于成熟。中国自 20 世纪 60 年代开始关注 CO_2 驱油技术及其应用，已经开展了 CO_2 驱油关键技术攻关和工业规模的试验，与国外相比主要差距在工程经验和配套装备等方面。CO_2 化工和生物利用技术是国内外 CO_2 利用的研究热点，部分化工利用技术已开始大规模产业化。中国在 CO_2 化工和生物利用方面开展了深入研发工作，在 CO_2 合成可降解共聚塑料、CO_2 合成碳酸酯类化学品等方面已进入规模化示范阶段。CO_2 地质封存按照不同的封存地质体划分，主要包括陆上咸水层封存、海底咸水层封存、枯竭油气田封存等技术。目前，长期安全性和可靠性及长期成本的不确定性是 CO_2 地质封存技术发展的主要障碍。

综上所述，到 2020 年，中国将建成全球最大的煤清洁转化产业，煤清洁转化技术整体达到国际先进水平。随着国内天然气消费需求的日益旺盛，煤制清洁气体燃料成为我国战略性新兴产业发展重点。据不完全统计，在建及规划中的煤制天然气规模超过 500 亿立方米 / 年，这也为煤气化技术、甲烷化技术等煤制清洁气体燃料关键技术的应用提供了很大的市场空间。煤制清洁燃料是国家实施替代能源战略的重要内容之一。随着年产百万吨级煤直接液化技术示范装置、三个年产 16 万 ~ 18 万吨级煤间接液化技术示范装置、年产 10 万吨级甲醇转制汽油技术示范装置的开车和试运行，验证了煤制清洁燃料技术的可行性和可靠性。但在发展过程中仍面临自主知识产权技术应用率低、关键技术装备国产化技术水平不高、示范装置规模小等问题，在提高能效、降低水耗、工艺及产品优化、CCUS 技术集成等方面有很大潜力。

2. PM2.5 的形成与控制机理

在相当长的时期内,我国以化石燃料为主要能源的国情无法改变,细颗粒物作为我国大气污染的首要污染物的基本状况也不会改变。目前,我国大气 PM2.5 浓度比发达国家高数倍,已对人体健康和经济社会发展造成很大的威胁。控制细颗粒物的污染是国家节能减排战略的重大需求。

我国大气中 PM2.5 来源复杂,而燃烧过程是其主要的一次来源,包括以燃煤和生物质为主的固定源和以燃油为主的移动源。从源头控制 PM2.5 排放是解决我国 PM2.5 污染的根本途径。如何减排颗粒物是能源生产和利用中最复杂的问题,由于颗粒物化学成分、形态与结构以及减排技术的多样性,成为当前研究的一个难点,也是能源清洁利用与节能减排的一个关键问题。PM2.5 控制重点是发展多场作用下细颗粒多相流理论和控制技术,获得使细颗粒聚并和长大的方法,并利用传统污染物控制设备提高细颗粒物的脱除效率的技术形式;发展静电增强纤维过滤方法、过滤催化协同脱除方法等细颗粒物控制新技术。

矿物质颗粒物的形成机理及燃烧控制。煤中矿物质是燃煤排放颗粒物的主要来源。国外对矿物质颗粒物形成机理的研究始于 20 世纪 70 年代末,近年来国内外围绕煤中矿物元素存在形式、粒度、组分及赋存形态、燃烧气氛和温度等对颗粒物生成的影响开展了大量的工作,如基于铝元素粒径分布的颗粒物模态识别研究、细颗粒物在燃烧炉内沿程变化特性的研究。但是目前相关分析多基于煤中矿物质的化学成分,对矿物质岩相组分、结构演变及其相互作用的定量研究较少。徐明厚等研究表明亚微米颗粒物的相当部分来源于易挥发元素的蒸发。但对实际燃煤过程中非均匀分布的内在矿物质的聚并熔融和非均相成核过程、易蒸发重金属元素在细颗粒上的冷凝富集机理尚不清晰,缺乏相关的模型描述方法和基础动力学数据。对细颗粒物的化学成分还缺乏有效的在线测量方法,对其主要成分的认识也未统一。在矿物质细颗粒物形成的理论描述方面,近几年国内发展了具有特色的颗粒群平衡模拟算法,初步建立了燃烧过程细颗粒物成核、冷凝、聚并和沉积等过程的理论计算平台,但决定这些物理机制的关键参数仍有待明晰。

碳质细颗粒物的形成机理及燃烧控制。碳质颗粒物是细颗粒物的另一重要组分,主要来自于化石燃料的燃烧,包括移动源和固定源。柴油机是移动源碳质细颗粒物的主要来源。目前,广泛关注的均质压燃(HCCI)和低温燃烧模式正处于研发阶段,有待突破。近年来,碳烟生成及氧化的化学动力学机理,包括前体物的生成、碳烟表面生长及氧化等过程的研究得到了较系统的发展,但高温高压条件下氧气及氧化基团(OH、O 和 HO_2)在碳烟生成和氧化中的反应机制仍不清晰。须进一步深入研究上述化学反应机制及其与缸内流场、温度场和浓度场的耦合作用,以减少燃烧过程碳烟生成和促进碳烟的后期氧化。随着柴油机燃烧诊断技术的进步,对柴油机碳烟的生成、氧化过程及控制有了新的认识。我国对柴油机碳烟生成历程的研究表明,燃烧过程中碳烟呈现先增大后减少的单峰变化趋势,在后燃期,约 70% 的细颗粒物被氧化,因此缸内碳烟的氧化对柴油机细颗粒物的排放至关重要。煤炭转化和利用也是产生碳质细颗粒物的另一重要来源。我国的研究表明，碳烟颗粒形成阶段同时发生了碳烟氧化和石墨化两种过程，且相互影响，碳烟氧化不仅具有各向异性，而且吸附其上的矿物质元素如 Na、Fe、Pb 和 Cr 等具有催化作用，碳烟的氧化从中心开始，形成了中空结构并发生塌陷，从而加速氧化过程。综上所述，发动机缸内或煤粉炉内始终进行着极其复杂的湍流运动，开展碳烟生成和氧化的化学动力学与湍流脉动耦合、碳质细颗粒物与矿物质的相互作用的基础研究，是强化碳质细颗粒物控制的关键。

（三）先进动力技术研究

1. 燃气轮机

为给我国发展先进的燃气轮机提供理论支撑，国家 973 计划实施了"燃气轮机的高性能热—功转换科学技术问题"和"大型动力装备制造基础研究"两个项目。通过"燃气轮机的高性能热—功转换科学技术问题"项目的实施，系统地建设了测量技术先进的机理性实验平台，开展了燃气轮机相关基础研究，获得了一批基础实验研究数据，在多级轴流压气机、燃烧室和空气冷却透平的内部流动，以及燃气轮机设计理论等方面解决了大批关键科学问题，缩短了与国际先进水平的差距。通过"大型动力装备制造基础研究"项目的实施，发展了蒸汽/空气双工质超强冷却新原理，研制出 F 级透平高温动叶片；初步构建了盘式拉杆组合透平转子系统设计体系，建成了重型燃气轮机全尺寸转子综合试验系统。但是所开展的基础研究工作是以 F 级燃气轮机为对象的，还不足以完全支撑目前对多燃料高适应性先进燃气轮机的研发需求。

（1）压气机

国内在压气机方面的研究主要以提高压气机气动性能为目标，主要集中在研究复杂流动机理和流动控制方面。在复杂流动机理研究方面，主要有叶尖泄漏流动的非定常特性和射流控制；三维角区分离流动机理和控制，以及高精度数值模拟等。这些工作已形成了自己的特色，提升了本领域研究水平，并得到国际同行的认可。在流动控制方面，国内开展了对三维叶片，边界层抽吸等流场控制机理和技术的研究。但这些研究还大多局限于单级或叶栅层面，对采用控制技术后，级与级之间的匹配机理缺乏认识。同时对如机匣处理、微射流、多转子等流场控制技术认识还有待提高。

（2）燃烧室

我国在多燃料燃气轮机的振荡燃烧机理方面的研究主要有：在合成气燃料和分级燃烧等条件下热声耦合振荡的机理和抑制方法。对湍流预混火焰的燃烧噪声机理与模型，及中低热合成气的燃烧稳定性。国内在振荡燃烧主动控制方面的研究比较少，主要是以 Rijke 管为对象进行机理研究；如：通过移相控制器对黎开管中的热声振荡进行控制。发展基于观测器的燃烧振荡鲁棒控制方法。利用基于主动补偿控制器进行振荡燃烧主动控制的模拟与实验研究。国内对于燃气轮机燃料的多适应性研究刚刚起步。主要工作有利用矿物柴油、生物柴油及混合油在航空发动机燃烧室上开展试验研究；分析乙醇燃料燃气轮机热力循环参数，并进行燃烧室的结构设计；对合成气火焰的机理和污染特性开展研究。为燃气轮机后续研究奠定了良好基础，但针对燃气轮机燃烧多适应性尚有许多问题亟待研究。

（3）透平

自 20 世纪 80 年代起，国内学者开始了高负荷跨音速透平的研究，包括：低展弦比高负荷跨音速冷却透平；跨音速复合式气冷透平叶片内气冷流量分配、增温、内外换热系数和温度场的计算方法；高负荷透平弯叶片对叶栅内边界层发展及旋涡运动的影响。然而，目前这些研究侧重于高负荷透平的定常设计研究，对其中的复杂流动结构、损失机理和级间干涉效应还未完全掌握。在优化方面，开展了以提高透平部件效率为目标的优化方法研究，并结合数值模拟探索高性能透平叶型的优化方法，如通过单纯形法寻优，建立叶轮机械叶型自动优化设计方法；基于神经网络及遗传算法的叶片三维优化设计；结合模拟退火算法和序列二次规划算法构建了透平优化系统等。在透平冷却结构和机理方面，国内发展了一系列新型气膜冷却孔型、高效冲击冷却结构以及复合冷却的综合分析方法，但在冷却结构的实用性上仍存在不足。在冷却机理及冷却设计方法方面，开展了非定常流动与传热机理、气热耦合分析、叶片应力及寿命评估等方面的研究，已有一定积累，但复杂流动及换热之间的相互作用机制还不能定量分析，不足以支撑可靠的非定常冷却设计体系。用于高效高适应性燃机透平流热固耦合机制的模拟方法和测试技术仍有待提高。

（4）二次空气系统

国内对于二次空气系统的研究多集中在若干典型单元的流动传热机理上，且多以航空发动机的二次空气系统为主，重型燃气轮机典型单元的基础研究和基础数据库严重不足。目前虽然对旋转单元中复杂涡系控制下的传热机理展开了一些研究，但在更深层次的规律把握上尚有待提高，且实验手段和高精度数值模拟方法也有待发展。同时，将包含诸多典型单元的重型燃气轮机二次空气系统作为一个整体系统的分析方法也是刚刚起步，对于二次空气系统的动态响应机制尚未开始研究。这些都制约了对多适应性燃气轮机二次空气系统机理和特性的掌握。

近十年来，国内燃气轮机产业的发展推动了国内相关方面基础研究水平的提高，特别是通过 973 等国家科技项目，在硬件方面建立了较为完善的系统实验平台，如压气机和透平内部流动机理试验台、高温高压燃烧试验台、高效冷却试验台等。并发展了新的理论分析、实验测量和数值计算方法。初步形成了一支方向齐全，有国际视野的专业研究队伍。在一些研究方向已形成特色，接近国际水平，为本项目在相关领域的研究奠定了良好基础。另外，发展高效清洁多适应性燃气轮机对国际燃气轮机领域都是全新的问题，我国具有利用后发优势，迎头赶上世界先进水平的机遇。相信通过项目的有效组织和研究人员的共同努力，五年内完全有可能在流动、燃烧、传热等基础研究方面取得突破。如揭示高负荷压气机失速和流动匹配规律；掌握分级燃烧中扩散火焰和预混火焰相互影响机理；建立透平分组分工质条件下的流动损失理论。同时也有希望在相关应用基础研究方面获得突破，如建立多适应性高效清洁燃气轮机先进压气机设计理论；对分级振荡燃烧提出新的主动控制方法和控制理论模型；建立流热固耦合的透平叶片设计方法；发展针对多适应性的二次空气系统流热固一体化动态响应分析方法等。这些成果将为自主发展适合我国能源结构的高效清洁多适应性燃气轮机提供理论支撑。同时"航空发动机／燃气轮机重大专项"将为项目成果的应用提供历史性机遇。

2. 内燃机

"十二五"是我国实现产业转型升级的关键时期，是落实我国控制二氧化碳排放承诺的关键时期，也是有效减缓石油对外依存度过快增长的关键时期。内燃机工业是实现全社会节约石油的基础和节能减排的重要环节，在我国建设"资源节约型、环境友好型"社会的过程中占有举足轻重的地位，肩负着重大的历史责任和社会责任。加快推进节能减排，是当前内燃机工业面临的一项艰巨而紧迫的任务，对保障我国石油能源安全、实现节能减排目标意义重大。

（1）均质压燃技术进展

近年来，一种新的内燃机燃烧方式，即均质压燃受到越来越多的关注，与其他燃烧方式不同，均质压燃的燃烧使缸内混合气几乎同时到达自燃温度而差不多同时发生放热反应，在理论上是一个非扩散的燃烧过程。均质压燃可以在比较稀的混合气中进行，因而可以大幅度降低氮氧化物生成。它不依赖点火和火焰传播，避免了点燃燃烧对空燃比和压缩比的要求，燃烧过程实现了低温燃烧和快速燃烧，发动机散热损失降低，使得发动机热效率得到大幅度提高。试验表明，采用均质压燃的汽油机，其部分负荷热效率可超过目前柴油机的水平。均质压燃解决了分层燃烧缸内直喷点燃式汽油机氮氧化物后处理的问题，是一种节能减排的燃烧方式。均质压燃可在进气道混合气形成方式的汽油机和缸内直喷汽油机的基础上来实现，前者在部分负荷时需要采用可变配气技术，后者主要通过燃油喷射时刻的控制来实现，后一种方式实现起来对发动机硬件的改动很小，更容易在现有的汽油机上实现。

目前，汽油机均质压燃的研究仍主要集中在实验室阶段，欧洲和美国汽车公司已提出装有均质压燃汽油机汽车的市场推出计划，预计若干年后将有装载均质压燃汽油机的汽车上市。随着节油和大气中 CO_2 含量控制的需求，汽油机热效率提高的问题将会受到越来越多的关注。均质压燃汽油机由于有大幅度提高发动机热效率的潜力，特别是提高部分负荷运行的燃料效率，因而从本世纪初就已成为汽油机燃烧系统研究热点方向。为了进一步提高汽油机的平均有效压力并避免爆燃的发生，采用均质压燃和点燃结合的复合燃烧方式，即在中低负荷工况采用均质压燃，在高负荷工况仍采用点燃，从而解决均质压燃汽油机的冷起动、大负荷的动力性需求，是目前汽油机的一个重要研究方向。

均质压燃发动机的研究已从最初的柴油、汽油燃料扩展到天然气、二甲醚、醇类燃料和混合燃料，由于均质压燃发动机的燃烧过程还有很多现象和规律有待阐明，燃烧控制技术还有很多工作要做，故今后一段时间均质压燃发动机燃烧仍将是内燃机领域研究的重点和热点问题之一。以往的研究工作主要集中在均质充量压燃着火燃烧方式上，但最近有研究表明，非均质充量压燃着火燃烧方式在实现高效低污染同时更容易实现着火和燃烧过程的控制，且更易于在发动机上实现。因此，国内外已开始关注这方面的研究工作。此外，均质压燃发动机瞬态控制策略和方法也需要给予足够的关注和研究，它直接关系到均质压燃发动机在车用动力源上的应用。

（2）燃烧方式

近年来，一种分缸工作实现均质混合气压燃的模式被提出。该模式采用一个气缸专司混合气准备，经由一个通道进入过渡腔，再由过渡腔的活塞压入工作腔，与工作腔中压缩至900℃以上的高温气体混合燃烧。这种分缸工作模式，克服了均质压燃混合气准备的困难，不仅可以实现全负荷运行，而且可以在一台发动机上运行不同的燃料。

二元燃料燃烧是在一台内燃机上采用两种燃料工作。一种燃料先行与空气形成均质混合气进入气缸，然后由另一种燃料喷进混合气中共同燃烧。实际应用的如天然气（煤层气等）/柴油和醇（甲醇或乙醇等）/柴油的双燃料内燃机。两种燃料在内燃机上各自都有其独立的供应系统，燃料供应按工况要求由专用的控制系统对各自的量进行控制和调节。由于该种燃烧方式是一种燃料喷进另一种燃料的混合气热氛围中着火、燃烧，因而既继承了压燃式内燃机的扩散燃烧特征，同时也包含点燃式内燃机火焰传播的预混燃烧特征。因而，二元燃料燃烧过程既受物理混合的限制，也要受化学反应动力学的约束。显然，这种二元燃料燃烧比现有单纯的柴油仅在空气中着火和燃烧或汽油由火花点燃的过程要复杂得多。二元燃料燃烧由于是以与柴油机相当的压缩比压燃，因而在客观上具备了高热效率的潜力。

随着环保法规的逐步加严，节能以及控制温室气体排放，从提高燃烧效率的角度，进一步提高燃料效率是全球的共识。美国发起的"超级卡车"计划，目标是将燃料效率提高到65%，欧洲和日本纷纷制定油耗的限制标准。我国政府也制定车用车和商用车的燃料消耗指标，除从燃烧角度进一步做工作之外，加强废气余热利用，实现对整个动力装置的科学热管理，发展低碳燃料、生物质燃料等将会成为未来的一个热点问题。

（四）热传递基础问题研究

1. 传热新理论与方法

现有传热理论面临两方面的挑战：一方面，世界性的能源短缺要求更多地提高能源利用效率，各种能源的利用 80% 都要通过热量的传递，因此改善传热过程的性能就尤为重要。70 年代世界能源危机推动了传热强化理论和技术的发展，然而，传热强化通常需要提高流速，但是泵功增加更多，所以通常不节能。要节能，即要提高传热过程的能源利用效率需要有优化概念。可是传热学里只有速率的概念，没有效率和优化的概念。另一方面，随着高科技的发展，例如超快和超大功率的激光，以及纳碳纳米管和低维材料的应用愈来愈广泛，然而此时传热学里面的核心定律傅里叶导热定律已不再适用，所以无法进行微纳机电器件的热分析和热设计。

应对第一方面的挑战的现有文献，通常应用熵产（㶲损）最小原理来优化传热过程，可是分析表明，对于与热功转换过程无关的传热过程性能最佳与熵产最小不对应；应对第二方面的挑战的现有文献，通常都是用各种各样的模型，对傅里叶定律进行修正，例如，典型的 C–V 模型，在傅里叶导热定律里加上热流随时间的导数项，但是在热量传递过程中不仅会出现负的温度，违背了热力学第二定律，而且不能解决稳态非傅里叶导热问题。

应对上述两方面挑战的传热新理论则是从重新认识热量的本质出发，提出了热的"能、质"二象性，即当热量与其他形式能量转换时，表现为能量的特性，当热量运动时，表现为质量的特性。从而建立了普适导热定律，既能适用于常规条件，又能用于极端条件下传热过程；通过类比和演绎法导出了新的物理量火积，它是热质能的简化表达式，因此它代表物体传递热量的能力。在热量传递过程中火积因耗散而不守恒，因此它也是传热过程不可逆性的度量，从而建立了最小积耗散热阻原理，用于传热过程和热系统的性能优化，提高能源利用效率。

（1）热质理论和普适导热定律

根据爱因斯坦相对论，物体中的能量，如热能、化学能、电磁能等，都是物体静质量的一部分，所以热能的当量质量可以定义为热质。热质的质量非常小，通常仅为物体总质量的 10% ~ 12%，所以在研究物体的宏观运动过程时不需要考虑热质的影响。然而传热学研究的是热量与物体的相对运动，此时热量的质量不能忽略。在介质中，热量运动速度的上限是声速，远小于光速，所以它的运动符合牛顿运动定律。以热质的概念为基础，可以定义热质的密度 h，迁移运动速度 uh，热质的压强 ph 等动力学物理量。传热过程可以视为热质流体在多孔介质（物体分子结构）中的流动，可以用连续介质流体力学的控制方程来描述。

热质运动的守恒方程包括热质质量守恒方程与动量守恒方程，它实际上就是传热过程中的能量守恒方程。热质的动量守恒方程与流体动力学中的 Navier–Stokes 方程具有类似的形式。该方程的左侧两项分别为热质运动的时间惯性力项与空间惯性力项，亦可以称为加速度项；右侧两项分别为热质运动的驱动力项与阻力项。热质压强与温度的平方成正比，所以热质压强梯度具有温度梯度的形式。热质在介质中的运动类似于多孔介质中的流体流动，所以热质阻力与热质流动速度成正比。在绝大部分工程实践中，热质的惯性力项非常小，热质的动量守恒方程即为驱动力与阻力的平衡，这时就得到了傅里叶导热定律，即 $q=-0\nabla T$，即热流 q 正比于温度梯度 ∇T，比例系数为导热系数 0。

当热质的动量守恒方程中的惯性力项不能忽略时，如在快速瞬态激光加热、纳米尺度导热等情况下，傅里叶导热定律不足以描述真实导热过程。这时，从热质动量守恒方程中可以导出比傅里叶导热定律更为普适的导热定律，包含了热量运动的惯性力项的影响。

普适导热定律预测了多种非傅里叶导热现象。例如，当热流的时间惯性力不能忽略时，普适导热定律预测了热量是以波动形式向前传递的，具有有限的传播速度。这克服了传统傅里叶导热定律预测的热量传播速度无限大的悖论，在预测快速瞬态激光加热过程方面具有重要意义。又如，类似稀薄气体在微通道中的流动，热质在运动过程中由于密度降低会发生加速，这将导致傅里叶定律被改写成 $q=-k_0（1-b）\nabla T$，体现了热质流体的可压缩性。这样，普适导热定律可以预测碳纳米管或者石墨烯的等效热导率随着长度与温度的变化。再如，热质流体在截面变化的管道中流动时，空间惯性力不能忽略，导致其从管道较宽端向较窄端流动时所受阻力不同于从窄端向宽端的流动，这就产生了在非对称纳米结构中的热整流现象。

在微观上一般采用声子理论来解释介电固体中的传热过程。热质理论所导出的普适导热定律与前人基于声子玻尔兹曼方程求解出的导热方程具有类似的形式。我国研究人员近年来导出了热质理论中的空间惯性力项，从而阐明了热质理论所导出的普适导热定律可以从声子玻尔兹曼方程的非线性解得到。另一方面，声子玻尔兹曼方程的 Chapman-Enskog 展开可以得到热质理论中的黏性耗散项，预测了纳米系统中可能出现热导率随着系统直径或者厚度的改变而变化的现象，在研究当前热点的纳米热电材料方面具有重要应用。

（2）热质理论的验证及方法

热质理论提出热量具有质量属性，并且利用牛顿力学的分析方法对热质流体的运动规律进行描述并获得普适导热方程，可以对超快速飞秒激光加热、稳态高热流密度导热引起的非傅里叶导热现象进行描述。在稳态条件下，由于热质流体的空间惯性力不可忽略，将导致材料中的导热过程偏离傅里叶导热的预测。普适导热方程指出稳态非傅里叶导热现象将随着温度的降低和热流密度的增加而越发明显。

碳纳米管的管径只有几个纳米到几十纳米，在真空环境中可以承受 3000K 的高温，所以碳纳米管中的热流密度可以超过 $10^{12}W/m^2$，可以产生明显的非傅里叶导热现象。声子是碳纳米管中热量的主要载体，声子的动量守恒方程就是普适导热方程。研究指出，当碳纳米管中的热马赫数达到 1 时将出现热流壅塞现象，即碳纳米管端点处存在温度阶跃，并且会随着热流密度的增加而增加。这也是由热质理论首次预测的一种全新的非傅里叶导热现象。

热质理论中将单个静质量粒子所具有能量的当量化质量定义为热子，大量的热子就形成了热子气。针对不同的材料，热子气具有不同的状态方程。金属材料中电子是热量的主要载体，热子依附于电子运动，所以两者满足相同的统计分布函数，即 Fermi-Dirac 分布函数。在实验中，研究者对悬浮金属纳米薄膜进行大电流加热，测量其平均温度。结果显示当热流密度较小时，实验值符合傅里叶定律的预测，此时傅里叶定律成立；当热流密度较大时，实验值明显偏高于傅里叶定律的预测值，并且两者之间的温差随着热流密度的增加和环境温度的降低而增加。实验值同普适导热方程的预测值在定量上符合得很好，验证了热质理论的正确性。

另有研究表明，当金属纳米薄膜被飞秒激光加热时，存在两种典型的温度体系，即电子温度体系和晶格温度体系。电子首先吸收光子的能量，电子温度迅速升高，之后通过电子和声子之间的能量交换将能量传递给晶格，电子温度下降，晶格温度升高，最终两种体系达到热平衡状态。研究金属材料的瞬态非傅里叶导热现象需要建立热质两步模型，其中分别给出电子和晶格体系中的普适导热方程，通过引入电子—声子耦合系数将两个方程联系起来。电子体系中热质的特征时间在 10 ~ 15s 的量级，晶格体系中热质的特征时间在 10 ~ 12s 的量级。

基于热质理论发现温度梯度或热流可以驱动纳米颗粒的运动。当系统中存在热流时，系统中的热质进行定向运动。在热质运动的过程中，热质受到物体结构的阻碍作用，同时，热质也会对物体产生推动作用，这个力会驱动物体向热流方向运动。假设外管与内管达到温度平衡，因此外管具有与内管相同的温度梯度。热质在运动过程中受到自身压力梯度的作用和物体结构对它的阻力作用，而热质所受到的总阻力大小就是物体受到的热流的驱动力的大小。可以近似认为，热质受到的单位体积阻力与其受到的压力梯度是同一量级，由此便可预测热驱动力的大小。采用分子动力学模拟研究了双壁碳纳米管的热驱动现象，其中定子为内管，两端施加温度梯度，动子为外管，模拟得到的主要结论包括：动子做匀加速运动，只受热驱动力作用，阻力可以忽略；动子和定子手性组合的不同引起不同管间势能面形状分布，存在最小能量轨道。限制动子运动，即沿轴向平动、转动或螺旋线型运动，当系统均温高于某一临界温度，动子可突破最小能量轨道间的势垒；热驱动力的大小与系统平均温度无关，而随温度梯度的增大线性递增；对于动子较大的系统，驱动力与系统的尺度无关，动子较小时，热驱动力随动子增大而增大。

2. 热辐射及高效换热

（1）辐射热力学基础

用热力学分析的方法来研究能量转换设备，如太阳能吸收器、锅炉和燃气轮机内部的传热过程是当今的一个研究趋势。热力学分析可提供设备和器件性能的理想界限指标，并对器件性能进行合理的评价，同时指明设备改进的方向。由于热（光）辐射是太阳能吸收器、太阳能电池、热光伏器件内的主要能量传递方式，在用热力学第二定律对这些能量转换装置进行分析时，辐射熵产的正确计算非常重要。

熵产与热力学的不可逆性有关，不可逆性存在于所有的传热过程中并且导致有用功损失。导热和辐射是两种不同机制的传热过程。导热和辐射的显著区别是它们对温度的依赖不同。根据傅里叶定律，导热热流密度与当地的温度梯度成线性的比例关系。然而，半透明介质中热辐射通常是长程的现象，辐射热流密度取决于所考虑的整个封闭体内的温度分布，而不是由该处的温度梯度决定。因而传统的辐射局部熵产率计算公式的有效性值得质疑。近年来我国学者通过举反例的方式指出了热工学界传统局部辐射熵产公式的错误，并在非相干辐射假设条件下，基于普朗克辐射熵强度定义，导出了宏观尺度框架内辐射熵和辐射能可用功的传输方程，给出了辐射熵产的计算公式，同时证明了公式的正确性。

在微纳尺度条件下，几何光学已不再适用，且光波间往往存在不同程度的相干性，导致系统热力学几率减小，系统统计熵发生变化。当光辐射波长小于或等于相干波长时（相干波长与薄膜性质、光源和探测器的特征有关），波的干涉变得非常重要。此时，普朗克辐射熵强度的定义已不再成立，必须从光子微观状态和相干状态的表征出发，按统计热力学的角度对光辐射熵进行定义。正是由于这一原因，目前对微纳米结构和器件热力学性能评估，不同学者间所得结果还存在很大差异，甚至相矛盾。光子的传递过程往往与电子和声子的输运相关联。因此，在微纳尺度条件下，需利用量子光学和波动光学的理论，在对辐射光量子微观状态深入分析和甄别的基础上对辐射热力学参数进行重新定义，并将光子辐射熵的概念推广到声子和电子输运过程，以实现对太阳能电池、热光伏器件进行正确的热力学分析、优化和性能评估。

（2）近场辐射

近十余年来，随着现代高新技术的发展，特别是微电子、微机械、激光和光电子系统的发展，微纳尺度传热现象引起了广泛的研究兴趣。在辐射传热方面，已通过实验发现了一些重要的新现象：随着接触面距离的靠近，特别是距离近至壁面波长量级（即近场）时，辐射换热可以突破普朗克经典热辐射理论预测的极限换热量，达到极大的热辐射能量密度。微纳米尺度下辐射传热研究的重要性体现在一系列高新技术背景中，如：光电探测器、光电转换设备、光学薄膜、光子晶体器件、超短脉冲激光材料加工等。目前微纳尺度辐射传递已成为热辐射研究的前沿课题。

热辐射光谱控制是热辐射领域一个重要的研究方向，在亚波长尺度分辨率显微镜、热电探测、热光电转换等技术领域有着重要的应用背景。随着微纳米技术的迅速发展，人们可以通过微纳米加工技术构造亚波长人工微结构材料。利用微结构体系实现热辐射和电磁辐射的控制和修正，学术界从理论和实验方面做了大量卓有成效的研究工作。一维光子晶体可以明显抑制光子带隙范围内特定频段的热辐射，却可以显著增强带隙外的热辐射。我国学者证明多层平面的一维光子晶体结构对于红外波段内两种偏振的电磁波都表现出极高的时空相干性。二维光子晶体可以被用来增强特定频段的热辐射本领。

（3）热辐射与太阳能光热利用

由于太阳能具有能流密度低、昼夜间歇性、随地球自转辐照强度不断变化的基本特性，各种高效的太阳能利用方式都需要通过太阳能聚集转换和存储技术来提高能流密度、实现稳定的能量供应。太阳能高效利用方式主要包括光—热转换、光—电转换、光化学与光生物转换几类，其关键热物理问题包括能源聚集、转换与储存过程，需要将导热、对流与辐射三种传递方式进行耦合分析，同时广泛涉及新型能源材料的结构设计与性能调控、高能流密度高温交变环境下热质传递特性、多尺度多相多场耦合传递和反应等问题，这些传热传质问题为能源材料与工程学发展提出新的研究方向和发展目标。

太阳能光—热转换为高辐射能流密度、高温交变热应力冲击的非稳态非均匀传递过程，其中紧密结合的传递现象包括质量、热量和动量传递，传递过程中变物性与多相态工质的传输机制非常复杂。太阳辐射聚集是太阳能高效光热转换的基本前提，我国近年来已开展太阳能分频高效热利用辐射热力学理论、太阳能低成本高效聚集的光热辐射频谱特性与传输、太阳能流高效传输的非成像聚光机理等基础研究，为辐射传热引入了新的交叉研究课题。聚光太阳辐射的光热转换是太阳能高品位热利用的关键技术，涉及太阳选择性吸收材料的设计原理和光热学特性、太阳辐射能流聚集与吸收的时空协同输运及转换规律、高温交变环境下吸热表面热应力分布特征等挑战性课题，相关研究对基本科学问题的认识和能源利用系统的创新都具有重要意义。

3. 微 / 纳尺度、复杂结构与超常条件下热传递机理

传热过程空间尺度日益微纳化，微纳尺度的热传递存在着尺度效应和界面效应，即微 / 纳尺度下热传递不同于常规尺度，微 / 纳尺度下界面效应增强。对于微 / 纳尺度的温度、热流密度等测量困难，实验误差大，结果相互矛盾，而且经典热传递理论及模拟方法不适用。我国学者通过微纳尺度热传递实验测量和分子动力学模拟方法，实现了单根碳纳米管的热导率测量，在国际上首次实证了单根碳管热导率的尺度效应；发明悬浮纳米薄膜稳态热导率测量法，同时测量纳米尺度电导率和热导率，发现经典理论中热导比电导为常数的 W-F 定律不适用于多晶纳米金属薄膜，揭示出晶界面散射导致电子对导电和导热贡献不同，提出了非弹性碰撞的热电比拟关系；揭示微米通道内流动和换热机理，提出和验证了"即使连续介质假定成立，不同作用力的相对重要性的变化也能导致传热尺度效应"；揭示了纳米尺度热传递机理，发现纳米薄膜 / 颗粒 / 多晶材料 / 多孔材料的热导率低于大尺度热导率。

高新技术中高温表面热防护任务越来越艰巨，其难点在于这些高温表面多是不规则的多孔结构，流体具有剧烈变物性，在这种高温、极高热流密度、高速等条件下热传递规律亟待研究，而且其动态测试困难。我国学者深入研究了复杂结构（多孔结构、多尺度、多组分）和超常条件（强变物性、超高温、极高热流密度、超高速、振动）下的热传递规律。针对高温表面发汗冷却问题，揭示微多孔结构对流换热规律并建立局部非热平衡模型，提出微管内超临界流体换热规律及恶化机理、超音速高温气流激波对发汗冷却影响机理，发明并实验成功超声速高温气流发汗冷却支板；针对高

温表面对流换热冷却问题，揭示多孔结构中对流换热规律及各因素影响机理、微纳表面喷雾冷却规律与机理；针对高温表面温度与材料热物性测量，发展了基于多变量反演的高温辐射热物性测试方法、基于多波段融合的近红外新型高温辐射瞬态测量技术，测温范围、精度、空间分辨率达国际先进水平。该研究成果已经应用航天器与叶片表面热防护与高温测量，以及先进反应堆工程中。

4. 热传递过程优化及调控

传统强化换热技术存在着缺点，强化换热并非一定节能，即阻力比换热系数增加更大，需要新的强化换热理论的指导；另外，基于最小熵产原理的热力学优化理论不完全适用于传热过程与换热器优化，需要新的传热优化理论。本群体分析速度场和温度场与对流换热性能之间内在联系，提出了对流换热场协同理论，在该理论指导下开发的高效换热元件，在等功耗下换热系数提高 20% ~ 50%，抗污垢性能好，已有三家企业批量生产。建立了传热过程优化的最小热阻原理，提出了描述物体换热能力的新物理量火积（Entransy），证明火积的耗散是描述传热过程不可逆性的物理量，建立了传热过程优化的最小热阻原理。基于传热过程火积耗散理论发明火电站仿生优化树形凝汽器管束布置技术，用于西柏坡电厂 300MW 机组改造，节能效果 450 万元 / 年；基于火积理论的分离式热管机组，在 16 个省的通讯基站应用，节能率 40% ~ 60%。

（五）可再生能源

我国太阳能、风能、生物质能资源丰富，具备大规模开发的有利条件。发展大规模可再生能源技术与产业应成为我国向可持续能源体系过渡的重要措施。近三十年来，我国在这些可再生能源的开发利用方面已取得了一些令人鼓舞的进展。在水电资源开发利用方面，截至 2012 年底，全国水电总装机容量达到 2.49 亿千瓦，风电并网装机 6300 万千瓦，太阳能光伏发电装机 650 万千瓦，太阳能热水器总集热面积 2.58 亿平方米，浅层地热能应用面积 3 亿平方米，各类生物质年利用量 3000 万吨标准煤。此外，太阳能空调、炊具、太阳能建筑等，也已形成产业，正在蓬勃发展，国家已完成太阳能热发电技术的工程示范。潮汐能利用技术基本成熟，波浪能、潮流能等技术研发和小型示范应用取得进展，开发利用工作处于起步阶段，目前已有较好的技术储备，未来有较大的发展潜力。全国商品化可再生能源年利用量约占一次能源消费总量的 9%。可再生能源发电装机规模占总发电装机比例达 28%，比 2005 年提高了 5%。可再生能源发电量约占全国总发电量的 20%，比 2005 年提高 4%。

国家制定并实施了《可再生能源发展中长期规划》以及《可再生能源发展"十二五"规划》，确定了国家可再生能源发展的近期和中远期总量目标。指出要逐步提高优质清洁可再生能源在能源结构中的比例。预计到 2020 年、2030 年、2050 年，我国含水电的可再生能源在新增一次能源供应中的比例可分别达到 36%、45% 和 69%，减少温室气体排放分别达到 12 亿吨、20 亿吨和 40 亿吨，减排 CO_2 的贡献率到 2020 年、2050 年可分别达到 20% 和 50% 左右。

1. 风能研究进展

近年来，我国风电工业发展迅速，自 2006 年，我国风电机组装机容量连续五年翻番，2012 年底，总装机容量超过 7600 万千瓦，连续两年列全球第一。我国风能资源储量丰富。据中国气象局最新风能资源评价数据，我国陆上距地面 50 米高度风能资源可开发量约为 23.8 亿千瓦，远远超过水力发电资源总量，而且，风能的开发不会带来大的环境问题和社会问题，风电产业的发展空间非常巨大，为实现我国 2020 年可再生能源利用比重提高到 15% 的目标，届时风电装机容量将达到 2 亿千瓦以上，甚至达到 2.5 亿千瓦。

目前，我国风力机主要形式是水平轴风力机。在水平轴风力机的研制和开发过程中，还有许多基本理论问题没有解决，其中最重要也是最关键的问题有两个，一是风轮的气动设计，二是风力机的控制。水平轴风力机是典型的旋转流体机械，旋转流体机械的结构和运行特点决定了所涉及问题的复杂性。它涉及流体三维旋转边界层理论、三维湍流非定常流场数值计算、动态旋转流场测量等关键技术，这些都是学科的前沿研究领域。因此由于研究水平，特别是研究手段的限制，许多问题不可能在短时间内圆满解决，需要加强组织，攻关研究，特别在风力涡轮设计中的几个关键气动力学问题，如翼型特性、静态失速、动态失速、动态负荷等，进行全面的研究。此外还有其他一些空气动力学重要现象对风机也有一定影响，如偏航特性、塔架作用、尖部损失以及大气来流等问题。

现在已经认识到传统的航空翼型不适合设计高性能的风力机，我国需要成立国家重点实验室，在引进国外新技术的同时，开发我国风机的翼型系列，特别是适用于100 米高度以上的风机翼型。并且要建设风机动态性能测试的风洞和其他实验设施和装置。还需进行风机的工程材料研究，结构动力学的理论分析、数值模拟和试验测试等研究、风机疲劳寿命的研究、防雷击技术和适应抵御狂风负荷的研究。

2. 太阳能热发电技术研究进展

太阳能热发电是将太阳能转化为热能，通过热功转化过程发电的系统。在 2006 年科技部颁布实施的《国家中长期科学和技术发展规划纲要（2006—2020 年）》以及 2007 年国家发改委颁布的《可再生能源中长期发展规划》中均被明确列为重点和优先发展的方向。

在太阳能热发电关键材料研究方面，高温选择性吸热膜层和高反射膜层是主要技术。我国从"十一五"科技计划开始在中槽式吸热管膜层和定日镜反射面研究方面进行部署。目前我国的槽式吸热膜层专用镀膜机生产的膜层已经 550℃ 条件下经过近

1 万小时的连续考验。该膜层制成的真空管到 2012 年 6 月已运行 22 个月。考验产品为皇明太阳能股份公司生产，试验地点位于北京市延庆县。目前我国室外反射镜膜层考验已经在海南万宁（海洋性气候），西藏拉萨（高原强紫外线），甘肃敦煌（干热，干冷）和黑龙江漠河（严寒）等四个实验站连续考验 4 年。目前被测试的反射镜反射比等性能保持良好。熔融盐、导热油、陶瓷颗粒、水 / 水蒸气、液态金属、石英砂等传热介质方面，我国在吸热器传热介质方面重点对熔融盐做了研究。通过国家支持和企业自主创新，我国的熔融盐目前已有部分产品出口。熔融盐已经达到的指标为，二元盐工作温度 238 ~ 560℃，寿命试验时间 3000 小时；三元盐工作温度 145 ~ 450℃，寿命试验时间 3000 小时。陶瓷颗粒已达到的指标为，碳化硅复相陶瓷吸热储热球工作温度分别达到 955℃、924℃和 915℃。

在关键设备研究方面，主要有聚光、吸热、储热、换热等设备。我国在该方面发展较快。目前已经可以批量生产所有的太阳能热发电设备。在太阳能热发电技术中，聚光器是成本和效率的核心。它由反射镜、支架、电机、传动箱、控制器等构成。我国目前聚光器达到指标如下：塔式聚光器定日镜整机的跟踪精确度 3.5mrad，单位面积支架重量小于 35kg/m^2。（单位面积的定日镜重量 < 58kg/m^2）；抛物面槽式聚光器整机几何聚光比达到 82，焦距 1.71m，采光口宽度 5.76m，跟踪精确度 0.1°，单位面积重量小于 45kg/m^2，抗风能力达到工作风速 14m/s，破坏风速 28m/s。碟式聚光器整机聚光比 1000，焦距 5815，采光口宽度 10.9m，跟踪精确度小于 3.5mrad，单位面积重量 120kg/m^2，抗风能力为工作风速 14m/s，破坏风速 30m/s。定日镜反射镜已达指标为反射率不低于 0.93，镜面抗冲击性能为 5mm 直径冰雹，以 20m/s 速度冲击无损坏。槽式曲面反射镜主要技术指标为反射率 0.93，镜面面形精度小于 3mrad，镜面抗冲击性能 5mm 直径冰雹，以 20m/s 速度冲击无损坏。薄膜反射镜主要是采用复合材料薄膜作为反射材料，以钢板或者其他材料作为背板，背板保证面形精度，薄膜保证镜面反射率和耐候性能。目前国内相关产品还未见报道。电机主要有步进电机、伺服电机、直流电机、交流异步电机等几种形式。传动设备中，液压传动精度达到 1.7mrad，最小扭矩不低于 1.0×10^5 N·m，最大归位转速 0.1rpm；蜗轮蜗杆、行星齿轮和滚珠丝杠等齿轮传动，精度 1mrad，扭矩 40000 ~ 100000N·m（用于大定日镜的扭矩在 40000N·m，用于槽式聚光器的扭矩为 1.0×10^6 N·m），传动比 10000 ~ 50000。支架已经达到的指标为工作风速不小于 14m/s，破坏风速不小于 28m/s，定日镜重量 30kg/m^2，槽式聚光器重量 20kg/m^2。吸热器分为腔体式吸热器和真空吸热管等，其中腔体式吸热器一般用于塔式和碟式系统，我国目前吸热器效率设计值可以达到 90%，吸热器传热介质为水或水蒸气，出口过热水蒸气温度 410℃，压力 4.2MPa。抛物面槽式真空吸热管热损系数 230W/m，温差 380℃，工作温度 400℃，陶氏导热油，真空管耐压 5MPa，工作温度 400℃。陶瓷空气吸热器采用泡沫陶瓷为材料，工作温度 850℃。流化床吸热器采用陶瓷颗粒，工作温度 1050℃。储热器提供了太阳能转换过程中的存储任务，是太阳能热发

电的核心技术。我国目前研发的储热器中，熔融盐储热器储热温度达到 600℃，容量为百吨级；饱和水储热器工作温度 300℃，耐压 5MPa，容量为千吨级；导热油储热器工作温度 450℃，耐压 2MPa，容量为千吨级；混凝土储热器工作温度 650℃；陶瓷储热器工作温度为 1300℃。

3. 生物质能利用的研究进展

我国拥有丰富的生物质能资源，生物质资源量大、来源稳定且可以再生。生物质能源的开发利用能够大幅度降低大气污染物及温室气体的排放。大力发展生物质产业，在国家能源战略中具有重要地位，可以为高速发展的国民经济提供有效的能源补充，为中国乃至世界的可持续发展做出积极的贡献。在不与农、林业争土地的条件下，开发利用宜农、宜林荒地和较劣质土地发展能源农、林业，为国家提供更多的生物质能源是我国立足国内提供能源安全的重要战略措施。

我国生物质能资源种类丰富，利用技术多样，在中国近年的能源消费结构中占15% 以上。我国对生物质能技术的开发和利用也非常重视，自 20 世纪 80 年代以来，政府一直将生物质能利用技术的研究与应用列为重点科技攻关项目，现已涌现出一大批优秀科研成果和成功的应用范例。目前，"农林生物质工程"被《国家中长期科技发展规划（2005—2020 年）》列为重大专项，国家 863 计划也于近期决定启动"生物能源技术开发与产业化"项目。近年来我国各有关部门和地方各级政府制定和实施了一系列法规政策，大大促进了生物质能的发展。国家发改委提出生物燃料产业发展"三步走"计划：计划在"十一五"实现技术产业化；"十二五"实现产业规模化；2015 年以后大发展。

近期在生物质热化学转化技术方面着重开展高效生物质热解液化和生物质气化发电研究，城市废弃物无害化能源化利用研究；在生物化学技术方面，正在开展高效厌氧消化装置和技术研究，以及生物制氢反应器研究；在中期，生物质高热值气化和气化制氢，生物质催化液化和超临界液化，生物质燃气和燃油的精制，生物质高效低成本转化新方法的研究将受到重视。重点研究领域包括：高效生物质热解液化技术及基础研究、生物质高效气化器基础及气化发电技术研究、城市废弃物无害化能源化利用研究、高效厌氧消化反应器生化反应动力学及相关热物理问题研究、生物制氢过程生化反应动力学及相关热物理问题研究、生物质催化液化和超临界液化研究、生物质燃气和燃油的精制技术及相关基础研究、生物质气化合成研究、生物质燃料乙醇制备相关基础研究、生物质高效低成本转化新方法及机理研究等。

生物质能利用研究具有多学科交叉的特点，其研究重点应在于生物质能利用中的工程热物理问题研究上，而热物理问题研究又有赖于交叉学科领域如物理化学、生物化学工程、化学工程和生物工程等学科的研究及发展。因此，对于生物质能利用研究的方向应更注重交叉学科领域研究力量的协作。

微生物厌氧发酵和制氢技术是开发可再生清洁能源的重要的生物能源技术，具有极其广阔的发展前景，而生命科学和生物技术是我国最有希望实现跨越发展的高科技创新及产业领域。微生物厌氧发酵和制氢技术中的生化反应器存在很多生化反应动力学和热质传输等关键的热物理问题，这些热物理问题的研究对于生物能源技术和生物环境技术的发展具有重要的意义。

（六）温室气体控制战略

由于人类活动所导致的大气环境中温室气体浓度升高主要源于以下几个方面：含碳化石燃料的燃烧所排放的 CO_2；化石能源开采过程中的排放和泄漏的甲烷等；工业生产工艺过程中排放的温室气体；农业生产和畜牧业，如稻田和牲畜排放的甲烷；以及由于人类对生态植被的破坏而造成的 CO_2 吸收源的减少等。相应的，降低大气中温室气体浓度的途径包括减排（减少温室气体排放）与增汇（加强温室气体吸收）两类。减排手段又可以进一步分为：提高能源利用效率，调整能源结构，以及捕集和埋存 CO_2。由于特性与适应情况不同，上述三种减排手段在我国温室气体控制战略中所扮演的角色也各不相同。为了协调经济发展、能源利用与温室气体控制，我国的 CO_2 减排战略应该基于我国国情，分阶段、按步骤、有侧重地开展。

针对我国国情，我国的 CO_2 减排战略要分阶段规划，近期以关停并转，淘汰落后生产力，发展和推广节能技术，提高能效为核心，中长期以可再生能源等绿色替代能源为重点，远期则以控制 CO_2 排放的一体化系统为主线。

1. 通过节能增效提高能源利用率，降低 CO_2 排放强度

提高能源利用效率可以在满足相同能源需求的情况下减少化石能源的消耗，从而实现温室气体的间接减排。我国能源利用方式相对粗放，能源利用技术相对落后的现状，能源产业的节能增效潜力较大，节能增效应该作为我国能源战略的首要任务。以冶金、水泥、电力等高能耗产业为例，据估算，2006 年全国钢铁、水泥和发电行业排放的 CO_2 量分别约为 10.48 亿吨、9.94 亿吨和 20 亿吨，并且呈增长趋势。以这些产业为重点，通过关停并转，加快淘汰落后生产能力，是我国近期控制 CO_2 排放的重要手段。我国制定了"十一五"期间通过关停并转，淘汰落后生产能力的计划，预计实现节能 1.18 亿吨标准煤，折合减排 CO_2 约 2.7 亿吨。

值得指出的是，通过节能实现的 CO_2 减排无需付出额外能耗，因此，通过提高能源利用率减排 CO_2 的温室气体控制对策是符合我国经济持续健康发展的根本方针的，可以作为近期我国主要的温室气体控制对策之一。

2. 调整能源结构，大力发展绿色替代能源

在化石燃料中煤的含碳量最高，石油次之，而天然气含碳量最低。与化石能源相比，

核能与大部分可再生能源均为无碳（核能、水能、太阳能、风能等）或低碳（生物质能）能源，其转换与利用过程不会直接产生 CO_2。显然，如果我国能够合理地调整能源结构，向无碳或低碳能源倾斜，主要降低煤在我国能源结构中的比重，将对我国温室气体控制产生积极而显著的效果。随着技术进步，目前可再生能源利用技术面临的规模化与经济性等障碍将逐步得到克服。太阳能、风能等可再生能源有望在 2020 年前实现大规模应用，步入产业化阶段，并在 2050 年成为能源结构中的重要组成部分。因此，节能减排的中长期应以大力发展可再生能源，实现能源结构的根本性调整为重点。

3. 研发 CO_2 捕集与封存（CCS）新技术

由于我国能源以煤为主、消耗量大且增长迅速，仅依靠节能与调整能源结构将难以遏制 CO_2 排放量增长的趋势。因此，在节能减排的基础上，开发 CO_2 的分离、储存和利用技术是未来解决 CO_2 问题的重要手段之一。与通过提高能效和调整能源结构来间接减少 CO_2 排放相比，CCS 是能够在应对气候变化的压力下保障我国继续安全大规模使用化石能源的特殊技术。能源利用系统，尤其是能源产业，将承担绝大部分减排任务，开拓可持续发展的新型能源系统将是未来解决温室气体控制问题的热点与难点。但是必须指出的是，由于会 CCS 会消耗额外的能源，且受到技术经济水平的限制，CCS 技术在短期内实施还有一定困难。因此，从目前科技发展的角度来看，在节能减排的基础上，CCS 技术将作为未来的温室气体控制手段，在我国温室气体第三阶段（远期）战略中承担重要作用，甚至可能成为减排份额最大的单项技术。

对比上述三种减排方式可以发现，调整能源结构和节能增效这两种减排手段能够在提高能源利用效率的同时实现 CO_2 减排。换言之，提高能源利用效率与减排 CO_2 两者是不矛盾的。CCS 技术则与前两种方式不同，无论 CO_2 的分离过程还是运输与埋存过程，都需要额外消耗一定的能量，减少能源系统的有效功输出，导致能源利用效率降低。可以说，虽然 CCS 技术的减排效果最为直接，但通过 CCS 技术以实现减排通常是以能源利用效率的降低为代价的，这一矛盾是目前 CCS 技术的关键问题。

根据我国的能源结构特点、资源分布特点与经济发展现状，我们需要适合我国发展特点和能源结构的温室气体控制技术路线新思路。在西部等资源富集地区建设回收 CO_2 的替代燃料—动力多联产系统，将煤在坑口转化为电力、F-T 燃料或甲醇、二甲醚等替代燃料，同时分离回收大部分 CO_2 并就地埋藏；电力和替代燃料运输到用能需求大的经济发达地区；在经济发达地区，替代燃料既可以作为交通运输燃料，也可以作为先进的清洁发电系统燃料。概括起来，这一思路具有如下特点：上游资源就地增值，污染集中处理；运输高能源密度的液体燃料，大幅减少运输能耗与沿途损耗；下游以洁净液体燃料替代汽油，减少对石油进口的依赖，同时避免污染物在人口密集地区排放。因此，这一思路符合我国"煤炭资源丰富，石油与天然气资源相对短缺"的能源结构特点、"能源基地相对集中，消费终端相对分散"的资源分布特殊性以及"东西部经济发展差距较大"的现状，是适合我国国情的温室气体控制技术路线。

三、国内外比较

（一）国内外发展趋势

能源和环境问题在世界各国受到高度重视，特别是发达国家，将能源问题提高到国家安全和解决气候变化问题的高度。许多发达国家在完善提高能源效率法律框架、依靠科技创新等方面积累了丰富的经验。这些国家作法的共同特征是：将能源效率作为国家能源政策的基本工具；在法律层面上制定节能的量化目标；为推广能效措施提供资金与组织结构上的支持；发展各类综合性能效项目。

发达国家近年来能源科技投入稳步增加，可再生能源研发投入持续增加。其中投入力度较大的属生物质能、风能、太阳能热发电、光伏发电等。各国依靠科技创新提高能源效率，发展低碳能源供应系统，加大对新能源和可再生能源的技术研发，加快对多种形式能源的开发利用，从而使能源结构和能源利用技术向低碳和近零排放的演化。

提高能源效率更具有成本效益，且潜力巨大。目前，能源效率在有效减少能源需求及缓解气候变化问题方面受到了工业化国家和新兴发展中国家的重点关注，在能源战略中所处的优先地位日益突出，提高能源转化和运输效率，尤其是提高化石能源发电效率和电网的输配电效率被广泛研究。

能源新技术的转化速度加快，应用日益广泛。工业能源技术集中在提高能效和碳捕获两个方面。建筑领域主要通过改善围护结构和提高暖通空调效率两种途径节能。建筑和电器用品方面的能源技术发展较为成熟。交通运输能源技术集中在提高能效和替代燃料方面。

电力部门在大多数国家是温室气体的主要排放部门，提高煤炭发电效率的新技术得到迅速发展。国际上目前集中于发展超临界汽轮机发电技术，处理含硫含灰较高煤炭的流化床燃烧技术，整体煤气化联合循环发电技术（IGCC）等。天然气联合循环发电技术（NGCC）技术的推广与改进提高了天然气的发电效率。热电联产技术的发展提高了燃料的转化效率。

电力系统的安全稳定运行的迫切需求使电能存储与输配电技术在近年来得到了迅速的发展。电能存储技术的发展降低了输配电能的损失；高压直流输电技术的发展使输电线损得以降低；分布式与集中式发电相结合技术的采用使输配电效率得到了提高；智能电网技术的发展提高了电力系统的整体性能；分布式发电和可再生能源发电接入是智能电网的重要组成部分。CO_2捕获与封存是化石能源减排技术新的发展方向，捕获环节需提高技术的经济性，存在技术突破的潜力。

从世界范围内来看，基本实现工业化的国家，其人均能源消费量均保持在4吨标准煤以上。作为世界上最大的发展中国家，我国的基本国情决定了我国在应对气候变化，以煤为重要能源的结构在未来相当长的时期内难以根本改变，减少包括 CO_2 在内的污染物排放进程中所面临的巨大挑战。

天然气和合成气的转化利用的研发及技术应用一直受到充分的重视。在国家相关科技项目的支撑下，在天然气利用方面取得了一批具有独创性和自有知识产权的研究成果。开辟了一条由天然气制备化工原料和氢气的原子经济的新途径；超临界方法用于甲醇合成的理论和过程；为了弥补我国天然气资源的不足和解决煤炭资源运输压力，近年来利用煤炭制取天然气的技术得到越来越多的关注。

我国可再生能源取得了突飞猛进的发展，各类可再生能源增长迅速。可再生能源将在优化能源结构、改善生态环境、建设资源节约型和环境友好型社会等方面发挥重大作用。因此，积极寻找探索可再生的替代能源及其转化与利用的先进技术，在农业与农村用能、电力生产与应用领域、人居环境用能和能源储运等方面大力开发和运用可再生能源与节能技术。通过加强能源领域的基础研究，力争在 10 ~ 15 年内将可再生能源在一次性能源消费量中所占比重大幅度提高，是我国可再生能源与新能源领域的要求和进一步发展的基础。

由于在能源利用效率、环境保护和供电安全等方面的优势，分布式能源技术逐渐被发达国家所接受。在面向 21 世纪的能源战略规划中，许多发达国家将分布式能源作为本国科技优先发展的关键领域。我国在分布式能源研究方面，重点关注的关键技术是小型动力装置、新型制冷方法和系统的集成。我国规划到 2020 年分布式能源系统装机 5000 万千瓦，有巨大的节能减排潜力。

储能技术是高效利用可再生能源和实现智能电网的最关键技术。除蓄电池外，其他储能技术的研究与发达国家相比差距很大。目前国内研究机构以高校和研究所为主，在蓄电池、超级电容器、超导磁储能、惯性储能等方向开展研究；各种储能技术的大容量示范工程几乎没有。

温室气体 CO_2 的排放与能源种类及利用方式密切相关，由于能源消费而导致的二氧化碳排放在人为温室气体排放总量中占有绝对优势。因此，能源领域中的 CO_2 减排成为气候变化研究领域的热点之一，其温室气体控制技术主要分为两类：一类是通过提高能效与利用可再生能源，减少使用含碳化石燃料，从而间接减排 CO_2；另一类是阻止化石燃料利用所释放的 CO_2 排放到大气，即 CO_2 捕集与封存（CO_2 Capture and Storage—CCS），达到直接减排的目的。作为最主要的大规模 CO_2 集中排放源，能源动力系统成为 CCS 技术应用的核心领域，能源动力系统的温室气体控制研究已经成为工程热物理学科的重要新兴分支学科。这不仅是工程热物理学科面临的新挑战，也是能源科学面临的世纪挑战。

（二）学科优势与差距分析

1. 工程热力学与能源利用分学科

在近年来发展迅速的分布式能源和温室气体控制两个方向上，我国与世界先进水平的差距正在缩小。多能源互补、能的综合梯级利用，以及全工况的系统集成是分布式能源系统理论研究的学术前沿。基于上述理论研究的燃料化学能释放、新型发动机，以及动力余热的新型转换与利用是分布式能源系统技术更新换代和性能大幅度提高的突破口。能源环境相容的燃料化学能释放方式被认为是未来发展的革命性突破。在美国能源部、煤利用零排放联盟及日本的 NEDO 等研究机构的计划中均包含燃料化学能释放新方式的内容。目前，探索中的新型能量释放机理主要有：无火焰燃烧、部分氧化、高温空气燃烧和化学链反应燃烧等。进一步的发展趋势体现在，揭示燃料化学能释放机理、开拓燃料化学能释放的热化学方法，以及在燃料化学能释放过程中控制 CO_2 等。以燃气轮机、内燃机等动力为代表的微小型动力技术革新是分布式能源系统创新的核心内容，近年来，在涡轮发动机中引入冲压增压的概念，提出了压气机和涡轮都采用对转形式的涡轮冲压发动机，其主要部件为冲压压气机、燃烧室、对转涡轮，仅有动叶，是一种结构简单的新型燃气轮机，我国已在新型对转冲压压气机和对转涡轮等关键部件研制方面取得重要进展。此外，吸收式循环创新方面也有望使余热利用环节获得突破，包括新工质及其热物性、热质传递分离、自行复叠吸收式制冷循环、有机混合工质的正逆耦合循环等。提高分布式能源系统性能的潜力主要在于燃料化学能梯级利用、解决中温余热利用的品位断层、低品位余热回收利用，以及多能源互补、全工况集成的系统集成方法与技术，上述研究代表着新一代分布式能源系统的发展方向。

在温室气体控制方面，我国学者首次提出了燃料源头捕集 CO_2 原理，这一原理打破传统分离思路，强调在 CO_2 生成的源头，亦即化学能的释放、转换与利用过程中寻找低能耗，甚至无能耗分离 CO_2 的突破口。无能耗并非意味着分离过程无需消耗能量，而是强调通过系统集成达到成分的分级转化与能的梯级利用（尤其是燃料化学能利用潜力），提高系统能量利用水平，弥补由于分离 CO_2 带来的效率下降。该原理将燃料化学能的梯级利用潜力与降低 CO_2 分离能耗结合在一起，同时关注燃料化学能的转化与释放过程与污染物的生成与控制过程，通过基础理论研究与实验研究揭示能源转换系统中 CO_2 的形成、反应、迁移、转化机理，发现能源转化与温室气体控制的协调机制，进而提出能源环境相协调的系统集成创新。在能量转化与 CO_2 控制一体化原理的基础理论研究层面，分析了不同能源系统中的化学能梯级利用与 CO_2 分离能耗之间的关联规律，进而提出了能够表征化学能梯级利用与 CO_2 分离能耗之间关联关系的一体化准则。研究分析了典型煤基液体燃料/动力多联产系统中 CO_2 的形成、反应、迁移与转化规律，发现了多联产系统中的含碳组分富集现象，在机理研究与规律分析的基础上，提出了若干有发展前景的回收 CO_2 的新型能源系统。上述研究处于国际领先水平。与欧美国家相比，我国 IGCC 发电技术的示范刚刚开始，燃烧前分离技术尚处于研发和试验阶段，存在一定技术差距，我们在此可以称之为跟踪型 CCS 技术。

2. 热机气动热力学与流体机械分学科

在内燃机余热利用涡轮复合理论与技术研究方面，日本将余热能的利用列为未来 30 年技术发展的 100 个重要课题之一。日本丰田、本田等公司将余热能利用作为汽车发动机未来技术而投入重金加以研究。在欧洲，欧盟在第七框架行动计划中，启动了 "HeatReCar" 汽车发动机余热能利用的计划，由德国、法国、意大利、瑞典等国家的大学、研究机构和企业参加。美国启动的提高重型卡车和乘用车效率的研究计划，其中发动机余热能回收利用是五大关键技术之一。提出了仅利用发动机技术进步，到 2015 年，提高燃油经济性 25% ~ 40%；与现在相比，到 2030 年，实现每天节约汽、柴油 1 亿加仑，道路车辆减少 CO_2 排放 20% 的目标。从能质角度看，内燃机排气带走的余压余热能约占发动机燃料燃烧总热能 40% 以上，其品质较高，最具节能利用价值，主要采用涡轮复合技术进行动力回收。我国研究人员从"十二五"开始在"高效、节能、低碳内燃机余热能梯级利用基础研究"国家 973 项目等的支持下，开展涡轮复合非定常流动机理与控制研究。

在涡轮喷水推进理论与技术研发方面，涡轮喷水推进以其操纵性优、机动性高、快速性好、高速时涡轮泵推进效率超越螺旋桨、水下辐射噪声又远低于螺旋桨（至少低 10dB 以上）等综合性能优异的特点，已在国内外战斗舰艇、军辅船和民船上全面使用。例如 21 世纪美国海军设计的濒海战斗舰（三体船和单体船两型，总共 55 艘：已拨款的 12 艘中已有 3 艘服役，9 艘在建）、南非 MEKO A 200 护卫舰（四艘、3500 吨）、瑞典 Visby 隐身护卫舰，以及日本 14500 吨、37 节、单泵功率达 27000kW 的喷水推进定期航班客轮，都采用了喷水推进。我海军某型导弹快艇采用了从国外引进的喷水推进器，某 600 吨级搜救船也采用了喷水推进。然而，国内船舶喷水推进研发技术与国外相比存在较大差距。近年来，我国研究人员在多项国家自然科学基金项目的支持下，对喷水推进器部件、推进系统以及与船体集成在一起的"船－泵"系统流场进行深入研究。

海上发电是近年来国际风力发电产业发展的新领域，海上风力发电风力机及系统技术研究是近年来气动与流体机械的研究热点。世界风电产业发展迅速，风电产业关键技术日益成熟，单机容量 5MW 陆上风电机组、半直驱式风电机组已投入商业运行。目前国际上主流的风力发电机组已达到 2.5 ~ 3MW，采用的是变桨变速的主流技术，欧洲已批量安装 3.6MW 风力发电机组，美国已研制成功 7MW 风力发电机组，而英国正在研制巨型风力发电机组。中国海上风电发展进程整体落后于欧美国家，根据"十二五"规划，国家发改委已经制定了我国海上风电的近期发展目标，即：2015 年，全国风电装机容量将达到 9000 万千瓦，其中海上风电装机容量 500 万千瓦，到 2020 年，全国风电装机容量达到 1.5 亿千瓦，其中含海上风电装机容量 3000 万千瓦。

3. 传热传质分学科

在远场辐射领域，高温介质及弥散系统的非平衡辐射特性研究，特别是高温等离子体微观能量输运机制及其辐射特性、高温粒子及团聚物辐射的微观机制和规律的研究是国际上的一个热点问题。自 20 世纪 60 年代阿波罗计划开始，以 NASA 为首的研究机构，整合了热辐射、分子动力学、化学动力学、光谱学、计算物理等多个学科的科研实力，针对高温非平衡气体辐射特性开展了系统研究。至今，高温非平衡气体辐射特性仍是航空航天高技术领域的研究热点。我国在该领域的研究起步较晚，尚未形成独立的研究体系，亟须从微观物理化学过程入手，建立微观过程基本物性参数数据库，细致研究各种非平衡弛豫过程，探寻高温非平衡态多组元气体辐射的微观机制和规律，建立气体宏观非平衡辐射特性与微观弛豫过程间的统计关系。

多孔复合材料的热辐射特性及多模式耦合换热问题近年来得到关注。国际上已展开研究的多孔复合材料主要有泡沫陶瓷和泡沫金属，其他还有聚酯泡沫、气凝胶等。目前国内外对多孔复合材料内辐射换热的研究刚刚开始。由于具有复杂的多孔结构，通过对孔隙结构进行详细建模和网格离散，直接求解孔隙尺度的辐射传递方程工作量巨大，显然不适合工程设计的需求。建立多孔复合材料连续介质近似下的辐射传输模型然后进行求解是一种思路。基于连续介质近似，多孔复合材料内热辐射传输预测的关键问题和困难在于等效辐射特性如吸收系数、散射系数、散射相函数等基本参数的确定。

4. 燃烧学分学科

近年来北京和上海等主要城市每年出现灰霾的天数均超过 100 天，对社会经济发展造成了巨大的影响，降低了人们对空气质量的满意度，直接导致了自 2011 年底开始的全国范围内关于 PM2.5 污染的大讨论。另外，大气颗粒物还会影响地球辐射平衡和成云过程，进而影响全球气候，颗粒物的气候效应研究已列为全球气候变化的研究重点之一。美国能源部国家能源技术实验室滚动支持了 PM2.5 研究计划，主要开展了现场综合观测分析、形成规律与源排放特征、理论模型预测和新型控制技术研发四个方面的研究，哈佛大学、卡耐基 – 梅隆大学、北达科他大学、布克海文国家实验室等 24 家研究机构参与。欧盟也组织了欧洲协作颗粒物排放清单研究计划（CEPMEIP）等项目。我国已经实施了 973 项目"燃烧源可吸入颗粒物形成与控制技术基础研究"，针对我国特有的能源消费结构，集中开展了 PM10 形成与控制机理的研究，取得了不同燃烧源可吸入颗粒物物理化学特征、固定源燃烧过程颗粒物形成规律、颗粒物在不同外加条件下的动力学规律等具有国际水平的研究成果。随着研究的深入和对我国颗粒物排放特征的认识，同时结合国际颗粒物研究的发展趋势，在项目后期开始关注脱除难度更高、危害性更大的细颗粒物 PM2.5。

生物乙醇是目前世界上产量最高的生物质燃料，已经被广泛地用作汽车发动机掺混燃料或替代燃料，预计 2013 年全球乙醇产量将超过 8000 万吨。但由于能量密度低、挥发性高、吸水性强、与汽油混合比例不能超过 15% 等不利因素的影响，乙醇难以成为性能优异的汽油替代燃料。生物丁醇具有全面优于乙醇的物理化学性质和燃烧特性，且适用于传统发动机，被认为是一类极具应用潜力的可再生清洁燃料。特别是近年来丁醇的生产成本大大降低，已经显示出能够与乙醇竞争的应用前景，美国、英国等多个国家已经开始对这种新一代生物质燃料进行投资和开发。近年来，我国研究人员研究了丁醇同分异构体的流动反应器变压力热解以及低压层流预混火焰，全面鉴定了热解产物和火焰物种，并测量了其摩尔分数曲线，其中正丁醇和仲丁醇的实验成果已发表，为丁醇模型的发展提供了重要的实验数据。同时，近期国际其他课题组还有一批新的实验数据发表，特别是美国斯坦福大学 Hanson 课题组利用激波管测量了正丁醇、仲丁醇和异丁醇的部分热解产物摩尔分数随时间的变化曲线。结合这批新的实验数据和前人实验研究成果，我国正在开展对仲丁醇模型的发展和实验验证工作。

5. 多相流分学科

在先进及新型反应堆热工水力特性的研究方面，西安交通大学基于先进的中子输运理论和节块法，建立了超临界水堆与快堆结合的新型堆（超临界快堆）的堆芯物理热工耦合分析方法，并研制了相应的计算软件，在此基础上通过优化设计提出了压力管式超临界水堆堆芯方案。因具有明显的安全优势，国际超临界水堆研究组的 Coordinator Laurence Leung 在第五届国际超临界会议的大会报告中引用了本研究成果。提出的超临界快堆堆芯方案成功克服了超临界水堆功率密度和空泡反应性的矛盾，保证了超临界水冷快堆的经济性和安全性，被日本原子力开发机构（JAEA）、九州大学等 9 家单位引用。本研究为国际超临界水堆研究提供了一个可供参考的堆芯设计方案，为进一步开展其反应堆控制、启动及安全分析提供了基准数据。从机理上揭示了影响超临界快堆空泡反应性的根本因素，并给出了克服这一困难的具体办法，为超临界水冷快堆的研究扫清了一种突出的障碍。

从总体上看，尽管我国在化石燃料能量释放新机理、新原理发动机等方面做出了国际领先的成果，但我国工程热物理学科研究水平与世界先进水平还有较大差距，主要体现在技术开发落后于理论研究，实验设备、测试手段落后，温室气体控制等能源、环境交叉领域基础理论和关键技术研究薄弱。

四、发展趋势和展望

（一）学科发展方向与需求预测

我国能源科学发展的指导思想：从支撑国家可持续发展的高度出发，紧密结合我国能源资源特点和需求，关注全球气候变化，立足能源科学与能源技术的学科基础，丰富和发展能源科学的内涵，加强基础研究与人才培养，构筑面向未来的能源科学学科体系，形成布局合理的基础研究队伍，为我国社会、经济、环境的和谐发展提供能源科学技术的支撑。

我国能源科学技术发展的总体目标：到 2020 年，突破能源科学与技术中的若干基础科学问题和关键技术，建立一支高水平的研究队伍，使我国能源科技自主创新能力显著增强，形成比较完善的能源科学体系。推进基础理论和技术应用的衔接，加强技术竞争力和制造业的协同发展，促进全社会能源科技资源的高效配置和综合集成。加强人才队伍、科技平台以及大科学装置的建设，保障科技投入的稳定增长，能源科技保障经济社会发展和国家安全的能力显著增强。能源基础科学和前沿技术研究综合实力显著增强，能源开发、节能技术和清洁能源技术取得突破，赶上并在某些领域达到世界能源科技先进水平，进入能源科技先进型国家行列。通过节能与科学用能理论与技术的进展，使主要工业产品单位能耗指标达到或接近世界先进水平，减少国家对能源总量需求的增加；通过可再生能源技术的突破，为国家提供无污染的绿色能源，促进能源结构优化；通过化石能源清洁化技术，提供能源和减少 CO_2 排放；通过发展智能电网，构建新一代高效、安全的电网系统。

为实现能源科学的发展目标，应该将系统布局和重点发展有效结合。我国能源科学技术重点发展领域的遴选应该遵循以下原则：

1）加强基础研究。能源科学研发周期长，任何能源科学技术的突破都是长期积累的结果，因此，基础性前瞻性的布局更加重要。离开了基础科学的发展，就不可能有积累有创新，也就不可能改变被动跟踪的技术现状。因此，只有加强基础研究和应用基础研究，才能构筑强大的学科基础，增强创新能力，逐步实现能源科技进步和跨越式发展，缩短与发达国家的差距，并在某些领域实现突破和技术领先。

2）持续支持创新性高风险的研究。只要是创新的研究就具有不确定性，重点发展的领域应该向新的有风险的方向倾斜，鼓励创新，允许失败，营造勇攀能源科技高峰的氛围，使得少数创新的研究成果脱颖而出。

3）始终保持系统布局。能源科学的综合性和交叉性特点要求各学科领域的协调发展，在重要的学科领域不能有空白，因此我们应该始终将系统布局作为一项工作目标，在一些欠发达的领域要保持持续的支持和有计划的扶持。

4）把能力建设作为重中之重。基础研究能力是创新的基础，而人才、设施条件和机制体制是能力的载体。我们应该注重能源专业人才梯队的建设，培育集中的设施领先的能源科学重大研究设施和研究中心，建设开放共享的管理机制，切实提高能源科学技术的研究能力。

5）鼓励面向应用的集成研究。能源基础研究成果的转化也体现出很强的综合性，因此要提高集成创新的能力，鼓励面向应用的交叉研究，促进能源科学研究成果尽快地应用于生产实践，促进技术装备的进步和工艺水平的提高。

6）注重扶持具有特色的研究。对一些具有地域特点、资源特点的研究要注意扶持，对于与特定条件密切相关的分布式能源利用、转化、传输的研究，应该重点支持，稳定队伍，争取在一些特色方向上有所创新。

根据以上遴选原则，分析确定了工程热物理学科近中期的重要研究方向：

1）节能减排，提高能效领域。主要包括高能耗行业节能，工业节能与污染物控制，建筑节能，交通运输节能，新型节能技术等方面。

高能耗行业节能方面，余热余压发电基础理论和关键技术，余热显热回收基础理论和技术，余热回收高效换热设备及强化传热的理论与开发，过程用能和系统用能优化理论与技术研究，高能耗行业节能基础理论和关键技术研究，超（超）临界燃煤发电技术研究，整体煤气化联合循环技术研究。

工业节能与污染物控制方面，工业节能减排监管和评估软科学体系的发展和完善，能量转换和传递过程基础理论和关键技术研究，能量梯级综合利用和系统集成技术研究，先进动力循环技术研究，动力系统节能技术研究，能源和绿色可替代能源研究，节能新产品和新技术研究，煤的高效清洁燃烧技术研究。

新型节能技术方面，新型替代工质制冷技术，热驱动制冷技术，热泵技术，电器热管理理论与技术基础，高效节能、长寿命的半导体照明。

2）煤与化石能源领域。主要包括洁净煤能源利用与转换，清洁石油资源化工与能源转化利用，燃油动力节约与洁净转换，分布式能源系统等方面的重要方向为：

燃煤污染物的形成机理和控制技术，基于煤炭的高效清洁利用技术。重油高效洁净转化利用的基础研究，清洁和超清洁车用燃料转换与利用的基础科学问题研究。燃油动力节约与洁净转换，甲烷直接高效转化，天然气经合成气高效转化为化学品和高品质液体燃料。

分布式能源系统方面应发展分布供能系统，微型燃机轮机的核心制造技术，燃气内燃机的制造技术，分布式燃气轮机联合循环发电技术，研究多联产与多联供技术的关键科学问题，燃料电池的相关技术等，非常规天然气（如煤层气、煤制气、焦炉煤气）的回收与综合利用。

3）可再生能源与新能源领域。包括太阳能，风能，生物质能，氢能，水能，海洋能，地热，核能，可再生能源储存、转换与多能互补系统等方面，近中期的主要方向为：

太阳能光热转换与规模化利用过程中出现的新问题，新现象。真空管集热器热传递过程、空气集热器中集热器构件流动与换热耦合问题。太阳能热能高效储存转换原理与材料，太阳能采暖与空调复合能量利用系统的能量传递优化。热能驱动制冷循环，太阳能海水淡化中热质传递过程强化。适用与太阳能中、高温热利用的高聚光比高效率的非成像太阳能聚集机理。高效热能吸收过程与材料，高温蓄热过程、蓄热介质与高温材料。新型传热工质、新热功转换工质与热力循环。太阳能热发电系统特性及其运行优化。太阳能—氢能转化过程的热物理问题。

风能利用方面，反映中国复杂地形特点的风电场模拟研究，适合中国风电场实际工况特点的风电叶片气动优化设计研究，风电机组空气动力与结构动力特性及优化设计理论研究，大型风电机组优化控制研究，大型风电场同电力系统相互影响的分析研究，近海风电机组关键技术研究，风电机组物理储能技术的研究。

生物质热解液化技术及基础，生物质高效气化工艺，先进生物质气化发电技术和系统，生物质燃气和燃油精制技术及相关基础，秸秆先进燃烧发电、生物质混烧技术及相关基础，沼气发电技术及相关基础，纤维素转化乙醇相关基础问题，微生物制氢技术基础，微生物燃料电池以及水生植物利用相关基础问题。氢能制备，在氢能存储与输运，在氢能转化与利用等相关基础问题。

水能利用方面，多元能源结构下战略资源储备与新型水能蓄能及综合储能技术，百万千瓦级巨型水力发电机电磁设计、结构刚度、冷却方式，大容量抽水蓄能发电机组循环冷却系统、结构设计计算研究，水力发电机多物理场耦合仿真计算，巨型水机组状态监测技术，长江上游巨型水电站群联合优化调度的重大工程科技问题。

海洋能方面，漂浮式波浪能装置高效稳定发电技术，波浪能直驱发电系统的基础问题研究，海流能高效转换过程的基础问题研究，潮汐能发电中的环境和低成本建造问题研究，温差能关键技术研究。

天然气水合物开采方法，天然气水合物开采实验模拟，天然气水合物环境影响评价，天然气水合物应用技术。

地热资源估计技术的基础性科学问题，地热资源开发过程的基础性科学问题，地热资源能量转换技术。可再生能源储存、转换与多能互补系统，用于可再生能源的储能技术。

4）温室气体控制与无碳－低碳能源系统领域。包括：能源动力系统的减排科学与技术，无碳－低碳能源系统的科技，低碳能源化工与工业，低碳型生态工业系统等方面。

能源动力系统的减排科学与技术方面，动力系统和分离过程相对独立的温室气体控制，化学能梯级利用和碳组分定向迁移一体化的温室气体控制研究，反应分离耦合过程为核心的温室气体控制。

低碳能源科技与化工方面，煤炭高效洁净转化技术，煤炭及煤基产品消费环节污染物排放控制与治理技术，煤炭生产、利用过程中的废弃物、伴生物开发、利用及处理技术。

CO_2 吸收法捕集技术，CO_2 吸附法捕集技术，CO_2 膜分离法捕集技术，CO_2 耦合捕集技术，能源化工与工业与 CO_2 捕集集成技术。

低碳型生态工业系统方面，清洁生产替代与能量梯级利用技术研究，碳资源生态化循环利用关键技术研究，生物固碳技术的开发与应用研究，低碳循环经济生态工业大系统集成技术研究，低碳型循环经济生态工业系统决策与支撑研究。

（二）学科发展建议

为实现能源科学的发展目标，应该将系统布局和重点发展有效结合。重点发展领域的遴选应该遵循以下原则：

1）加强基础研究。能源科学研发周期长，任何能源科学技术的突破都是长期积累的结果，因此，基础性前瞻性的布局更加重要。离开了基础科学的发展，就不可能有积累有创新，也就不可能改变被动跟踪的技术现状。因此，只有加强基础研究和应用基础研究，才能构筑强大的学科基础，增强创新能力，逐步实现能源科技进步和跨越式发展，缩短与发达国家的差距，并在某些领域实现突破和技术领先。

2）持续支持创新性高风险的研究。只要是创新的研究就具有不确定性，重点发展的领域应该向新的有风险的方向倾斜，鼓励创新，允许失败，营造勇攀能源科技高峰的氛围，使得少数创新的研究成果脱颖而出。

3）始终保持系统布局。能源科学的综合性和交叉性特点要求各学科领域的协调发展，在重要的学科领域不能有空白，因此我们应该始终将系统布局作为一项工作目标，在一些欠发达的领域要保持持续的支持和有计划的扶持。

4）把能力建设作为重中之重。基础研究能力是创新的基础，而人才、设施条件和机制体制是能力的载体。我们应该注重能源专业人才梯队的建设，培育集中的设施领先的能源科学重大研究设施和研究中心，建设开放共享的管理机制，切实提高能源科学技术的研究能力。

5）鼓励面向应用的集成研究。能源基础研究成果的转化也体现出很强的综合性，因此要提高集成创新的能力，鼓励面向应用的交叉研究，促进能源科学研究成果尽快地应用于生产实践，促进技术装备的进步和工艺水平的提高。

6）注重扶持具有特色的研究。对一些具有地域特点、资源特点的研究要注意扶持，对于与特定条件密切相关的分布式能源利用、转化、传输的研究，应该重点支持，稳定队伍，争取在一些特色方向上有所创新。

参 考 文 献

[1] 中华人民共和国国务院. 国家中长期科学和技术发展规划纲要（2006—2020年）. 北京，2006.

[2] 吴仲华. 能的梯级利用与燃气轮机总能系统. 北京：机械工业出版社，1988.

[3] 里夫金. 第三次工业革命. 张体伟，孙豫宁，译. 北京：中信出版社，2012.

[4] 国家自然科学基金委员会工程与材料学部. 工程热物理与能源利用学科发展战略研究报告（2011—2020）. 北京：科学出版社，2011.

[5] 中国科学技术协会. 工程热物理学科发展报告（2007—2008）. 北京：中国科学技术出版社，2008.

[6] 中国科学技术协会. 工程热物理学科发展报告（2009—2010）. 北京：中国科学技术出版社，2010.

[7] 范剑平，郝彦菲. 新能源产业2010年回顾与2011年展望. 中国科技投资，2011（02）.

撰稿人：隋　军　孔文俊　齐　飞　杨　科　吴玉林

张扬军　谈和平　姚　强　郭烈锦

专题报告

分布式能源发展研究

一、分布式能源的战略地位

（一）分布式能源概述

分布式能源系统是布置在需求侧附近，直接面向用户，按用户的需求就近生产并供应能量，具有多种功能、可满足多重目标的中、小型能量转换利用系统。作为新一代的终端供能系统，分布式能源系统是集中式供能系统的有力补充；二者的有机结合，是未来能源系统的发展方向。目前，分布式能源系统以发电和冷热电联供等多种形式得到广泛发展。

"分布式能源系统"概念的提出于20世纪70年代，但其快速发展还是近10年的事情。其早期目的是作为小型、高效、灵活的电能生产技术或装置，可以独立于大电网运行，从而增加用户电力供给的可靠性；同时由于独立于大电网运行，可以降低某些应用场合的能量传输成本和损失。随着社会的发展，可持续发展观开始得到认同并不断强化，因此与早期相比，新型的分布式能源系统更加强调系统的综合性能，包括系统适应用户需求的能力、系统的热力学性能、环保特性等。它的立足点在于将用户实际需求和现有条件协调相容，将现有的能源—资源配置条件和成熟的技术相组合，追求能源、资源利用效率的最大化和最优化，以减少中间环节损耗，降低对环境的污染和破坏。

总之，分布式能源系统是直接面向用户，按用户需求提供各种形式能量的中小型多功能能量转换利用系统。它不同于传统的"大机组、大电厂、大电网"的集中式能源生产与供应模式，也与传统概念的"小机组"有着本质区别，它是分散在用户端、以能源综合梯级利用模式，来达到更高能源利用率、更低能源成本、更高供能安全性以及更好的环保性能等供能多目标。其中，冷热电联产系统（CCHP，Combined Cooling，Heating and Power）是分布式能源系统的主要形式，也是最具活力的系统之一。[1]

（二）对学科发展的影响与作用

由于在能源利用效率、环境保护和供电安全等方面的优势，分布式能源技术逐渐被发达国家所接受。在面向 21 世纪的能源战略规划中，许多发达国家将分布式能源作为本国科技优先发展的关键领域。

分布式能源系统的研究为工程热力学、制冷、动力工程、暖通空调、化学工程、电工学等多学科交叉提供了良好的平台。冷热电联产系统是一种以工程热力学为主要学科背景，建立在能的梯级利用基础上，将制冷、供热及发电过程有机结合在一起的总能系统。除了电能输出外，还存在多种形式、不同温度的冷、热能输出。目前，电能的获得主要依靠热功转换过程；而联产系统内部不同子系统间的耦合，以及制冷、供热子系统与用户和外界的联系，主要还是通过热量的传递、交换来实现的，因此，从燃料转换、热功转换、热冷转换、储能到配送电，所有环节相互关联，需要统筹考虑。

基于工程热力学的基本原理，能的梯级利用为冷热电联产系统多种能量转换过程的能量品位分析和综合高效系统集成提供了理论基础。20 世纪 80 年代以来，在吴仲华院士提出的"分配得当，各得其所，温度对口、梯级利用"的原则指导下，我国科学家开展了总能系统理论的长期研究[2]。能量分析的方法经历了"黑箱法"、夹点分析方法，发展到最新的品位关联分析法。能的本质在于其作功能力，"能的品位"表现为其做功能力大小。只有综合考虑能的数量和品位两方面的属性，遵循能的梯级利用原理，考虑能的品位"逐级"利用或转化，并适度把握能的品质"贬值"程度，才能够从实质上实现能的有效利用。品位关联分析法采用关键过程的品位特征方程表述系统内部能的品位变化规律，分析关键过程之间、过程与系统之间的品位关联关系，揭示系统产生不可逆性的根本原因。品位关联分析法被用于分布式冷热电联供系统研究，提出了将燃料化学能释放新方式与热力循环、动力余热利用有机集成的新型分布式能源系统，将循环理论边界拓展到卡诺循环之外，实现了从热能梯级利用向能的综合梯级利用的拓展。此外，可再生能源在分布式能源中发挥越来越重要的作用，太阳能能、地热能、生物质能、海洋能等可再生能源与化石燃料的互补转化，以及热声循环、化学储能等新的能量转化利用方式在分布式能源系统内的集成应用，促进了多学科交叉以及新的学科增长点的形成。[3]

（三）对国家社会经济发展的作用

分布式能源系统具有良好的节能和环保性能。可以满足商业、建筑以及小型工业用户的多种能源需求，包括电力、供热、制冷、通风、蒸汽和热水等多种用能形式。由于实现了能量的综合梯级利用以及面向用户需求就地生产和利用，相对于传统的集中供电系统，冷热电联产系统在综合互补利用可再生能源等各种能源和大幅度提高系统能源利用率的同时，可明显降低环境污染和改善系统的热经济性。相对大规模、长距离输送（大电网、大热网等）的传统的集中式供能方式而言，分布式能源作为小型、高效、灵活的电能生产技术或装置，设置在用户端，可以为用户提供多种能源，实现"温度对口，梯级利用"的冷热电联供，能源利用效率可达 60% ～ 90%，而且可以降低能源系统的能量传输成本和损失，相对传统供能方式相比，可以节能 20% ～ 40%，有很好的节能效果。推广 5000 万千瓦的电力装机容量，每年可以节能约 4000 万吨标煤，CO_2 减排超过 1 亿吨。此外，分布式供能系统由于减少了输变电线路和设备，电磁污染和噪声污染极低，因而具有良好的环保性能。我国规划到 2020 年分布式能源系统装机 5000 万千瓦，有巨大的节能减排潜力。[4]

分布式能源可以弥补大电网在安全稳定性方面的不足。目前，由于电网急剧膨胀，给供电安全与稳定带来极大的威胁。分布式能源系统直接安置在用户近旁的分布式供能装置相互独立，用户可自行控制，与大电网配合，可有效降低电力负荷波动对大电网的影响，减少发生严重事故的可能；电网一旦发生故障，分布式能源系统可以保证用户的电力供应不受影响，避免一些灾难性后果的发生。尤其在电网崩溃和意外灾害（例如地震、暴风雪、人为破坏、战争）情况下，可维持重要用户的供电及供电的可靠性。此外，对于边防、海岛等能源供应困难，且战略地位重要的地区，分布式能源也可有效解决其能源保障问题，提高战时和平时的供能可靠性。

分布式能源为可再生能源的利用开辟了新的方向。可再生能源能流密度较低、分散性强，而且目前的可再生能源利用系统规模小，能源利用率较低，稳定性较差，需要蓄能技术的支持，长期稳定运行困难，而且技术不够成熟，一次性投资较大，经济性差，尚且无法实现集中供能。而分布式能源系统为可再生能源利用的发展创造了条件。我国可再生能源资源丰富，发展可再生能源是减少环境污染及替代化石能源的有效措施。因此，为充分利用资源丰富的可再生能源，方便安全地向偏僻、缺能地区供能，建设可再生能源分布式供能系统应受到高度重视。特别是在城市化进程中的广大农村和县城，为响应国家"绿色县"的战略规划，利用可再生能源，采用分布式能源的形式，就地实现能源的自给自足，同时满足环境友好，是实现可持续发展的重要支撑技术。[5, 6]

对分布式能源技术而言，其关键技术是小型动力装置、新型制冷方法和系统的集成。发展分布式能源技术的基本思路是首先采用引进核心设备进行系统集成发展分布式能源系统，同时进行核心设备的研制达到掌握关键技术，设备自主化生产的目的，在此基础上建立分布式能源的研发和产业化基地。因此，发展分布式能源技术无疑可以推动装备制造业、能源产业和相关的分布式能源技术工程服务产业的发展。

综上所述，随着我国经济的发展，发展分布式能源技术对于实现国家节能减排目标，发展低碳经济，解决能源需求问题、优化能源结构、发展高新技术产业、改善人们生活水平等诸多方面具有重要意义，也是我国要实现节能减排目标，发展低碳经济，优化能源结构，促进产业升级换代必不可少的关键技术。[7]

二、分布式能源的发展现状与趋势

（一）发展现状

近年来，世界上许多发达国家纷纷研究和开发以天然气为燃料的小型或微型的能源技术和分布式冷热电联产系统共同构架的"第二代能源系统",力图将能源利用和环保水平提高到一个新的层次。[1]

美国的分布式能源以天然气热电联供为主,2010年总装机容量约9200万千瓦,占全国发电装机容量的14%。根据美国能源部规划,2010—2020年新增装机容量9500万千瓦,占总装机容量的29%。例如美国奥斯丁多蒙区的分布式能源项目系统节能率约20%,2007年通过美国DOE的Energy Star认证。联邦政府通过确保分布式能源用户拥有安装和使用该设备的权利,公共电网必须为其提供备用电力保障,并以公平价格收购多余电量;减免分布式发电项目部分投资税;缩短分布式发电项目资产的折旧年限;简化分布式发电项目经营许可证审批程序等政策鼓励分布式能源产业发展。[8, 9]

日本的分布式发电以热电联产和太阳能光伏发电为主,总装机容量约3600万千瓦,占全国发电装机容量的13.4%。其中商业分布式发电项目6319个,工业分布式发电项目7473个。日本政府通过减免税收,降低融资难度,允许分布式发电系统上网等政策,促进了分布式能源较快发展。据国际分布式能源联盟(WADE)预测,到2030年日本分布式发电比重将达到总装机容量的20%。

欧盟国家的分布式发电以太阳能光伏、风能和热电联产为主。丹麦分布式发电量超过全部发电量的50%,全国80%以上区域的供热采用热电联产的方式,分散接入电网的风电装机容量多达300万千瓦。英国只有6000多万人口,而分布式电站就有1000多座,超过10%的家庭安装了小型风力发电机,其成本价和电网售电价格持平。德国分布式发电装机容量约2084万千瓦,占总装机容量的19.8%。2010年新增光伏发电装机容量740.8万千瓦,其中80%以上为住宅用小型太阳能发电系统。德国还有300多个1万千瓦以下的沼气和其他生物质能发电站。欧盟主要通过强制接入、投资补贴、财税补贴、电网回购等财政政策,制定相应的地方基础设施和供热规划,应对气候变化引入新的配额分配方案等政策支持分布式发电。

印度可再生能源主要通过分布式发电的方式满足数广大农村用户对能源的需求。该国可再生能源装机容量为1000万千瓦,其中风电占69%,小型水电占16%,热电联产占8%,太阳能发电等其他形式占7%。印度在"十一五能源规划"中指出,2031—2032年可再生能源装机容量将提高40倍,占印度能源总量的5%~6%。印度最近开始采用阵列式分布式冷热电联产直接为新建区域提供电力、制冷和生活热水,完全摆脱电网运营,大大提高了用户的能效,节约了用户的能源成本,为投资者获得巨大收益。

在我国能源结构调整和节能减排背景下,分布式能源系统在国内已经引起了广泛的关注。燃气冷热电联产系统已经在我国各地出现。如位于广东东莞宏达工业园的MW级内燃机分布式冷热电联供国家863示范项目,利用内燃机排烟和缸套水余热,实现制冷和除湿,对低品位余热进行了高效利用,节能率达到29%;此外在北京有燃气集团大楼、次渠门站综合楼、中关村软件园区软件广场、北京国际贸易中心三期工程、中关村国际商城、北京高碑店污水处理厂沼气热电站、北京首都机场扩建(北区)等已建或待建项目。上海市已有上海浦东机场、闵行医院、上海理工大学、上海舒雅健康休闲中心、上海锦虎电子配件有限公司、上海天庭大酒店等项目。2004 年 6 月上海市市政工程管理局又完成"上海市燃气空调，分布式燃气热电联产系统发展规划"，其中提出上海市的发展目标为：燃气分布式冷热电联产将在 2003 年的基础上到 2020 年建设 100 个系统，装机容量为 30 万千瓦。总体来说，分布式能源技术在我国处于刚刚起步阶段。技术、经济、政策法规等方面还存在诸多需要完善之处。近几年在上海、广州和北京已经建成了几十座分布式能源系统，用于医院、机场、商业中心、大学等场合。"十二五"期间，国家发改委和国家能源局颁发的《关于发展天然气分布式能源的指导意见》（发改能源［2011］2196 号）提出：到 2011 年，建设 1000 个天然气分布式能源示范项目；到 2020 年，在全国规模以上城市推广使用分布式能源系统，装机规模达到 5000 万千瓦，并拟建设 10 个左右各类典型特征的分布式能源示范区域。分布式能源作为国家战略性新兴能源产业的重要组成部分，将在推动国家节能减排、调整能源结构、提高供能可靠性等方面发挥重要作用。[10]

按能的梯级利用水平，分布式能源系统的发展大致可划分为三代：第一代分布式能源系统的主要特征是采用常规动力技术与余热利用技术的简单叠加，初步体现了能的梯级利用。由于改变了分产方式无视燃料输入与冷热输出的能量品位差大、能源综合利用率低的问题，达到了 5% ~ 10% 的节能率。第二代系统节能率可以达到 10% ~ 20%。由于微小型燃气轮机和吸收式余热利用等关键技术的发展，同时进一步回收了动力余热，实施中的多数分布式能源系统多处于这一水平。可见，与分产供能系统相比，分布式能源系统可以实现能的梯级利用和大幅度节能。目前国际上已经开始第三代分布式能源系统的研究，特点是采用新一代联供系统集成技术，同时仔细考虑用户冷、热需求的具体情况，采用最佳的优化控制方式使每种需求均得到满足，用户的需求与系统的供应紧密耦合，系统集成程度显著增加，能的梯级利用程度进一步深化，系统的节能率将达到 20% 以上。新一代分布式能源系统的研究涉及燃料化学能释放、新型发动机等微小型动力机械、多能源互补等新的方向。[11]

目前，虽然分布式能源在国际上仅占较小的比例，但可以预计未来若干年内，分布式发电不仅可以作为集中式发电的重要补充，还将在能源综合利用方面占有十分重要的地位。因此，无论是解决城市的供电、还是解决边远和农村地区的用电问题，都具有巨大的潜在市场，一旦解决了主要的障碍和瓶颈，分布式能源系统将获得迅速发展。

（二）发展趋势[12]

1. 能源综合梯级利用

随着对燃料化学能作功能力的逐步揭示，以燃料化学能释放新方式为代表的化学能梯级利用，以及燃料化学能与热能、可再生能源的互补利用成为未来能源系统的发展方向，新型分布式能源系统开拓和集成优化时，可以应用化学能转化与利用的理论与方法，形成中低温余热与燃料转换集成的系统优化思路。[13]

考虑分布式冷热电联产系统集成中的化学能梯级利用时，可利用合适的热化学反应（例如重整或热解）对燃料进行预处理，而且该过程可与尾部的热力系统整合在一起。这种集成方式显著提高了整个联产系统的热力学性能，同时为高效利用太阳能或系统中的中温和低温余热利用提供了新途径。对燃料进行的热化学预处理，可将较低品位的热能转化为合成气燃料的化学能，以合成气燃料的形式储存，然后通过合适的热机实现其转功。下图表示基于化学能与物理能综合梯级利用的分布式联产系统集成思路示意图。图中燃料化学能，如甲烷或甲醇的化学能可以通过水蒸气重整反应先转化为氢气的化学能，甲醇还可以在 150～300℃ 下吸热分解为合成气，将反应吸收的热能转变为合成气燃料的化学能，使燃料更清洁、更易于利用，同时热值也得到增加，需要吸收热量的燃料化学转化过程可以与太阳能以及联产系统的其他部分的热能利用整合。与甲醇热化学反应温度区间相匹配的太阳能集热器具有较好的集热性能，同时这类集热器相当简单，成本较低，具有潜在的技术和经济优势。低聚光比的抛物槽式集热器提供 200～300℃ 的太阳能，用来驱动甲醇裂解反应，生成的合成气再用作联产系统的燃料。在甲醇的热化学预处理过程中，低品位的太阳能被转化为高品位的燃料化学能，再利用高温燃气轮机布雷顿热力循环释放，实现了低品位的太阳能的高效热转功，获得了中低温太阳能的高价值利用。该系统中，中温的太阳能利用效果可与高温太阳能系统相媲美。

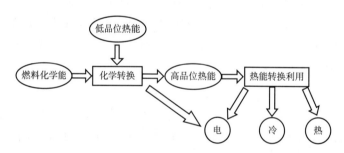

基于化学能与物理能综合梯级利用的分布式联产系统集成思路图

2. 多能源互补

目前的联产系统主要使用化石能源，但随着发展可持续性社会的理念日益提升和技术进步，可再生能源在整个能源系统中所占的比重将越来越大，同时在分布式冷热电联产系统中的应用将越来越广泛。太阳能、地热能、生物质等可再生能源易于与化石能源形成互补，形成与可再生能源互补的分布式冷热电联产系统。因此，多能源互补也成为分布式冷热电联产系统集成的重要原则。分布式联产系统集成时，多能源互补原则要求合理综合利用各种品质与品位的能源，做到"对口供应，各得其所"。

分布式能源系统可以应用多种形式的能源，如天然气、煤层气、页岩气、燃油等化石能源，太阳能、风能、生物质能、地热等可再生能源，以及垃圾等废弃物资源。虽然在相当长一段时间内，分布式能源系统还不是我国主要的能量供应形式，但可以预见，随着我国经济的增长和人民生活水平的提高以及天然气和新能源的普遍开发利用，以燃气轮机、内燃机技术为核心的分布式能源系统，将首先在发达的沿海、中部地区大中城市、大企业中推广应用。同时也将在电网所不能经济到达的，太阳能、风能等资源丰富的边远地区得到发展应用，使分布式能源系统成为大规模集中式供电系统的一个重要补充。世界电力工业将由传统的"大电厂、大电网、城市热网"等集中式能源系统，向依靠大型发电和小型分布式发电广泛相结合的"多模式互补系统"转变。

3. 全工况系统集成

变工况一般会使分布式能源系统的性能降低，而偏离设计工况越远，系统性能下降得越明显。为了缓解变工况运行对联产系统性能的负面影响，在联产系统集成时将更多考虑基于全工况特性的系统集成措施，包括输出能量比例可调、蓄能调节，以及系统配置与运行优化。

分布式能源增通过输出能量比例可调的系统集成方法，采用合适的流程和设备，使系统的功、热能、冷能输出满足用户一定范围内的负荷变化。蓄能调节也是改善分布式能源系统的全工况性能的重要方法。分布式冷热电联产系统布置在用户附近，通常只为单一或有限的几个用户服务。由于供需双方直接联系，二者的关系极为密切，用户的需求变化可以对联产系统的运行（包括运行时间、运行负荷情况等）造成较大影响。通常，人们更多地关注分布式冷热电联产系统应对用户需求而实施的变工况设计与变工况运行，往往忽略了动力子系统通常也需要在相对稳定的负荷下运行才会有较好的性能。采用蓄能系统可以缓解这一供需之间的矛盾，起到削峰填谷的作用。还可以通过系统配置与运行优化来改善系统的全工况性能。如多个独立小规模联产系统的优化组合，可以在用户的需求下降过程中，始终保证同一时间内最多只有一个独立系统处于部分负荷状态，而其他投运的系统均处于满负荷状态，从而有效地改善整个能量供应系统的性能；采用部分常规系统与联产系统的优化整合，当高位负荷需求的时间比较短时，可以考虑采用适当容量的常规系统替代部分联产系统，以降低整个联产系统的容量，保证分布式能源系统在更多的时间内高效运行。

（三）突破口

多能源互补、能的综合梯级利用，以及全工况的系统集成是分布式能源系统理论研究的学术前沿。基于上述理论研究的燃料化学能释放、新型发动机，以及动力余热的新型转换与利用是分布式能源系统技术更新换代和性能大幅度提高的突破口。能源环境相容的燃料化学能释放方式被认为是未来发展的革命性突破。在美国能源部、煤利用零排放联盟及日本的 NEDO 等研究机构的计划中均包含燃料化学能释放新方式的内容。目前，探索中的新型能量释放机理主要有：无火焰燃烧、部分氧化、高温空气燃烧和化学链反应燃烧等。进一步的发展趋势体现在，揭示燃料化学能释放机理、开拓燃料化学能释放的热化学方法，以及在燃料化学能释放过程中控制 CO_2 等。[14]

以燃气轮机、内燃机等动力为代表的微小型动力技术革新是分布式能源系统创新的核心内容。近年来，在涡轮发动机中引入冲压增压的概念，提出了压气机和涡轮都采用对转形式的涡轮冲压发动机，其主要部件为冲压压气机、燃烧室、对转涡轮，仅有动叶，是一种结构简单的新型燃气轮机，我国已在新型对转冲压压气机和对转涡轮等关键部件研制方面取得重要进展。此外，吸收式循环创新方面也有望使余热利用环节获得突破，包括新工质及其热物性、热质传递分离、自行复叠吸收式制冷循环、有机混合工质的正逆耦合循环等。

综上所述，提高分布式能源系统性能的潜力主要在于燃料化学能梯级利用、解决中温余热利用的品位断层、低品位余热回收利用，以及多能源互补、全工况集成的系统集成方法与技术，上述研究代表着新一代分布式能源系统的发展方向。

三、重要研究方向

（一）微小型动力

微小型动力技术是构建分布式能源系统的核心。微小型动力单元处于联产系统的上游，一般采用微小型燃气轮机、内燃机，适宜条件下也可以采用汽轮机或燃料电池等其他动力技术。上述动力技术中，汽轮机系统比较复杂，通常应用于大容量工业系统。另外，汽轮机的性能随着容量的降低急剧下降，当容量较小时已不具有竞争力。燃料电池尚处于研发阶段，价格昂贵，对燃料的要求很高，技术不够成熟，容量较小，要达到商业化运行还需要一段时间。但随着燃料电池技术的不断成熟和发展，燃料电池在未来的冷热电联产系统中有着广阔的发展前景，有可能处于主导地位。目前冷热电联产系统的动力系统主要使用燃气轮机和内燃机。

商业发电用燃气轮机机组的容量规模较小，一般为 100 ~ 300MW。冷热电联产系统所使用的容量从几百到几万千瓦。燃气轮机采用的燃料为气体燃料或液态燃料。通过使用低 NO_x 燃烧技术、燃烧室注水、注蒸汽或者在排气中采用选择性还原等技术，可使燃气轮机排气中的 NO_x 成分控制在很低的水平。燃气轮机的运动部件较少，因此维修工作量也比较少。我国的微小型燃气轮机关键技术有待突破，国产化程度低，主要依赖进口产品，成本高，甚至某些型号的产品存在技术壁垒。

燃气轮机关键技术研制方面，主要开展总体技术方案研究，多级高效、高压比离心压气机研制，高效、低污染、燃料灵活性燃烧室研制，高效高低压燃气涡轮及具有可调导叶的动力涡轮优化设计，满足高可靠性和长寿命的关键部件制造，微型燃气轮机多转子轴系结构强度、疲劳寿命及稳定性分析与试验，以及微小型燃气轮机的整机集成及配套关键技术研究，并进行燃气轮机冷热电联供系统集成与应用示范。

内燃机在我国的研究、开发和应用相对成熟，不过随着科学技术的发展和基于分布式能源的要求，许多国家的内燃机厂商、科研机构投入了大量的人力物力进行针对提高内燃机的动力性、经济性和环保性能等新技术的研究与开发。在提高内燃机性能指标方面的研究主要包括：在有限的气缸工作条件下，采取增压技术，提高内燃机的功率，提高平均有效压力和活塞平均速度；通过提高热效率和降低内燃机的摩擦损失，降低燃油消耗率、提高经济性。提高内燃机的可靠性和耐久性；降低废气中有害排放和噪声等。在关键技术方面的主要研究包括：应用电子技术，如计算机辅助设计（CAD）、计算机辅助制造（CAM）、计算机辅助测试（CAT）、计算机辅助工艺设计（CAPP）等技术进行内燃机的设计研究、测试、制造等，电子控制能保证发动机在各种转速和负荷下实现最佳控制，也有力地推动了内燃机的发展；研究增压中冷技术，一直被视为提高发动机动力性能、经济性能和减低排放的有效措施；汽油机稀燃－速燃技术和汽油缸内喷射分层燃烧技术；柴油机直喷式燃烧、增加燃油喷射压力技术；排气后处理技术，采用合适的三效催化转换系统和选择性催化还原系统来降低排气中的碳氢化合物和氮氧化物；采用代用燃料，随着化石能源的逐渐枯竭，应加强研究内燃机的各种代用燃料，其中醇类、生物质油和氢是较为理想的代用燃料。

（二）余热高效转换

分布式能源系统中动力余热的回收利用程度，对提高系统能源利用率有重要作用。结合分布式能源系统用户的需求，系统余热主要通过采暖、空调、生活热水、除湿、冷冻等需求。其中空调可以采用吸收式制冷技术、生活热水通过烟气换热器即可实现，上述均为较成熟技术。吸收除湿、吸收式热泵和吸收式冷冻技术缺乏有效手段，有待进一步研究发展[15]。

1. 吸收式除湿

我国南方大部分地区具有高温、高湿的气候特点，造成相关行业冷负荷增加，空调能耗明显高于全国平均水平，其中湿负荷占空调冷负荷的三分之一甚至更高。与常规空调的压缩冷凝除湿相比，吸收除湿机的能耗大幅度降低，从而在节电、节能的同时，产生良好的经济性。吸收式除湿技术是分布式能源系统低温余热利用的有效手段，也是空调制冷系统节能的关键技术。

吸收式除湿技术主要采用溴化锂、氯化锂、氯化钙等的无机盐的水溶液或乙二醇、甘油、三甘醇等有机水溶液作为除湿剂。由于介质的良好流动性，便于过程强化，装置形式与规模也更灵活。采用强化传质传热新型结构的吸收/再生过程是提高性能的关键。吸收式除湿技术利用低温余热驱动，可以实现大幅度节能。与分布式能源系统特性相适应的吸收式除湿技术是需要解决的分布式能源系统余热利用关键技术。动力低温余热驱动的吸收式除湿的主要研究内容包括：与分布式能源系统变工况特性相适应的吸收式除湿技术全工况运行调解技术；吸收式除湿内回热流程与表面扰动的新型降膜吸收／再生结构；利用低品位余热的液体吸收式除湿技术等。

2. 吸收式热泵

热泵技术利用高品位输入能，通过热力循环将低品位热能提升到符合用户要求的品位；受循环工质和循环方式的限制，热泵在寒冷地区 -15℃以下的低温环境下往往无法运行或性能大幅度下降。通过循环方式和工质的改进，以及与分布式能源系统的集成，可以实现寒冷气候下的热泵方式供热。结合分布式能源系统特点，更深入的研究利用系统余热的寒冷地区热泵供热技术急待开展。

在利用中低温余热，特别是分布式能源系统动力装置的排烟余热，通过与环境能源互补，实现热泵的高效集成，提高供热效率，是降低寒冷地区采暖与供热能耗的关键技术。研制适合北方地区寒冷气候的热泵供热技术，解决循环工质、循环方式及分布式能源系统的热泵集成与变工况运行调解技术等是研究分布式能源系统的重要内容。[16, 17]

3. 吸收式冷冻技术

分布式冷热电联供系统的用户往往是规模较大的商务区或生态工业园区，大都包含一定数量的商场、超市和冷冻间，它们往往需要低于0℃的冷源。在这种情况下，溴化锂吸收式制冷难于满足用户需求，而基于氨水等混合工质的吸收式冷冻技术的制冷范围为 -60 ~ 0℃，因此，开发动力余热驱动的吸收式冷冻技术具有广泛的应用前景。

研发的混合工质吸收式冷冻技术利用中低温热源能量，通过相变分馏、混合吸收、化学反应及催化等物理或化学装置来调节循环工质浓度或成分，以达成对系统内、外部中、低品位能量有效利用的低成本、高性能、多输出。研究内容包括分析与探讨混合工质热力耦合循环的内在规律，以及系统熵函数与㶲的变化机理，确立客观合理的系统性能评价准则。研究系统性能的综合分析、优化及集成规律，包括：关键变量对循环性能的影响分析；系统参数和物流参数优化；对循环工质相变分馏、混合吸收、化学反应及催化等特性研究与过程控制。通过循环性能分析、技术方案的优化，对循环工质浓度、成分的过程主动控制，使其同时满足分布式能源系统的正逆循环等系统能量转换环节的不同需求，实现较低的不可逆损失，较高的系统集成度。得到吸收式冷冻循环工质物性对及其与循环匹配特性，为构建满足非常规空调制冷需求的高效分布式能源系统提供关键单元技术。

（三）先进储能

储能是解决分布式能源系统变工况问题的关键技术[18, 19]。主要研究内容包括储能材料、储能工艺和储能系统。新型储热（冷）材料的研究包括高密度、低成本、长寿命储能材料的制备、新型高效储热（冷）材料的流动、传热和蓄热（冷）特性；多种显热、潜热、显热／潜热复合型储热（冷）材料的流变特性、导热特性、自然和强制对流特性、辐射特性、比热容、储能密度、热耗散和保温特性等；研究微/纳米复合相变材料、离子流体等新型储热（冷）材料的制备和储热（冷）特性。储能工艺方面的研究包括高容量蓄能电池与电容器，空气压缩、水位势、超导及飞轮等物理储能工艺，化学反应、相变、浓度差等化学储能技术，超临界条件下的高性能蓄热（冷）/换热技术等。先进储能系统方面的研究包括总体设计与热力分析、先进空气储能系统集成与示范等。

（四）多能源互补

太阳能的光热利用温度范围可从50℃到1000℃以上，在光热发电、蒸馏器、干燥器、空调制冷系统、热水器和温室等场合均可以在分布式能源系统中得到应用。储存在地下岩石、土壤和地下水中的地热，也是供热、制冷和发电的可选能源之一。在各种可再生能源中，生物质比较独特，它不仅是贮存的太阳能，更是唯一的可再生碳源。生物质的利用是先转化为二次能源然后再进行利用，或直接转换为高温热然后在分布式能源系统中利用。

冷热电联产系统内部不同的子系统或热力过程对输入热的温度有不同要求，而太阳能可提供不同温度的热。因此，可将太阳能整合进联产系统。通过太阳能与化石燃料的互补，提供合适温度的热，一方面可以使集热器具有较高的集热效率；另一方面可以满足联产系统的热输入需求，减少化石能源的消耗量。由于地质条件的差异，不同地区可以提供的地热温度也会有所不同。可以根据地热的具体情况将其导入联产系统。生物质与化石燃料一起构成双燃料系统，通过生物质的气化或直接燃烧利用，可以减少联产系统对化石燃料的消耗。

（五）系统集成技术

1. 梯级利用的系统集成

主要研究基于能的综合梯级利用的系统集成技术与方法，包括研发分布式冷热电联供系统内多种循环、多个热力系统的集成技术和联供系统内动力、中温、低温余热与环境能源结合的综合梯级利用的技术与方法，研究系统能量输入侧和能量输出侧能量品位的多元性优化整合方法，研究系统内部各热力子系统之间的能量与物质传递和转换特性、系统流程结构优化和各子系统间的品位对口匹配等。

2. 全工况系统集成

主要研发基于全工况优化整合和优化控制的系统集成技术与方法，全面研究联供系统全工况特性规律，研究针对解决联供系统设计特性与运行实际相悖难题的优化控制，包括研究适应低温余热热源的动态变负荷规律的低温余热利用单元之间的流程优化整合方法、系统全工况性能的优化调节方法，研究与各种类型冷热电负荷需求相适应的机组选型与运行模式等，以保证联供系统实际应用的先进性、经济性和可靠性。研究系统动力、余热利用装置的变工况特性，进行理论分析与实验比较评价，为全工况系统集成提供基础数据和技术支撑。

四、支撑体系建设

（一）科技创新平台建设

分布式能源系统涉及工程热物理、电工学、化学工程、环境工程等多学科交叉，以及能源、燃气、建筑、暖通空调、化工等多领域的渗透，因此有必要组织各方面科研力量，形成自主技术研发的科技创新平台，利用企业和科研院所的科研力量，发挥人才优势和研究设施优势，开展分布式能源技术公共的研发工作，完成国家技术进步的任务，促进企业的技术升级。根据国家项目的总体计划和企业的需求，进行分布式能源关键技术和系统集成技术的创新研究开发，融入设备制造企业的研发中，利用市场对资源的最佳配置，参与商业机型的研究与开发。把握分布式能源技术发展方向，进行必要的工程技术咨询。完成分布式能源工程设计到工程实施的技术服务，起到能源企业、设备制造企业和用户之间的桥梁和纽带作用。

（二）产学研结合的创新体制建设

在国家政策引导与市场技术需求的推动下，在基础理论、技术研发、工程示范和产业化推广的全价值链范围内，建立企业创新为主体、研究院所技术研发为支撑、高校人才培养一体化的产学研合作模式。借助于企业在分布式能源系统设计、测试和工程示范能力和生产组织管理经验，发挥研究所、高校在基础理论和关键技术领域的基础研究优势和科研开发实力，产学研紧密结合，由产学研三方组成的研发联合体通过联合攻关，培育原创性技术，以及消化吸收国外先进技术并加以创新。

（三）政策体系建设

中国政府对分布式能源技术的开发和推广应用非常重视，制定了《国家中长期科学和技术发展规划纲要（2006—2020年）》、《能源中长期发展规划纲要》、《可再生能源法》、《中华人民共和国节约能源法》、《关于发展天然气分布式能源的指导意见》等法律法规，科技和产业发展规划成为促进中国分布式能源技术发展的指导性文件。政府始终把提高能源利用效率，节约能源，发展高效冷热电联供技术放在一个重要的位置。当前分布式能源在我国面临快速规模化发展，相关的政策、法规要提供保障。需要制定和完善与分布式能源技术开发、应用、推广相关法律法规，例如知识产权法、环境法、技术转移与创新法规等等，把发展分布式能源技术过程中节约能源，保护环境纳入法制轨道。制定技术政策、产权政策，鼓励或限制相关技术、产业发展，加强宏观调控和引导；从节能、环境角度发展分布式能源技术，作为大电网等集中供能技术的补充。面临风能发电、光伏发电、分布式发电等新兴能源，《中华人民共和国电力法》等相关的法规要予以修改，以保证分布式能源系统等新能源技术的合法性，扶持其健康发展。

参 考 文 献

［1］ 金红光，郑丹星，徐建中．分布式冷热电联产系统装置及应用．北京：中国电力出版社，2010．

［2］ 吴仲华．能的梯级利用与燃气轮机总能系统．北京：机械工业出版社，1988．

［3］ 金红光，林汝谋．能的综合梯级利用与燃气轮机总能系统．北京：科学出版社，2008．

［4］ 中华人民共和国国家发展与改革委员会．关于发展天然气分布式能源的指导意见，北京，2011．

［5］ Kim D S, Ferreira C A Infancte. Solar refrigeration options：a state-of-the-art review. Int J of Refrigeration, 31(1)：3-15, 2008.

［6］ Tamm G, Goswami D Y, Lu S, Hasan A A. Novel combined power and cooling thermodynamic cycle for low temperature heat sources, part I：theoretical investigation. Journal of solar energy engineering, 2003, 125：218-222.

［7］ 华贲，龚婕．分布式能源与天然气产业在中国协同发展的历史机遇．能源政策研究，2007，5：14-20．

［8］ 武建东．奥巴马能源大战略解构，绿色经济再造美国．科学时报．2009-2-1．

［9］ Obama B. Remarks of president at southern california edison electric vehicle technical center. http：//www.energy.gov/news2009/7067.htm, Pomona, California, Mar 19, 2009.

［10］ 中华人民共和国国务院．国家中长期科学和技术发展规划纲要（2006—2020年）．北京，2006．

［11］ Xu J. Scientific utilization of energy and the distributed energy system(Invited lecture). The 5th Int Decentralized Energy and Combined Heat & Power Conf, Beijing, 2004.

［12］ 徐建中，隋军，金红光．分布式能源系统现状及趋势．太阳能，2004，4：14-16．

［13］ 金红光，洪慧，王宝群，等．化学能与物理能综合梯级利用原理．中国科学，2005，35（3）：299-313．

［14］ 杨雷．发展天然气分布式能源——优化能源结构、节能减排与振兴经济的新方向．国家发展和改革委员会第七届中青年干部经济研讨会论文集．

［15］ Chen G, He Y. The latest progress of absorption refrigeration in China(Keynote lecture). The 22nd Int Cong of Refrigeration, ICR07-B2-174, Beijing, 2007.

［16］ Ziegler F. State of the art in sorption heat pumping and cooling technologies. International Journal of Refrigeration, 2002, 25：450-459.

［17］ Bi Y, Guo T, Zhang L, Chen L. Solar and ground source heat-pump system. Applied Energy, 2004, 78：231-245.

［18］ Zhang Y, Zhou G, Lin K, Di H. Application of latent heat thermal energy storage in buildings：state-of-the-art and outlook. Building and Environment, 2007, 42：2197-2209.

［19］ Wang Yaodong, et al. Modelling and simulation of a distributed power generation system with energy storage to meet dynamic household electricity demand. Applied Thermal Engineering, 2013, 50(1)：523-535.

撰稿人：隋军 等

能源动力系统温室
气体控制发展研究

一、能源动力系统温室气体控制的战略地位

政府间气候变化专门委员会（IPCC）在 2007 年初发表的第四次气候变化评估报告中指出，气候变暖已经是无争议的事实，而人类活动很可能是导致气候变暖的主要原因。2009 年 12 月，全球温升控制在 2℃ 以内的目标写入《哥本哈根协定》，全球应对气候变化的任务被提升到了前所未有的高度。气候变化问题将贯穿今后世界政治、外交始终，温室气体控制技术已经成为全球科技领域的前沿热点。

温室气体 CO_2 的排放与能源种类及利用方式密切相关，由于能源消费而导致的 CO_2 排放在人为温室气体排放总量中占有绝对优势。因此，能源领域中的 CO_2 减排成为气候变化研究领域的热点之一，其温室气体控制技术主要分为两类：一类是通过提高能效与利用可再生能源，减少使用含碳化石燃料，从而间接减排 CO_2；另一类是阻止化石燃料利用所释放的 CO_2 排放到大气，即 CO_2 捕集与封存（CO_2 Capture and Storage-CCS），达到直接减排的目的。作为最主要的大规模 CO_2 集中排放源，能源动力系统成为 CCS 技术应用的核心领域，能源动力系统的温室气体控制研究已经成为工程热物理学科的重要新兴分支学科。这不仅是工程热物理学科面临的新挑战，也是能源科学面临的世纪挑战。

（一）能源动力系统 CO_2 控制研究的内涵与特点

2005 年 IPCC 特别报告定义 CCS 为 "从工业和能源相关的生产活动中分离 CO_2，运输到储存地封存，使 CO_2 长期与大气隔绝的一个过程"[1]。CCS 技术的应用对象通常是大规模消耗化石能源的工业生产活动，如发电、冶金、水泥或化工等固定排放源，而人类其他活动排放的 CO_2（如交通、农业甚至呼吸等）则由于量小且相对分散而不适于采用 CCS 技

术。能源动力系统的 CO_2 控制即 CCS 技术的 CO_2 捕集环节，通常包括从低浓度的烟气中利用化工技术分离出高浓度的 CO_2，而后压缩和液化的过程。CO_2 捕集过程的成本和能耗占 CCS 全环节成本和能耗的 70% ～ 80%，是 CCS 的关键环节，因此是目前 CCS 研究的前沿与热点领域。

与节能和利用可再生能源等 CO_2 减排技术相比，能源动力系统控制 CO_2 技术特点可以概括为如下几点：①可以实现直接减排 CO_2 的效果。节能与利用可再生能源通过减少化石燃料的使用来间接减排 CO_2，而 CO_2 捕集则直接回收化石燃料产生的 CO_2，效果直接。②需要支付额外的能耗和成本。为了捕集 CO_2，不仅要在现有能源设施的基础上添加相应设备，还将额外消耗能量，为此需要支付额外能耗和成本。③兼容现有的化石能源利用技术。通过捕集 CO_2 可以升级化石能源利用技术（如燃煤电厂）使之实现零排放，无需彻底放弃已有的技术和能源基础设施。

（二）对工程热物理学科发展的影响与作用

长期以来，为了得到热能，动力领域往往采用将燃料直接燃烧这种简单的方式。由于被 N_2 稀释，燃料直接燃烧后尾气中的 CO_2 浓度通常很低，一般燃煤电厂尾气中 CO_2 的浓度约为 10% ～ 15%[2]，而且尾气处理量大，是造成 CO_2 分离能耗代价大和成本高的根本原因。如果推广传统的燃烧后 CO_2 捕集技术，为达到减排目标，意味着到 2050 年我国每年需要多消耗煤炭数亿吨，多支出成本数千亿美元，不仅难以解决我国节能环保与 CO_2 减排的目的，而且会使我国能源消耗和经济的发展雪上加霜。

能源动力系统采用先燃烧后分离 CO_2 沿用的是传统的"先污染、后治理"的链式思维，造成了 CO_2 分离前浓度低，导致了 CO_2 分离能耗、分离成本无法承受，难以解决 CO_2 捕集能耗和成本高的难题，因此，需要改变能源利用与污染物控制模式，打破链式思维，寻找新的能量转化利用方式，将能源转化、资源利用和环境保护相互整合，进行综合考虑，如图 1 所示[3]。

研究表明，燃料的最大做功能力（燃料化学烟）不仅包括得到的热能的做功能力，同时还包括燃料转化过程中吉布斯自由能的做功能力[3]。传统动力领域采用直接燃烧这种能量利用方式会造成燃烧过程的烟损失占燃料化学烟的 30% 以上，造成了燃料化学烟的极

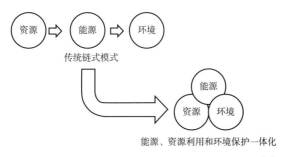

图 1　能源动力系统低能耗捕集 CO_2 的基本思路[3]

大浪费，燃料转化过程的吉布斯自由能并未得到充分利用[3]。燃料转化过程化学能的释放和利用过程不仅是燃料做功能力的最大潜力所在，又与 CO_2 的生成、迁移、分离过程密切相关。因此，如何在燃料转换过程中实现燃料化学能的高效利用并同时实现 CO_2 的富集，实现污染物的源头控制，是能源动力系统实现能源高效利用和低能耗、低成本 CO_2 捕集的关键。

（三）对国家、社会、经济发展的作用

能源和资源问题是我国实施可持续发展战略面临的长期瓶颈。从我国的客观条件来看，资源有限且以煤为主的能源格局短期难以改变；从经济发展态势来看，能源消耗总量仍然将逐年上升；而从国际气候变化博弈的形势发展来看，我国承受的减排压力则越来越大。能否在保障经济稳定快速增长的同时，还能应对国际温室气体减排压力，是关系到我们大国崛起的关键问题。

现有的国际主流 CCS 技术无一例外需要支付极高的额外减排能耗和成本。因此，虽然工业界对 CCS 工程示范表现出很大的热情，但如果大规模推广现有的 CCS 技术，预计到 2050 年，我国可能每年需要多消耗近 7 亿 ~ 8 亿吨标准煤。可以认为，贸然在我国大规模推广现有 CCS 技术，将对经济可持续发展、能源资源短缺、温室气体减排造成巨大的影响。在应对气候变化问题尚存在不确定性的前提下，为了减排 CO_2 而支付如此高昂的能耗和成本，显然是不可接受的。换言之，现有 CCS 技术面临的困境并非工程技术问题，而在于未能解决能量利用和 CO_2 减排的矛盾。可以说，如果不能大幅度降低额外能耗和成本，CCS 技术难以在未来应对气候变化中起到应有的作用。因此，只有科学原理创新，以及能源环境相容技术的突破，才能破解 CCS 额外能耗和成本过高的世界难题。为了实现能源与环境的可持续发展，应该创新地开拓既能够提高能源利用又能够解决温室气体控制问题的新型能源与环境系统，摒弃传统的"先污染、后治理"的链式模式，走出一条资源、能源与环境有机结合的发展新模式。这标志着世界能源科学技术研究正趋向于取代 20 世纪传统热力循环，将在能源和环境科技方面带来革命性突破。相关的研究成果将有利于抢占以低碳技术为代表的新兴产业竞争制高点。

二、CCS 发展现状与趋势

（一）发展现状

能源动力系统中 CO_2 捕集是指在电力或工业用能过程中将含碳化石燃料燃烧所产生的二氧化碳分离提纯的研究，是一项涉及多领域、学科交叉的复杂研究。目前，降低能源动力系统中 CO_2 捕集能耗代价的研究方向可以分为两类：①依靠分离过程的技术进步降低分

离能耗：提高分离过程的能量利用水平可以降低分离能耗，此类研究的切入点通常是化工工艺革新的角度，如新型吸收剂的开发、新型吸收工艺的开拓等。②通过系统集成降低分离能耗：能源系统分离 CO_2 并不单单是分离工艺本身的问题，CO_2 分离过程将对系统的能量利用产生直接和间接的影响。系统集成研究的主要目的在于如何将 CO_2 分离过程集成到能源系统中，实现 CO_2 分离与能量利用之间协调，在分离 CO_2 的同时保持能源系统的能量利用效率，甚至提高能量利用效率。

传统分离和回收 CO_2 的技术主要有吸收法、吸附法、膜分离法和深冷法等[4, 5]。吸收方法使用化学溶剂将 CO_2 从待分离气体中分离出来，然后再将化学溶剂和 CO_2 进行分离。吸收法一般适用于气量大、CO_2 浓度低的场合，主要发展方向是：选择容量大、速度快和解吸能耗低的溶剂，进行过程强化研究进一步降低能耗，以及对特大型传质设备的研究降低设备投资，另一个主要方向是将吸收法和膜分离法结合，特别是膜解吸法降低解吸能耗[6]。吸附技术通常也包含一个解吸过程，依靠压力或温度的改变将 CO_2 与吸附剂分离，属于物理分离法的一种。由于吸附剂的 CO_2 吸附量与 CO_2 分压成正比，吸附法通常用于 CO_2 浓度较高的场合。因为吸附剂的容量有限，大量吸附 CO_2 是需要的吸附剂的量过大，分离设备体积庞大，该方法通常限于小规模操作。吸附法研究的热点在于多孔介质的制备研究。在介孔材料表面接枝何种基团、接枝密度、接枝后的吸附量、吸附/解吸动力学、CO_2 在表面修饰后的孔道中的传递过程等，都是需要深入研究的课题[7]。膜分离作为新兴的 CO_2 分离方法，整个过程对环境友好、常温操作、能耗低且容易放大，是将来 CO_2 脱除的一个重要组成部分。膜分离的难点在于膜材料的限制。多数膜分离过程都是在低温高压下，如果待分离气体压力较低，需要对待分离气体进行压缩，而且膜的选择性导致膜成本较高，致使该方法目前不能大规模使用。目前膜法分离 CO_2 的主要研究方向有：①新型"溶解选择"性膜材料。向膜材料的分子结构中添加对 CO_2 具备较好溶解性能的基团，增加 CO_2 在膜材料中的溶解度以改善膜材料性能；②耐温、耐化学膜材料。考虑到实际应用所面临的恶劣环境，对膜材料结构的设计思路为：膜材料必须包括刚性与柔性两种基团，前者为膜材料提供耐温性、耐化学性以及机械性等，后者为膜材料提供气体渗透性；③非对称膜/复合膜的制备。在膜材料合成的基础上，必须同步开展具备非对称结构膜或者复合膜的制备工作，以大幅度提高膜的渗透速率；④杂化膜过程。将膜分离与其他分离过程结合起来，典型如膜吸收，可以各取所长，在 CO_2 气体分离与净化领域具有很大的应用前景；⑤膜法富氧燃烧。采用富氧膜，富氧燃烧以减少最终烟道气中的 N_2 含量，得到高浓度的 CO_2，为最终的分离提供便利[8-11]。

在能源动力系统捕集 CO_2 的集成研究方面，目前国际上现有的技术方向可以概括为燃烧后捕集、燃烧前捕集和纯氧燃烧三个方向，如图 2 所示。

燃烧后分离在能源系统的尾气中分离和回收 CO_2，是能源系统中最简单的 CO_2 回收方式之一。燃烧后捕集技术可采用的气体分离技术有物理吸收、化学吸收以及膜分离等，由于燃烧后烟气处理量大而且 CO_2 浓度低，化学吸收法被认为是目前最适用于大规模燃烧后捕集 CO_2 的分离技术。燃烧后捕集的优势在于可操作性较好，无需对动力发电系统

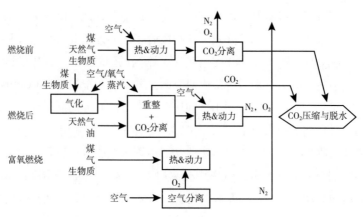

图 2　燃烧前、燃烧后、富氧燃烧三种 CO_2 捕集技术路线

本身作过多改造。采用燃烧后捕集 CO_2，由于被 N_2 稀释，能源系统尾气中 CO_2 浓度通常很低（一般燃煤电厂尾气中 CO_2 的浓度 10% ~ 15%，天然气电厂的尾气中 CO_2 的浓度更低，约为 3% ~ 5%），而且尾气处理量大。采用化学吸收法分离燃煤电厂尾气中的 CO_2 时，能耗约为 0.37 ~ 0.51MW·h/t CO_2，意味着分离 90% 的 CO_2 会使能源系统的效率下降 11% ~ 15%，系统单位千瓦投资上升 50% ~ 80%[1, 12, 13]。燃烧后分离目前的研究热点为寻找高效的吸收剂和优化分离流程，降低 CO_2 分离能耗，但燃烧后分离能耗高的根本原因在于尾气中的 CO_2 浓度低，仅通过吸收剂改进和流程优化难以达到大幅降低分离能耗的目的。燃烧前分离 CO_2 的方式是先将化石燃料转化为合成气（主要成分为 CO 和 H_2），进一步将合成气中的 CO 气体转化为 CO_2 和氢气，再通过分离工艺将 CO_2 分离出来。由于 CO_2 分离是在燃烧过程前进行的，燃料气尚未被氮气稀释，待分离合成气中的 CO_2 浓度约为 30%。研究结果表明，IGCC 燃烧前捕获 90% 的 CO_2 会使能源系统的效率下降约 5.5% ~ 9%[1, 12, 13]，CO_2 分离能耗相对于燃烧后分离有所下降。富氧燃烧是针对常规空气燃烧会稀释 CO_2 的缺陷提出的一种捕集 CO_2 的方式。该方式采用燃料在氧气和 CO_2 环境中燃烧的方式，并将一部分尾气回到系统内循环，排放出含有高浓度（95% 以上）CO_2 的烟气。所需氧气的生产主要通过空气分离方法，包括使用聚合膜、变压吸附和深冷技术等。富氧燃烧的优点是燃烧尾气为 CO_2 和水蒸气，通过降温即可分离出 CO_2，因此不需要尾气分离 CO_2 装置，也不用脱硫和脱氮装置，降低了投资成本。虽然富氧燃烧的 CO_2 分离能耗接近为零，但由于需要制氧，空分装置的耗功较大，系统出功降低程度仍比较大（约 10% ~ 25%），同时空分也大幅增加了系统的额外投资。采用富氧燃烧捕集 CO_2，捕获 90% 的 CO_2 同样会使系统效率下降约 8% ~ 12%[1, 12, 13]。限制富氧燃烧系统效率提升的瓶颈是空分制氧技术。

国内外已开展的大规模 CCS 示范项目，截至 2012 年 10 月，共有 8 个大型项目（指包括二氧化碳捕集、运输和封存全流程并且达到下规模的项目），对于燃煤电厂，每年捕集的二氧化碳排放不低于 80 万吨；对于其他排放密集工业厂（包括燃气发电厂），每年捕集的二氧化碳排放不低于 40 万吨，这些项目每年封存的 CO_2 量大约为 2300 万吨[14]。另外，有 8 个项目正在建设或实施阶段，其中包含两个发电领域的项目。预计到 2015 年，这些项目的 CO_2 封存将上升至每年 3600 万吨。根据全球碳研究院的研究[14]，为了实现控制气温上升 2℃ 的目标，2020 年投入运行的项目数量必须增至大约 130 个。除去目前已经运行和正在建设的 16 个项目，剩下的只有 51 个计划在 2020 年投入运行，其中的一些项目将不可避免地由于各种原因而导致搁浅，因此 130 个示范项目的目标很难实现。

从 2011 年以来，CCS 项目总数达到 75 个。在这一年间，8 个已经立项的项目由于各种原因（包含预期碳销售收入不足或者缺乏封存法规制度等）而被取消、被搁置或被重组。这些项目由 9 个新项目弥补，其中的 5 个项目位于中国。大多数新立项的 CCS 一体化项目与提高石油采收率有关。来自石油的额外收入，是 CO_2-EOR 技术成为一种支持项目的强大推动力，尤其是在美国、中国和中东地区尤为明显。对比 CO_2-EOR 和深部咸水层封存项目，CO_2-EOR 明显更具经济利益驱动，但深部咸水层的 CO_2 封存潜力及封存量更大[14]。

2010 年以来，在发电行业二氧化碳的预期捕集量已经显著减少。许多更先进的有较大 CO_2 捕集量的项目由于较大的成本投入已经被取消或搁置，取而代之的是较小规模的项目。商业规模的 CCS 示范需要与工业过程或电厂集成，并且不断地增加示范项目的规模。值得注意的是，虽然目前有小型的发电厂示范了 CCS 技术，但还没有大规模发电厂 CCS 示范项目投入运营。最近，美国南方电力公司的 Barry 燃烧后捕集发电厂将成为世界上燃煤发电厂中最大的 CCS 一体化项目。通过 2 个中试的富氧燃烧示范项目——西班牙的德拉城基金会能源公司的项目和澳大利亚 Callide 发电厂项目，富氧燃烧示范已经取得一些进展。目前有 2 个大规模的发电厂 CCS 示范项目正在建设中，预计于 2014 年分别为美国的 Kemper 项目和加拿大的 Boundary Dam 项目。Kemper 项目采用燃烧前捕集技术，Boundary Dam 项目采用燃烧后捕集技术[14]。

1. 北美 CCS 示范项目最新进展

目前，17 个运行或者建设中的大规模一体化 CCS 项目中，有 13 个在北美地区（大于 75%），其中美国运行或者建设中的大规模 CCS 项目占到了将近世界的一半。北美地区拥有的 CCS 示范众多（尽管大规模的 CCS 项目从 2010 年的 39 个减至 31 个），电力行业最早的两个处于建设中的大规模 CCS 示范项目——加拿大萨斯喀彻温省 Boundary Dam 碳捕集和封存集成示范和美国密西西比 Kemper County IGCC 项目均位于北美。通过对北美正在运行和建成的 CCS 项目的总结分析可以发现：①约 70% 的 CO_2 捕集装置以天然气为原料，来自于天然气加工和处理工厂，有 2 个燃煤电厂 CCS 项目，1 个 CCS 项目来自于煤制天然气化工厂；②从 CO_2 捕集技术角度看，70% 的项目均采用天然气加工 + 燃烧前捕集技术，只有 2 个燃煤电厂采用燃烧后捕集技术；③从 CO_2 捕集规模角度看，天然气处理厂和煤制天然气等化工厂的 CO_2 捕集规模基本均达到百万吨级，而燃煤电厂的 CO_2 捕集规模在万吨级，为小规模示范；④从 CO_2 的处置方式角度看，70% 的项目与 EOR 相结合，以降低项目成本并获得收益，30% 的项目与咸水层封存相结合。另外，北美还有多个拟建的 CCS 项目，通过对这些项目的总结分析可以发现：①约 57% 的 CCS 项目为燃煤电厂捕集 CO_2，其中采用燃烧后技术的有 2 座，采用 IGCC 燃烧前技术的有 3 座，采用富氧燃烧技术的有 3 座；②约 3 个 CCS 项目来自于天然气加工过程，1 个项目来自于生物质制乙醇工厂，2 个项目来自于炼油及石油加工厂；③从规划上看，拟建的燃煤电厂捕集 CO_2 的示范项目明显增多，燃煤电厂捕集 CO_2 从单一的燃烧后技术逐步过渡到燃烧前、燃烧后、富氧燃烧等多种技术示范，且有以 IGCC 燃烧前、富氧燃烧技术为主的趋势；④从规模上看，几乎所有在建或者规划中项目的 CO_2 捕集规模均在百万吨级，能够达到商业规模运行，尤其值得注意的是边界大坝电厂（采用燃烧后技术年捕集 CO_2 100 万吨）和肯珀 IGCC 燃烧前电厂（年捕集 CO_2 300 万吨），均采用了全尺寸、大规模的电厂 CO_2 捕集装置；⑤从 CO_2 处置方式看，只有 4 个项目（约占 29%）拟采用深部咸水层封存技术，其余的均采用 CO_2-EOR 技术。由于北美是最先开展 CO_2 驱油商业化运行的地区，CO_2-EOR 技术更为成熟和先进，加之增采石油的收益能够使 CO_2 获得收益，且目前的 CO_2-EOR 市场对 CO_2 总量的需求未饱和，因此能够容纳从这些电厂捕获的 CO_2。但是从长远来看，CO_2-EOR 的市场潜力毕竟有限，大规模捕集的 CO_2 还是需要进行深部咸水层埋存。

2. 欧洲 CCS 示范项目最新进展

虽然欧洲的净 CCS 项目数量在过去三年里保持稳定，但大型一体化 CCS 项目经历了很大的变化。自从 2010 年来，8 个欧洲项目已被取消或被搁置，立项了 7 个新项目。这些变化既反映了 CCS 活动在欧洲的动态性，也反映了推动 CCS 项目进入建设阶段所带来的困难。其中，荷兰的 Rotterdam Opslag en Afvang 示范项目预计 2013 年早期能够投运，两个 CCS 项目 Eemshaven CCS 和 Pegasus Rotterdam 已经被搁浅了。2012 年 12 月，欧洲宣布了其 NER300 竞争提案的第一轮资助决定，没有 CCS 项目获得资助，但是约 12 亿欧元资助给了 23 个可再生能源示范项目，这与欧洲政府在 2008 年将通过 NER300 资金分两轮资助至多 12 个 CCS 项目的宣言完全背离。第二轮的提案预计在 2013 年第一季度，资助经费将以出售 1 亿吨的二氧化碳排放许可证的方式以及第一轮未被利用的资金中获得。所有的在 NER300 第一轮的 CCS 示范项目清单将在第二轮中有可能被选中。通过对欧洲正在运行和建成的 CCS 项目的总结分析可以发现：①约 3 个 CO_2 捕集装置以天然气为原料，来自于天然气加工和处理工厂，有 4 个燃煤电厂 CCS 项目，1 个 CCS 项目来自于石油加工厂；②从 CO_2 捕集技术角度看，4 个燃煤电站有 3 个采用富氧燃烧技术，1 个采用燃烧后技术，2 个天然气处理厂采用燃烧前捕集技术，1 个石油加工厂采用燃烧后捕集技术，目前运行的燃煤电站捕集 CO_2 装置，欧洲目前最主要的技术方向是富氧燃烧和燃烧后技术；③从 CO_2 捕集规模角度看，天然气处理厂的 CO_2 捕集规模基本均达到百万吨级，而燃煤电厂的 CO_2 捕集规模在千吨级，为小规模示范；④从 CO_2 的处置方式角度看，挪威的两个项目用于咸水层封存，从意大利燃煤 Brindisi Federico 电厂捕集的 CO_2 用于 EOR。

通过对欧洲拟建的 CCS 项目的总结分析可以发现：①欧洲拟建的 CCS 项目中多数针对燃煤电厂，其中包含 1 座燃烧后捕集电厂，2 座 IGCC 燃烧前捕集电厂，2 座富氧燃烧电厂，但这些拟建中的电厂由于资金或者是项目本身设计的原因并没有从 NER300 第一轮中得到资助，这些项目很可能被取消和搁浅；②从规模上看，几乎所有在建或者规划中项目的 CO_2 捕集规模均在百万吨级，能够达到商业规模运行。

3. 中国 CCS 示范项目最新进展

当前在中国开展的 CCS 示范项目，运行中的主要有三个：北京热电厂燃烧后捕集 CO_2 项目、上海石洞口燃烧后捕集 CO_2 项目、中国电力投资集团公司重庆双槐电厂燃烧后捕集 CO_2 项目。这三个项目均采用氨基溶液作为吸收剂，捕集规模相对较小。北京热电厂项目采用神华东胜烟煤，发热量为 23 ~ 24MJ/kg，该厂年捕集 CO_2 量 3000 吨，不到全厂全年 CO_2 排放量的 1%，MEA 溶液消耗量约为 1.5kg/t CO_2，捕集 CO_2 电耗为 150 ~ 200kW·h/t CO_2，蒸汽消耗为 3GJ/t CO_2（1.3 ~ 1.5MPa 140 ~ 150℃），CO_2 捕集成本约为 300RMB/t。捕集后的 CO_2 经压缩后存储于 1.3MPa 的储罐中，并用于食品加工。北京热电厂项目从 2009 年投运至今运行良好。华能上海石洞口 CO_2 捕集技术年 CO_2 捕集量为 12 万吨，同样采用的是 MEA 燃烧后吸收技术，烟气处理量为 66000Nm³/h（约占总烟气量 4%），CO_2 捕集能耗等技术指标为蒸汽消耗 3.0GJ/t CO_2，电力消耗为 75kW·h/t CO_2，捕集后的 CO_2 经液氨冷却后存于储罐中，最后卖给食品企业等，该项目同样从投运至今运行良好。中国电力投资集团公司（简称：中电投）重庆双槐电厂采用氨基溶液，烟气处理量为 8400Nm³/h，每年捕集 CO_2 约 1 万吨，每捕集一吨 CO_2 的蒸汽消耗为 3.9GJ，电力消耗为 90kW·h，成本为 300 ~ 500RMB/t（约 394RMB/t，捕集成本因是否压缩差别大），捕集后的 CO_2 直接卖给中间商。目前，食品级 CO_2 的价格约为 620RMB/t，因此出售从电厂捕获的 CO_2 可获得一定的收益。但是食品行业的 CO_2 需求量毕竟有限，如上海地区每年的食品级 CO_2 市场容量约为 16 万 ~ 18 万吨，因此食品行业并不能消化电厂大规模捕集的 CO_2。

国内示范项目的运行结果表明，采用燃烧后技术从电厂尾气中捕集 CO_2 付出的能耗和成本代价过高，其单位 CO_2 蒸汽消耗约为 3 ~ 3.9GJ/t，单位 CO_2 电耗约为 150 ~ 200kW·h/t（若捕集全厂 90% 的 CO_2，约相当于系统发电效率下降 11% ~ 15%），CO_2 捕集成本约为 300 ~ 500RMB/t。因此，目前国内正在开展一批燃烧前和富氧燃烧示范项目的研究。值得一提的是，华能集团绿色煤电项目基于天津 IGCC，目前正在建设燃烧前捕集 CO_2 项目，捕集规模为每年 6 万 ~ 8 万吨，预计 2016 年投运，该项目预期 CO_2 捕集能耗代价更小，单位捕集 CO_2 成本更低。中电投也拟在上海漕泾开展 IGCC 燃烧前捕集 CO_2 项目，该项目正处于预可研阶段，还未获得政府批准。这种从燃烧后向燃烧前和富氧燃烧捕集 CO_2 示范的转型，意味着燃烧后捕集技术由于成本和能耗较高，可能难以全尺寸和大规模推广，因此需要探索并进行其他更低能耗和成本的捕集技术。

此外，在中国还有多个拟开展的 CCS 项目，这些项目大都处于可行性研究或者预可研阶段。规划或在建中的项目中，大多数是以煤为原料的电厂或化工厂。燃煤电厂捕集

CO_2 的数量约占 60%，煤化工捕集 CO_2 的数量占 25%，天然气加工厂一个，天然气联合循环电厂一个。CO_2 捕集技术方面：有 3 个燃煤电厂拟采用 IGCC 燃烧前捕集技术，3 个燃煤电厂拟采用富氧燃烧技术，1 个燃煤电厂拟采用燃烧后捕集技术，3 个煤化工厂拟采用燃烧前捕集技术，1 个天然气电厂采用燃烧后技术，1 个天然气加工厂采用燃烧前技术。从规模上看，拟建或正在建设的项目的 CO_2 捕集规模大都达到百万吨级，能够达到商业规模的运行，但这些项目均处于预可研阶段，项目是否能够落实还有待商榷。从运行的项目完全采用燃煤电厂燃烧后技术，到拟建或在建的项目大部分采用 IGCC 燃烧前、富氧燃烧等捕集技术的转变可以知道：目前的 CCS 技术存在技术选择的多样性，燃烧前、燃烧后、富氧燃烧没有哪一项技术占据主导地位。虽然燃烧后技术更为成熟，但其 CO_2 捕集技术、捕集能耗高，这种转变表明，IGCC 燃烧前、富氧燃烧技术可能成为针对燃煤电厂的 CO_2 捕集技术的主流，但这两项技术还有待工程验证。为降低 CCS 系统的投资和运行成本，从电厂或工业源捕集的 CO_2 往往与 EOR 和食品加工结合起来以实现有效利用，通过石油收益或者 CO_2 销售收入，以降低 CO_2 的成本。但是无论是 EOR 还是食品级 CO_2，其市场容量有限，其能消化的 CO_2 量只占捕集量的少部分，因此还需要进行大规模的 CO_2 咸水层封存示范研究。不难看出，国内 CCS 示范项目还处在探索之中，燃烧后捕集技术是最成熟的，但其 CO_2 捕集成本和能耗很高，难以做到全尺寸和大规模推广。燃烧前和富氧燃烧技术正处于更早期的阶段，其示范效果还有待验证，国内需要摸索出一条适合国情的能耗和成本可行的 CCS 技术或技术组合。

通过总结国内外 CCS 示范项目，侧重分析示范项目所采用的燃料类型、技术类型及规模、示范项目的效果三个层面以了解目前各国正在做什么样的 CCS 技术、如何在做以及 CCS 项目的预期作用如何，进而分析目前的 CCS 技术的进展以及对推动全球 CCS 大规模开展所能起到的作用。对北美、欧洲、澳大利亚及中国等主要地区的 CCS 项目的总结可以发现以下特点。

（1）燃料适用性

现有的大规模（大于 80 万吨/年）的 CCS 示范项目几乎全是天然气处理厂，另外的大规模项目则针对的是煤化工厂，而燃煤电厂的 CCS 设施全是小规模的。

从世界范围而言，燃煤电厂仍然是 CO_2 的主要和首要排放源，大规模的 CO_2 减排必须依赖于燃煤电厂大尺寸/全尺寸的 CO_2 捕集。值得关注的是，美国已经开始建设两座燃煤电站的全尺寸 CCS 设施：IGCC 燃烧前和燃煤电厂燃烧后捕集，这两座电厂的 CO_2 捕集规模都达到了百万吨，预计于 2014 年投运。

（2）CO_2 捕集方式

现有的燃煤电站 CCS 示范项目以燃烧后和富氧燃烧技术为主，燃烧后捕集技术仍是目前最为成熟的技术；IGCC 燃烧前技术方兴未艾，发展前景广阔；正在拟建大批煤化工燃烧前 CCS 技术。

现有运行中的燃煤电厂项目所采用的技术大多数为燃烧后和富氧燃烧技术，天然气加工等工业过程一般采用燃烧前捕集技术。从拟建或正在建设中的 CCS 示范项目看，数量和规模以美国为首，中国次之，而欧洲则很多项目被搁置甚至被取消、实际行动较少。在美国，拟建或正在建设的项目主要针对燃煤 IGCC 电站燃烧前技术、燃烧后技术以及天然气加工过程，且有以 IGCC 燃烧前和富氧燃烧技术为主的趋势；而在中国，拟建的 CCS 示范项目更多是在煤化工行业展开，也有数量可观的燃煤电厂 CCS 示范项目，这些项目是富氧燃烧、IGCC 燃烧前和燃烧后技术的组合，并没有明显偏向哪种技术，但表明了从单纯的燃烧后捕集示范到多种技术组合示范的这种转变。

（3）推广作用

目前正在运行或者拟建中的 CCS 项目大多与 CO_2-EOR 或者食品饮料行业等 CO_2 的利用相结合，真正用于咸水层封存的较少，难以实现大规模 CO_2 埋存。无论是 CO_2-EOR 还是食品饮料行业利用 CO_2，都能给 CCS 带来一定的收益，降低成本，但这两种技术对 CO_2 的需求有限，因此，从长期来看，CO_2 的大规模埋存还必须依赖于咸水层封存。

大尺寸、全尺寸的燃煤电厂 CCS 示范项目难以开展。主要原因有：①现有的运行结果表明，燃烧后捕集 CO_2 能耗和成本过高；② CO_2 用于食品饮料加工和 EOR 虽然能够带来效益，但市场容量有限。目前小规模捕集的 CO_2 还能用于食品行业，但毕竟食品行业的 CO_2 市场消耗潜力有限，CO_2-EOR 规模也有限，而全尺寸时电厂烟气处理量大，会造成电厂投资急剧增大，同时，CO_2 捕集量急剧增加，市场又不能消耗过多的 CO_2，电厂会因过剩的 CO_2 没有市场而亏本。虽然全尺寸带来的规模效应会降低当前的 CO_2 捕集成本，但降低的效果不会太明显，CO_2 捕集成本仍然过高。

目前开展的 CCS 项目难以适合中国大规模的 CO_2 捕集，对中国而言是不可持续的。原因有如下几点：中国以煤为主的能源结构客观上决定了大规模的 CO_2 减排必须从燃煤电厂开展，但目前的燃煤电厂 CCS 技术能耗、成本过高。目前的 CCS 项目运行经验表明：燃煤电厂燃烧后捕集 90% 的 CO_2 将使系统效率下降 11% ~ 15%，CO_2 捕集成本高达 300 ~ 500 RMB/t。如果大规模推广目前的 CCS 技术，将我国 2050 年的 CO_2 排放量控制在 2010 年水平，需要每年多消耗 7 亿 ~ 8 亿吨标煤，需额外投入 3 千亿 ~ 4 千亿美元，在我国不断增长的能源消耗和经济发展需求的背景下，将使我国能源和经济的发展雪上加霜，是不可持续的；中国的燃煤电厂众多，是 CO_2 的主要排放源，而煤化工行业的 CO_2 捕集容量有限。一方面，煤化工的市场容量有限，且 CO_2 在煤化工行业是为了保证生产而不得不脱除的副产物，算不得真正意义上的以封存为目的的"CO_2 捕集"，因此，开展煤化工行业的 CCS 虽然必要且能够对早期的 CCS 示范机会起到降低成本和推动作用，但对减排总量的贡献有限，长期而言示范项目还是要依靠电力行业低能耗、低成本的 CO_2 捕集技术。

（二）能源与环境相容协调发展的突破口

长期以来，能源动力系统关注的是热力循环，将燃料燃烧获得的热能通过热力循环转变为功。热力循环受限于卡诺循环效率，关注的是提高循环初参数以提高效率。一般而言，燃料的品位很高（接近于 1.0），其燃烧的温度可达 1800℃，而热力循环的温度由于受到材料本身的限制目前只能达到约 700℃（热能品位约为 0.69）[3]。燃料和热力循环温度之间存在着巨大的品位差，是导致燃料利用过程巨大可用能损失的根本原因。为减小燃料利用过程的可用能损失，一方面可以继续提高卡诺循环初参数以缩小品位差，另一方面可通过改变燃料转化方式将燃料的品位降低到与热力循环温度更匹配并同时充分利用燃料转化过程的做功能力（吉布斯自由能）。由于卡诺循环初参数受限于设备材料，大幅度提升很难，并且温度越高依靠提高初参数以提高卡诺循环效率的效果越不明显，通过提高初参数的方式以降低可用能损失的潜力较小。因此，减小能源利用过程可用能损失，提高能源系统效率的最大潜力和突破口在于燃料（如向热能）转化过程的做功能力的有效利用，只有这样才能大幅度提升能源系统的效率。

而在化工领域中，传统的能源化工关注的是如何将原料中的有效成分尽量转化为化工产品，追求的目标是化工产率的最大化。在化工发展初期，产品的产率较低是困扰化工生产的一大难题。为提高产率，德国 F. Haber 教授提出了化工未反应气循环的方式。这种方式极大地提高了化工产率，奠定了现代化工的基础，Harber 教授也因此获得了诺贝尔奖。但是，化工未反应气循环的方式在提高化工产率、实现原料有效成分最大转化的同时，也带来了另一个弊端：虽然原料的有效组分得到了充分的利用，但是，从能量利用效率的角度看，当化工转化率过高时（如超过 90% 时），再一味地追求更高的转化率，会造成化工合成单元吉布斯自由能损失急剧增加，导致化工产品的生产能耗急剧升高，从而使整个系统能量利用效率大幅下降（如图 3 所示）。因此，对传统化工而言，在保证化工产率的同时，如何降低化工生产能耗是目前亟待解决的问题。

可见，无论是传统能源动力系统还是传统化工过程，碳氢燃料的利用和转化过程中存

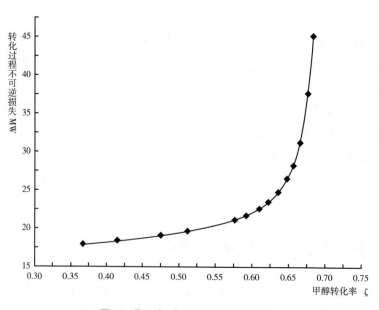

图 3　化工各过程不可逆损失分布

在着较大的不可逆损失利用潜力，主要体现在两个方面：一是燃料直接燃烧带来的较大的做功能力的损失，如何降低燃料向热能转化过程的做功能力损失是提高能源动力系统效率的突破口；二是燃料转化过程中一味地追求高转化率而忽视了过程能耗急剧上升的问题，如何做到转化率和能量利用效率的兼顾是传统化工的突破口。

而上述的燃料转化和利用过程恰恰就是 CO_2 的生成和迁移过程，是 CO_2 产生的源头。而燃料转化过程又存在巨大的吉布斯自由能利用潜力，因此如何合理利用燃料转化过程的吉布斯自由能，并兼顾到其与 CO_2 浓度富集之间的协同，做到从能源转化的源头控制 CO_2 等污染物，是当前能源与环境协调相容的突破口和最大潜力所在。

我国学者首次提出了燃料源头捕集 CO_2 原理，这一原理打破传统分离思路，强调在 CO_2 生成的源头，亦即化学能的释放、转换与利用过程中寻找低能耗，甚至无能耗分离 CO_2 的突破口。无能耗并非意味着分离过程无需消耗能量，而是强调通过系统集成达到成分的分级转化与能的梯级利用（尤其是燃料化学能利用潜力），提高系统能量利用水平，弥补由于分离 CO_2 带来的效率下降。该原理将燃料化学能的梯级利用潜力与降低 CO_2 分离能耗结合在一起，同时关注燃料化学能的转化与释放过程、污染物的生成与控制过程，通过基础理论研究与实验研究揭示能源转换系统中 CO_2 的形成、反应、迁移、转化机理，发现能源转化与温室气体控制的协调机制，进而提出能源环境相协调的系统集成创新。在能量转化与 CO_2 控制一体化原理的基础理论研究层面，分析了不同能源系统中的化学能梯级利用与 CO_2 分离能耗之间的关联规律，进而提出了能够表征化学能梯级利用与 CO_2 分离能耗之间关联关系的一体化准则。研究分析了典型煤基液体燃料 / 动力多联产系统中 CO_2 的形成、反应、迁移与转化规律，发现了多联产系统中的含碳组分富集现象，在机理研究与规律分析的基础上，提出了若干有发展前景的回收 CO_2 的新型能源系统。

1. 低能耗回收 CO_2 的化工—动力多联产技术

化工—动力多联产即在发电的同时生产合成燃料 / 化工产品（如甲醇、二甲醚等替代燃料）的技术。化工—动力多联产不是以转化率或循环效率为单一目标，而是通过化工流程与动力系统的有机耦合，既可避免片面追求转化率带来的高能耗，又能以燃料化学能梯级利用潜力为驱动力，从源头低能耗捕集 CO_2。以合成反应后分离 CO_2 的甲醇—动力多联产技术为例，该系统通过化工适度转化，在燃烧前将原料中的含碳组分富集到未反应气，将燃料气的含碳组分浓度从 30% 提高到 50%，相应使 CO_2 捕集能耗降低 20% ~ 30%[15]。该方法变革了化工生产固守近一个世纪的全转化模式，为解决能源动力系统 CO_2 减排能耗高的问题提供了一个新途径，已成为中欧计划合作建设的国内首套大规模 CCS 示范项目的备选技术。概括而言，化工—动力多联产技术不仅可以实现化工和电力行业的大幅节能，而且能够生产煤基替代燃料，降低我国石油进口依赖度，更能够以低能耗代价大规模减排 CO_2。

事实上，考虑到煤炭在我国能源结构中的主导地位，科技部自 20 世纪 90 年代后期就已经启动了包括多项 973/863 在内的洁净煤利用项目，其范围涉及先进燃煤发电技术（如

IGCC）、煤制液体燃料（如煤液化、煤制甲醇等）和化工—动力多联产技术，从而为研发回收 CO_2 的化工—动力多联产基础奠定了雄厚的基础。在煤炭的清洁利用技术领域，我国和发达国家的差距相对不大。其中化工—动力多联产技术相对成熟、减排能耗和成本低、减排潜力大，有望成为我国应对气候变化的关键技术选择之一。

2. 无火焰的化学链燃烧技术

"无火焰"化学链燃烧与传统"火焰"燃烧有本质区别：通过两个气固循环反应，实现了燃料与空气的不接触，使气体生成物是高浓度 CO_2 和 H_2O，无需 CO_2 分离过程即可回收 CO_2，避免了常规 CO_2 捕集所需的额外能耗，可以零能耗分离 CO_2[16]。采用无火焰化学链燃烧的发电系统开辟了一条控制温室气体的新途径，IPCC 在 2005 年关于 CO_2 的捕捉与储存特别报告中着重指出："化学链燃烧是一种实现 100% 捕捉 CO_2 的很有前景的控制温室气体方法"。20 世纪 90 年代，我国学者率先发现了化学链燃烧中高浓度富集 CO_2 的新现象。国际能源署（IEA）和美国能源部（DOE）在有关报告中已将化学链作为化石能源零排放的首要新方向。

（三）发展趋势与方向

现有的 CCS 技术的能耗和成本过高，大规模推广将严重影响经济发展。依赖现有技术解决温室气体减排的复杂问题难以满足经济可持续发展的需求。为了解决这一问题，必然需要革新性的 CCS 技术。根据能耗和成本水平，我们可以将 CCS 技术的未来发展趋势（核心为 CO_2 捕集技术）概括分为三个阶段，如图 4 所示。

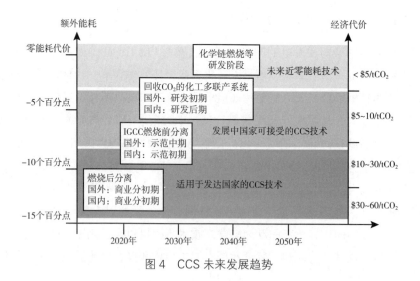

图 4　CCS 未来发展趋势

技术相对成熟的高能耗的 CCS 技术：捕集系统的能耗代价高于 10%，单位捕集成本介于 30 ～ 60 美元 /t CO_2 之间。这个技术经济水平的 CCS 技术多沿用陈旧的发电和化工技术，减排能耗和成本高且下降潜力有限。在 CCS 技术推广的初期，这类技术由于相对简单、技术难度低，往往为 CCS 示范工程所采用，能够在短期内起到 CO_2 减排效果。此类技术发达国家凭借先进的技术水平和经济实力，有可能采用这种 CCS 技术来缓解短期的减排压力。但从长远来看，由于这类技术的本质在于用多消耗能源的代价换取 CO_2 的减排，将其作为长期的 CO_2 减排主力技术将使我国付出无法承受的能耗与经济代价，我们在此称之为次贷型的 CCS 技术。燃烧后分离技术是此类技术的代表。

处于工程示范早期的低能耗 CCS 技术：捕集系统的能耗代价介于 3% ~ 8% 之间，单位捕集成本介于 5 ~ 15 美元 /t CO_2 之间。与高能耗的燃烧后捕集技术相比，此类捕集技术的能耗和成本相对较低，而且随着技术的大规模推广和国产化，此类 CCS 技术具有进一步降低能耗和成本的潜力，在付出有限的能耗和成本代价的情况下，有效减缓我国的减排压力，成为近中期的主要减排技术。基于洁净煤发电技术（IGCC）的燃烧前分离技术和化工—动力多联产技术就处在这一技术阶段。在过去的 30 年中，欧美发达国家建成了数个 IGCC 发电厂，具有成熟的示范与商业运行经验，为下一步应用燃烧前 CO_2 分离奠定了良好的技术基础。与欧美国家相比，我国 IGCC 发电技术的示范刚刚开始，燃烧前分离技术尚处于研发和试验阶段，存在一定技术差距，我们在此可以称之为跟踪型 CCS 技术。

未来的近零能耗 CCS 技术：近零捕集能耗代价，捕集成本低于 5 美元 /t CO_2。此类技术的核心在于从源头低能耗捕集 CO_2，同时提高燃料利用效率补偿捕集能耗。化学链燃烧是此类技术的代表。我国和西方发达国家均处于此类技术的初期研发阶段，水平差距相对较小。此类技术的能耗和成本均远远低于现有的 CCS 技术，对国家经济可持续发展的影响小，而减排效果显著，是可持续发展的 CCS 技术，将在远期承担主要减排任务。

对比采用当前 CCS 技术和采用低能耗、可持续发展的近零能耗 CCS 技术的一次能源消耗情况可以发现：如果采用的 CCS 技术全部为当前技术（以燃烧后捕集技术为主），会使我国发电行业煤耗量增加约30%，相应一次能源消耗量增加约每年 7 亿 ~ 8 亿吨标准煤。而如果采用低能耗和近零能耗的 CCS 技术，由于其效率下降较少，仅使发电行业煤消耗增加约10%，因此在增加煤炭消耗 3 亿 ~ 4 亿吨的情况下，就可以实现 CO_2 减排 26 ~ 34 亿吨的效果。为此，如果我国要大规模推广应用 CCS 技术，则必须自主研发针对煤炭清洁利用的低能耗、低成本的适合我国国情（可持续发展的）的 CCS 技术。

三、学科重要研究方向

传统能源动力系统控制 CO_2 研究的焦点集中在化工分离过程，主要研究新型吸收剂、吸附剂，新型分离工艺等，力图通过提高化工分离过程的效率来降低 CO_2 分离能耗。但是，无论吸收、吸附、膜分离和深冷分离，目前都还没有找到大幅提高分离效率的突破性方向。事实上，决定能源动力系统捕集 CO_2 能耗的并非只有分离，深入热力学原理分析可以发现，伴随燃料转化的碳组分演化过程，包括碳组分生成、转化、迁移、扩散，都是决定 CO_2 捕集能耗的关键过程。此外，如前所述，提高能源利用效率的最大潜力在于燃料化学能的有效利用。所以，燃烧前的燃料转化过程既是燃料化学能转移与释放的过程，也是碳组分的演化过程，是同时解决 CO_2 低能耗捕集和燃料化学能梯级利用的源头和突破口。换言之，能源动力系统控制 CO_2 研究的焦点已经从单纯的 CO_2 分离过程，转移到燃烧和燃烧前燃料转化过程，亦即源头捕集。针对这一突破口，围绕化学能转化与碳捕集的协同原理、富碳 / 氧的新型燃烧方法、热力循环和碳捕集的耦合方法以及低能耗捕集 CO_2 的新型能源动力系统等关键问题，工程热物理研究领域已经逐渐形成了如下几方面新兴的学科方向。

（一）燃料化学能转化与 CO_2 捕集协同转化理论与方法

发展针对高碳燃料燃烧前转化过程（如新型气化、燃料合成等）和碳组分演变过程（CO_x 的生成、迁移、扩散与分离）的协同转化理论与方法。重点研究燃烧前燃料化学能转化与释放机理，捕集 CO_2 的耗能机理与规律，CO_2 捕集能耗最小化原理以及低能耗 CO_2 捕集方法。一方面揭示能源动力系统中协同转化基本机理和原理，另一方面发展以降低 CO_2 捕集能耗为目标的新型能量利用机制和方法。

1. 化石能源动力系统中捕集 CO_2 的耗能机理

建立燃烧前燃料化学能转化与释放机理及梯级利用原理；探索能源动力系统中 CO_x 生成、迁移、扩散与分离过程的不可逆性产生机理；揭示能源动力系统中捕集 CO_2 的耗能机理。

2. CO_2 捕集能耗最小化原理

研究燃料转化、碳组分演变及热力循环中能流、元素流的变化规律及相互作用机制；建立燃料化学能可用能与 CO_2 捕集能耗之间的品位关联关系及相互转化机理；构建 CO_2 捕集能耗最小化原理。

3. 燃料化学能梯级利用与 CO_2 捕集耦合方法

开拓化学能梯级利用的同时碳组分定向迁移与富集的燃料转化新方法；探索煤气化 / 分离、变换 / 分离等新型燃料转化与 CO_2 捕集耦合方法；探索化石燃料与无碳燃料的互补利用方法。

（二）富集 CO_2 的燃烧原理与方法

发展非空气燃烧气氛（如 O_2/CO_2 气氛、CO_2/H_2O 气氛等）高碳化石燃料（特别是煤）的燃烧原理和方法。重点研究受流动、传热传质和化学反应相互作用控制的新型燃烧过程的理论描述方法和数学模型，富集 CO_2 过程中污染物迁移释放的竞争机制和协同效应，以及低成本高效传递分子氧和和晶格氧的新材料，为我国抢占纯氧燃烧、化学链燃烧等 CCS 技术的制高点奠定理论基础。

1. 无 N_2 气氛中高碳燃料燃烧原理

研究变革性燃烧方式中燃料复杂热化学特征，建立燃料均相 / 非均相燃烧化学反应动力学机理和模型；研究新型燃烧气氛中多相反应流规律和传热传质特征，揭示燃料化学能释放与 CO_2 富集的耦合特性、调控机制和反应控制原理。

2. 燃烧中富集 CO_2 与污染物迁移释放的竞争机制和协同效应

研究富集 CO_2 的燃烧方式污染物的释放规律、迁徙演变特征和脱除方法，建立多种污染物一体化脱除的微观机理、互补变化机制及选择性源头调控规律和平衡特性。

3. 低成本高效传递分子氧和和晶格氧的新材料

建立高性能载氧材料的设计、筛选和制备理论；探索载氧材料与化石燃料的协同气化 – 还原 – 催化的集成反应动力学和反应工程学。

（三）热力循环与 CO_2 分离过程耦合理论与方法

探索 CO_2 捕集过程的碳迁移规律、其与热力循环耦合的基本理论和优化方法。重点研究 CO_2 分离过程（高温传导膜分离、吸收、吸附）的分离特性、强化机理和能量转换规律，低能耗 CO_2 液化过程的运行特性和能耗机理以及 CO_2 捕集分离过程与热力循环的耦合特性和集成方法，以建立能量互补的低能耗 CO_2 分离过程和化石能源动力系统的集成方法。

1. CO_2 分离过程的能量转换规律和强化方法

研究燃煤烟气中 CO_2 分离过程的非平衡热力学、动力学以及热质耦合传递规律及理论；探索多尺度共存多组多相多势差驱动下 CO_2 分离过程的热质传递协同强化机理；建立能耗最小化的 CO_2 分离体系。

2. CO_2 液化过程的能耗机理和优化准则

阐明不同压力、不同浓度 CO_2 的液化机理；研究供能过程（空分冷能、低温余热利用、动力转换等）与 CO_2 液化分离等耗能过程的集成耦合机制；探索 CO_2 低能耗液化过程及其低能耗特性；建立 CO_2 液化系统的优化理论。

3. 热力循环与 CO_2 分离过程能量互补的耦合方法

阐明 CO_2 捕集分离过程与动力系统各流程之间的相互影响规律；研究耦合系统中物质

能量互补传递规律、系统匹配及动态运行特性；揭示耦合系统中能损产生机制及其在系统中的分布规律；构建"能量互补、品位相投"的热力循环和CO_2分离过程的耦合系统。

（四）低能耗捕集CO_2的能源动力系统

探索低能耗捕集CO_2的高碳燃料能源动力系统。通过集成理论、性能分析与评价和系统创新层面的研究，重点探索煤基化工—动力多联产系统、化石燃料与可再生能源互补的多功能系统、化学链燃烧的联合循环等，为提出适合我国能源结构特点的低碳排放的高碳燃料能源动力系统奠定理论基础。

1. CO_2捕集系统性能评价方法与集成原则

建立基于能的品位特征的捕集CO_2能源动力系统分析方法；提出技术、经济与技术路线多层面的能源动力系统综合评价方法；提出燃料化学能梯级利用与低能耗捕集CO_2一体化的能源动力系统集成原则。

2. 低能耗捕集CO_2的能源动力系统创新

探索新型气化、化学链燃烧、燃料合成、纯氧燃烧等的燃料转化与CO_2捕集耦合方法，提出低能耗、低成本捕集CO_2的新型能源动力系统；开展CCS全链层面的源汇匹配、系统能耗研究。

四、支撑体系建设

CCS作为一种新兴的应对气候变化技术，具有跨部门、跨领域、空间规模大、时间跨度长、投资大、风险大等特点。无论是研发与示范，还是产业化推广，CCS都需要合适的政策支撑。当前CCS研发与示范的主要障碍在于：缺少系统的发展规划和可实施的技术路线；资金支持力度不够、投融资机制不成熟；缺乏监管、安全等相关法规体系；公众认知度与接受度低。因此，需要制定鼓励推动研发与示范的政策，加强未来产业化关键政策的研究，并促进CCS的国际合作与技术转移。

（一）加强战略与政策研究

尽快明确CCS在我国温室气体控制乃至未来社会经济发展中的战略地位，制定以节能减排、可再生能源和CCS为主要内容的温室气体控制战略。基于我国国情特点，探索适合我国可持续发展战略与全球温室气体控制战略的CCS技术路线，分析不同减排情景对我国经济可持续发展的影响，提前部署CCS核心技术研发和示范。

协调技术路线，统筹规划：深入分析我国能源、冶金、水泥和化工等化石能源密集消耗行业的技术现状和发展趋势，从应对气候变化的新视角重新审视产业发展策略，充分考虑 CCS 技术发展策略与产业技术路线之间的相互影响与匹配关系。以电力行业为例，在目前发电容量的 30% 为超临界发电技术，而未来新增装机应选择超临界技术还是 IGCC 技术还有待确定的情况下，什么样的 CCS 技术符合电力行业的技术现状和发展规划，而什么样的发电技术适合 CCS 技术的推广应用，需要综合考虑。

围绕技术创新，转变发展模式：探索能源与环境的协调发展之路，而非简单将两者对立。转变传统能源利用和污染物控制之间的链式思路，推动我国实现经济发展模式从资源消耗型向资源节约型、环境友好型转变。以自主创新为主、技术引进为辅，一方面结合我国能源结构、资源条件和 CCS 需求的具体特点，坚持自主研发，掌握低成本、低能耗的 CCS 核心技术；另一方面需要把握温室气体减排国际合作的契机，寻找多渠道的国际资金支持，同时引进消化发达国家在洁净煤利用等方面的先进的 CCS 外延技术。

利用现有技术基础、循序渐进：长期以来对煤炭的重视使我国在洁净煤利用技术领域具有雄厚的科研和工业基础。应利用这一优势，集中产学研各界的力量，在现有洁净煤利用技术基础上研发回收 CO_2 的多联产等高碳能源低碳化利用技术，分阶段实现关键技术突破。

（二）加强学科交叉，鼓励自主技术创新

加强学科交叉：以热力循环为核心的能源动力系统研究和以分离过程为核心的化工技术研发，都无法单独面对 CCS 的复杂难题。而传统环境领域先污染、后治理的链式思路更难以解决 CO_2 控制新问题。要彻底解决 CCS 技术目前面临的能耗和成本难题，前提在于能源、化工、环境学科的交叉与融合。为此，应该从基础理论研究、技术研发和工程示范各个层面加强学科交叉，用"一体化"的思路解决问题。

设定我国 CCS 技术门槛：每一种新技术的产生和发展，都存在从无序到有序的渐进过程，对 CCS 技术更是如此。为了规范 CCS 技术的发展，需要国家设定我国 CCS 技术的技术门槛（如捕集能耗代价小于 5%，吨 CO_2 减排成本低于 10 美元）。通过设定 CCS 技术门槛，可以正确评估各类 CCS 技术的潜力和作用，防止次贷型 CCS 技术的无限制扩散，规范并鼓励低能耗、低成本的 CCS 技术自主创新。

探索新型低能耗 CCS 技术：通过燃烧后捕集的技术示范积累经验，以燃烧前分离等跟踪性 CCS 技术为突破口，以未来低能耗或零分离 CO_2 的 CCS 技术创新为目标，研发适合中国国情的煤基低能耗、低成本的 CO_2 控制能源系统技术，如：回收 CO_2 的化工—动力多联产技术、化学链燃烧等一体化新技术等。

（三）探索早期机会，积极推进工程示范

探索 CCS 工程实践的早期机会：全面评估 CCS 技术在各个工业领域和重点地域的适

应性和可行性，探索以煤化工等高浓度 CO_2 排放源和 EOR 相结合的全流程、低成本工程实践的早期机会，循序渐进，积累工程经验，提高关键利益相关方对 CCS 技术的接受度。

积极有序推进工程示范：主动把握目前气候变化国际合作的契机，积极利用国际上的资金渠道，推进以 EOR 或化工行业的低成本 CO_2 捕集和利用技术为起点的 CCS 工程示范，尽早摸清 CCS 技术对我国的适应性和可行性，积累经验，为确定适合我国国情的 CCS 技术路线提供工程实践依据。

从国家和企业两个层面鼓励 CCS 技术的研发：加速主要技术的成本下降率和核心技术的国产化，在成本和能耗的关键问题上争取突破。由于国产技术和进口技术成本上的巨大差异，在国产化程度不高的情况下，只可试点，不可推广。在新建 IGCC 电厂时鼓励预留碳捕获接口，降低未来改造的费用。

（四）加强国际技术合作与技术转移

CCS 是纯粹以减缓气候变化为目的的气候友好技术，基本不产生经济效益，却伴随着高昂的经济和资源代价。CCS 技术投资大、核心技术成熟度低、系统复杂，要实现 CCS 技术在全球发挥减缓气候变化的重要作用，需各国的共同努力。

发达国家应从自身责任和能力出发，在 CCS 技术研发、工程示范、商业推广和资金支持方面承担更大的责任，推动该技术的早日成熟和商业化应用，并通过广泛的国际合作帮助发展中国家掌握和应用该技术。作为发展中国家，中国当前面临着发展经济、消除贫困和减缓温室气体排放的多重压力。需要切实的国际合作，特别是积极利用各种国际机制推动发达国家向包括中国在内的广大发展中国家提供相关的技术和资金，加强合作研发与技术转移，推动 CCUS 技术在中国的发展。

（五）支撑条件建议

将 CCS 技术列入我国未来科技发展规划。目前我国发展 CCS 技术的主要障碍之一是战略规划不清晰。为此，我们建议应尽快制订 CCS 技术发展战略规划，在未来科技规划中，将 CCS 技术列入我国能源、环境等多领域交叉的前沿技术。

积极支持 CCS 的理论和技术研究。从基础理论研究和技术创新两个层面出发，启动基金委重大研究计划，凝练关键科学问题，开展温室气体控制和 CCS 等基础理论研究；通过科技部支撑计划和 863 项目，明确技术难题，开展低能耗、低成本的 CCS 技术研发，同时制定 CCS 技术的有关标准和规程，为 CCS 技术的工程实施提供依据。

开展 CCS 示范工程建设。形成政府支持、企业主体、研发配合的协作机制，协调行业利益，建立示范工程，加快科技成果的转化，实现科技计划和产业计划的有机结合。积极利用国外资金来支持 CCS 示范项目建设，同时国家的投入应占示范工程资金的相当比例，减免企业承担的风险和责任，为 CCS 示范工程提供资金保障。

组建专门的 CCS 技术平台，加强国际合作。组建国家级低碳技术研发中心和产学研联盟，开展 CCS 核心技术攻关；同时应加强低碳技术创新领域国际合作，建立低碳技术研发、竞争和优选的国际机制。

参 考 文 献

［1］ Thambimuthu K，Soltanieh M，Abanades JC. The IPCC Special Report on Carbon dioxide Capture and Storage，2005.

［2］ Rochelle GT. Amine scrubbing for CO_2 capture. Science，2009，325（5948）：1652-1654.

［3］ 金红光，林汝谋. 能的综合梯级利用与燃气轮机总能系统. 北京：科学出版社. 2008.

［4］ 韩永嘉，王树立，张鹏宇，等. CO_2 分离捕集技术的现状与进展. 天然气工业，2009，29（12）：79-82.

［5］ 李新春，孙永斌. 二氧化碳捕集现状和展望. 能源技术经济，2010，22（004）：21-26.

［6］ 晏水平，方梦祥，张卫风，等. 烟气中 CO_2 化学吸收法脱除技术分析与进展. 化工进展，2006，25（9）：1018-1024.

［7］ Takamura Y，Narita S，Aoki J，et al. Application of high-pressure swing adsorption process for improvement of CO_2 recovery system from flue gas. Canadian Journal of Chemical Engineering，2001，79（5）：812-816.

［8］ Govind R，Atnoor D. Development of a Composite Palladium Membrane for Selective Hydrogen Separation at High-Temperature. Industrial & Engineering Chemistry Research，1991，30（3）：591-594.

［9］ Sander F，Foeste S. Model of an oxygen transport membrane for coal fired power cycles with CO_2 capture. Proceedings of the Asme Turbo Expo，2007，3：345-352.

［10］ Wang B，Zhu D，Zhan M，et al. Combustion of coal-derived CO with membrane-supplied oxygen enabling CO_2 capture. Aiche Journal，2007，53（9）：2481-2484.

［11］ Yan SP，Fang M，Wang Z，et al. Economic Analysis of CO_2 Separation from Coal-fired Flue Gas by Chemical Absorption and Membrane absorption Technologies in China. 10th International Conference on Greenhouse Gas Control Technologies，2011，4：1878-1885.

［12］ IEA/OECD，CO_2 capture and storage：A key carbon abatement option，2008.

［13］ International Energy Agency. Cost and Performance of Carbon Dioxide Capture from Power Generation. http：//www.iea.org/publications/freepublications/publication/costperf_ccs_powergen.pdf，2010.

［14］ GCCSI. Available from：http：//www.globalccsinstitute.com/ resources/data/dataset/status-ccs-project-database，2011，4.

［15］ Jin H，Gao L，Han W，et al. Prospect options of CO_2 capture technology suitable for China. Energy，2010，35（11）：4499-4506.

［16］ Ishida M，Jin H. A New Advanced Power-Generation System Using Chemical-Looping Combustion. Energy，1994，19（4）：415-422.

撰稿人：高林　等

流体机械学科发展研究

一、流体机械的学科内涵与战略地位

流体机械是以流体为工作介质来实现功能转换的机械，主要包括涡轮压缩机（压气机）、膨胀机（涡轮机）、泵、水轮机、螺旋桨和风力机等。其中压缩机、泵和螺旋桨等是通过对流体工质做功提高流体的能量；涡轮、水轮机和风力机等是通过流体工质做功对外输出能量。流体机械按照流体工质的种类又可分为气体流体机械和液体流体机械，按照结构形式和作用原理又可分为涡轮式流体机械、容积式流体机械和其他形式流体机械。

流体机械广泛应用于工业、能源、交通和国防等领域，在支撑国民经济和国防工业发展等方面具有不可替代性的作用，在国家整体学科布局中占有独特的重要地位，对促进交叉学科的形成与发展具有重要的推动作用，是培养创新型和复合型人才的摇篮，对增强我国科学技术原始创新能力的广度和深度具有重要支撑作用。

压缩机和泵等流体机械广泛应用于石油、化工和冶金等工业领域中，在创造巨大经济效益的同时，也消耗了大量的能源。压缩机和泵主要用于提供维持工艺系统中气、液体流动或化学反应所必需的能量，压缩机组和泵系统的先进性、可靠性与稳定性，直接关系到企业的效益与安全，故一直受到流体机械学术界和石油、化工、冶金等工业界的高度关注。

涡轮机和水轮机等流体机械广泛应用于能源电力工业领域，是火力发电站和水力发电站的核心和心脏。近年来，新能源与可再生能源的利用日益受到重视，风能发电的风力机、地热能和太阳能热发电的涡轮机等流体机械发展迅速。

压气机和涡轮机等流体机械是汽车、船舶和飞机等交通工具动力装置的核心关键部件；涡轮螺旋桨和涡轮泵等流体机械，则是船舶推进系统的主要组成部分。交通行业是我国的三大能源消耗行业之一，交通消耗了我国将近 2/3 的石油资源，CO_2 排放量占总 CO_2 排放量的 1/4 以上，并且 60% 以上的城市大气污染物来源于汽车的排放。随着我国汽车工业的快速发展和汽车保有量的迅猛增加，交通能耗快速增长，我国石油燃料在能源中的比例不断增加。从而使中国能源对外依存度上升较快，其中石油对外依存度从 21 世纪初的 32% 上升至目前的 57%。交通节能减排已成为节能和环境保护中一个日益重要的方面，成为影响我国经济和社会可持续发展与环境保护的一个重要环节，内燃机涡轮增压与涡轮复合、船舶涡轮螺旋桨与喷水推进等流体机械技术，在交通节能减排方面具有突出的战略地位。

流体机械技术的进步对国防装备的发展具有重要的推动作用。汽车、船舶和飞机等交通工具的动力装置主要为涡轮增压发动机、燃气涡轮发动机和蒸汽涡轮发动机等，它们同时也是陆、海和空军装备的主导动力装置。为建设与我国国际地位相称、与国家安全和发展利益相适应的强大军队，必须解决武器装备的动力装置"心脏病"问题，需要突破很多关键技术，而流体机械技术正是其中的核心技术。

交通节能减排、国防装备跨越发展、新能源和可再生能源利用，已成为流体机械学科发展与应用的新增长点。

二、流体机械在相关领域主要研究进展

压缩机、泵和水轮机等流体机械在工业和能源领域的应用，一直是流体机械学科研究的重要课题。近年来，在工业和能源领域流体机械理论与应用研究持续发展的基础上，我国流体机械学科在流体机械流动基础理论，以及交通与国防装备流体机械技术研究方面取得了较重要进展。

（一）流体机械流动基础理论研究

1. 流体机械非定常流动三维涡方法研究

目前，关于流体机械流动问题的研究通常聚焦于速度和压力。而实际上以涡量和胀量为研究对象能更清楚地阐明流体运动的本质，揭示速度—压力框架下所不能揭示的流动机理。涡运动是流体机械中最普遍存在的一种运动，也是流体力学理论研究与工程应用中最具挑战性的领域之一。

旋涡和非定常流动一直是流体机械学科研究的热点之一。不同于传统的欧拉型计算方法，涡方法是研究涡运动最直接有效的方法，在流体机械非定常有涡流动的数值研究中极具优越性。自从 Chorin 提出求解高雷诺数 N—S 方程的涡团法以来，涡方法已有了长足的发展，成为一种重要的数值方法。基于涡方法在非定常流动数值研究中的优越性，涡方法得到多种应用。目前，二维涡方法已发展成熟，并成功地应用于流体机械的叶栅气动特性、两相流动和动静叶干涉非定常流动研究，达到了实用程度。最近，国外研究人员开始用三维涡方法研究非定常有界流动，与此同时国内学者也开展了三维涡方法在流体机械等具有复杂边界的流动领域的应用研究。总体来讲，相对于已经成熟的二维涡方法，三维涡方法的研究还处于发展阶段，特别是对于具有复杂边界的有界流动，需要进一步发展完善。

我国研究人员在国家自然科学基金等项目支持下，进行用于计算具有复杂边界的流体机械非定常流动的高精度快速拉格朗日型三维涡方法研究，取得了明显进展。

（1）拉格朗日型波前涡元追踪法开发研究

由于在涡方法中通常采用拉格朗日法追踪涡元位置，长时间的计算过程中容易产生涡元分布疏密失调的问题，既影响计算精度又容易引起计算稳定性问题。目前主要采用重新布置涡元的方式调整涡元位置和强度，但是重新布置涡元无法保证涡元重新布置前后涡能量守恒。将限制插值形状（CIP）型计算格式和拉格朗日型涡元追踪法相结合，发展出了拉格朗日型波前涡元追踪法解决涡元分布疏密失调问题，可有效保证离散涡元空间分布的均匀性。

（2）基于涡量输运方程的湍流黏性模型研究

涡方法作为一种直接模拟方法，对于处于湍流状态的流动，若涡元的尺度为Kolmogorov尺度，拉格朗日型涡方法可被称之为一种湍流的直接模拟法。但是这样，离散涡元数量将是一个天文数字。通过对涡量输运方程进行空间平均推导湍流黏性模型，类似于基于速度—压力框架下的大涡模型，利用湍流黏性对微细涡结构进行模型化处理，从而能够用可接受的涡元数量高精度地计算流体机械湍流流动。

初步建立了拉格朗日框架下高精度、高效率的三维涡方法，并开发编制了计算软件，而且通过对大型混流式水轮机内部的非定常流动计算结果和试验结果的对比，验证了三维涡方法应用于流体机械非定常流动的有效性。

2. 流体机械流动稳定性研究

近年来，随着水轮机比转速的提高和转轮能量性能及抗空蚀性能的大幅度提高，大型水轮机运行稳定性问题越来越突出。调研结果显示，流动稳定性问题是机组运行不稳定的重要原因之一，严重影响了电站的安全运行。目前水轮机组大型化的趋势，导致水轮机内部压力脉动频率降低，容易造成机组和厂房之间的共振，从而导致机组运行不稳定。

机组的流动稳定性主要取决于压力脉动，分析其成因，主要有涡流（卡门涡、叶道涡、尾水涡）、空化等。而在暂态工况（启动、飞逸等）下，水轮机真机的压力脉动更严重，但是模型试验则不包含此项研究。因此，对水轮机真机暂态压力脉动的准确预测，成为目前行业的新要求。

我国研究人员在水轮机稳态、暂态的三维湍流及空化现象研究方面的主要进展包括以下方面。

（1）水力机械内部流动的基础理论研究

提出了适应于旋转机械的RNG k-w湍流模型；基于修正的S-A模型及发展的RNG k-w模型，开展了基于DES方法的水轮机内非定常三维湍流数值模拟研究；发展了适用于捕捉机组偏工况复杂流动的非线性湍流模型。

提出了基于涡量矩理论的水轮机转轮内流动诊断参数；提出了基于涡动力学参数的水轮机转轮叶片改型设计方法；提出并证明了尾水管中涡的稳定性判据，指出了压力脉动的产生主要决定于尾水管进口断面的回流。在该理论的指导下，通过对溪洛渡电站转轮的改型，成功地降低了尾水管的压力脉动（降低50%）。

（2）水力机械内部流动数值模拟研究

混流式水轮机（包括转轮和尾水管各部件）的全流道中旋转湍流计算；对抽水蓄能机组水轮机工况S区进行了精确数值模拟，研究了可逆式机组启动过程中的水力稳定性问题；提出具有运动边界的水轮机非稳态流控制方程，研究了水力旋转机械在非稳态运行条件下（启动、飞逸、甩负荷等）的非定常流动。

以三峡水轮机为研究对象，采用延长泄水锥长度的方法，将涡带引导至下游高压区，从而削弱涡带的摆动幅值，改变压力脉动频率，降低尾水管中涡带中心的涡量，达到对整个水轮机机组减震的目的。

（3）水轮机流固耦合问题研究

通过对水轮机全流道三维非定常湍流进行数值模拟预测水轮机内的压力脉动，利用弹性力学非稳态有限元法计算水轮机转轮叶片动态的应力和应变，利用网格交互式耦合并行技术实现非匹配网格之间的搜索和插值，建立了水轮机过流部件流固耦合分析的数学模型，进一步完善了水轮机流固耦合振动分析的基本理论。

在有黏有旋的流场条件下采用弱耦合技术，对轴流式转轮进行了流固耦合计算，详细分析了考虑流固耦合作用的前后转轮内流动参数变化情况和流动现象的特点。

考虑动水质量的影响，进行了防止卡门涡共振产生快速裂纹的模态分析；通过改进的三峰谷雨流计数法得到了水轮机叶片应力均值和幅值的计数结果，采用最优化方法对计数结果进行 χ^2 检验，通过对水轮机一年实际或拟运行工况进行分析确定各工况权系数，通过载荷谱编辑获得了叶片危险部位的应力均值幅值联合概率密度函数；考虑叶片应力和强度的随机性，建立了基于剩余强度模式的疲劳可靠性分析模型和基于疲劳累积损伤模型的疲劳可靠性分析模型；对叶片实测应力时间历程进行了疲劳可靠性分析；运用 VC 与MATLAB 接口的方法，开发了相应的软件设计平台系统。

3. 流体机械空化流动研究

水力稳定性是机组振动十分重要的因素，且与压力脉动密切相关；而压力脉动主要与混流式水轮机流动中的各种涡及其相伴随的空化现象相关。混流式水轮机中的空化涡流主要包括脱流涡、叶道涡、尾水管涡带等，分别对应不同的运行工况区。空化产生的叶道涡、尾水涡易加大压力脉动和机组的振动，呈现强烈的不稳定性。在水轮机空化方面的研究主要进展为：

（1）空化模型的发展

从分子动理论原理出发，通过对两相空化流的 Boltzmann 方程取矩的方法，得到了两相空化流的连续方程和动量方程；根据空化流的特点，考虑空化发展过程中相变机理，应用蒸发和凝结原理，直接推导了因空化产生的质量源项和动量源项；在混合流体假设的基础上，考虑了空化过程中各种因素的影响，包括液体表面张力的影响、湍流的影响、相变率的影响和不溶解性气体的影响，对理论值进行了修正，提出了一种基于混合流体模型的两相空化流计算模型。提出考虑热力学效应的两相空化模型，进行了在高温条件下水力机械定常三维湍流计算。

（2）水轮机空化性能预估

发展了适合水力机械空化流计算的完全空化模型和混合流体两相流模型，采用描述混合均匀多相流模型和 RNG k-e 模型，数值模拟了混流式水轮机和轴流式水轮机从蜗壳进口至尾水管出口全流道内的定常空化流动，以考察不同运行条件下，空化发生的部位及程度、空化对水轮机能量性能的影响。提出了基于数值模拟技术的水轮机空化性能预估技术，发展了考虑不可凝结气体及水的可压缩性影响的改进 ZGB 空化模型，并基于该模型对混流式水轮机叶道涡初生线、发展线，以及不同工况下的尾水涡带进行了精确数值模拟，讨论了叶道涡和尾水涡的稳定性问题。

（二）内燃机涡轮增压与涡轮复合技术研究

面对石油供应对外依存度与汽车消费双增长的局面，以及 CO_2 减排的巨大压力，交通节能减排成为我国节能减排工作的战略重点，《国家中长期科学和技术发展规划纲要（2006—2020 年）》将其列为重点和优先发展方向，提出到 2020 年将交通石油消耗减少8700 万吨。内燃机是交通运输和国防装备的主导动力，是我国石油消耗最大的产业，年消耗燃油约占全年石油消耗总量的 66%，相当于全年进口的石油总量。在人类活动导致的 CO_2 排放中，以内燃机为动力的交通运输业占 25%，远高于炼油（4%）、水泥（4%）和钢铁（2%）行业。

1. 高压比涡轮增压理论与技术研究

不断提高增压比并缩小排量是内燃机节能的基础战略和主要技术途径，先进的高压比涡轮增压技术具有 30% 以上的节能潜力，对保障我国石油能源安全、实现节能减排目标有重大意义。我国要从汽车大国走向汽车强国，涡轮增压器等核心零部件突破是关键。高压比涡轮增压技术是我国内燃机和汽车零部件产业升级以及新一代装备动力发展急需突破的主要瓶颈。

目前，当压比接近 4 时，增压比进一步提高十分困难。Honeywell 花了 17 年时间，才将该公司的内燃机增压比水平从 3.3 提升至 3.8。压比 >4 高增压压气机为跨声速非定常流动，稳定工作范围急剧变窄，无法满足发动机从低速到高速全工况对压气机流量范围的要求；压比 >4 时，高增压耗功已占发动机输出功率的 40%。排气涡轮为强波涡非定常流动，效率大幅降低，导致涡轮难以提供压气机所需驱动功率。

我国高压比涡轮增压非定常流动基础研究薄弱，导致高增压技术方面一直难以有实质性的突破。基于交通节能减排和装备动力发展对压比 >4 高增压技术的迫切需求，我国研究人员近年来在"高升功率发动机重大基础研究"国家 973 项目等的支持下，开展高增压非定常流动机理与控制研究。主要研究进展和成果如下。

（1）高增压离心压气机扩稳非定常流动研究

发现离心压气机跨声速激波与蜗壳畸变流场作用导致的周向强非对称流动新现象，揭示了非对称流动引起不稳定边界右移的压气机跨声速流动失稳新机制，提出并发展了高增压跨声速压气机非对称机匣处理扩稳新方法。

离心压气机是涡轮增压器的关键核心部件。压比 >3.5 时离心压气机流动已由亚声速进入跨声速领域，高增压跨声速压气机稳定范围急剧变窄，无法满足发动机从低速到高速全工况对压气机流量范围的要求。高增压跨声速压气机模型由于涉及军用受到国外的限制和封锁，目前我国增压设计体系的压气机设计模型还主要限于亚声速。通过研究激波损失和尺度效应的影响，建立了增压压气机跨声速设计分析模型。基于跨声速设计分析模型分析研究增压跨声速压气机流动及性能，发现由于跨声速激波的存在，压气机蜗壳产生的周向流场畸变导致高增压跨声速压气机的通道周向流动呈强非对称性，使得压气机旋转失速流量增大，不稳定边界右移，是影响高增压跨声速离心压气机稳定范围的关键，降低稳定工作范围最高达 42%。

现阶段，我国提出并发展了通过非对称机匣处理抑制跨声速压气机通道的流动周向强非对称性，避免稳定边界右移的非对称扩稳流动控制新方法。自循环处理机匣是离心压气机扩稳的主要措施，传统自循环处理机匣是在距压气机进口一定距离的壳体上沿周向轴对称开槽引气，跨声速条件下其扩稳有效性大幅降低。基于跨声速压气机流场匹配扩稳新原理，提出并发展了根据跨声速压气机通道激波的位置，在激波后的压气机壳体上进行自循环处理机匣的开槽引气，降低跨声速激波结构强度；基于蜗壳导致的叶轮流场周向畸变，开槽位置和开槽宽度沿周向不再为传统的轴对称分布，为非对称机匣处理扩稳技术。在 130krpm 转速下，传统机匣处理喘振流量减小 9%，非对称机匣处理喘振流量减小量高达 22%，稳定工作范围大幅度拓宽。

（2）高增压涡轮非定常流动研究

发现排气脉冲波与涡轮旋涡流场相互作用导致的涡轮前缘延迟动态失速流动新现象，揭示了延迟动态失速相位差产生波涡作用整流效应的涡轮效率降低新机制，提出并发展了涡轮叶片前缘复合弯掠脉冲自适应增效新方法。

压比 >4 的高增压耗功将 >40% 发动机功率，涡轮效率成为限制发动机增压比提高的重要因素。研究表明发动机脉冲扰动波将导致涡轮平均工作效率比设计的定常来流效率低 5% 左右。从 20 世纪 60 年代国际上研究增压涡轮脉冲性能以来，由于脉冲完全非定常流动分析信息量过于巨大，导致物理概念不清晰难以指导设计，一直未能提出有效提高脉冲条件下涡轮性能的技术措施。通过将涡轮脉冲非定常流场分解为时均定常和脉冲响应流场，发展了涡轮脉冲流场响应分析方法。研究发现排气脉冲波与涡轮旋涡流场相互作用导致的涡轮前缘动态失速存在延迟效应，延迟动态失速的相位差，将产生波涡作用的非零时均效应即整流效应，从而大幅度降低涡轮工作效率。

通过涡轮主要几何参数对脉冲来流响应的敏感性分析，发现叶片前缘叶尖正弯前掠和叶根负弯后掠，可有效降低脉冲来流引起的动态失速，发展了基于动态来流的叶片前缘复合弯掠设计技术。通过将传统整体叶片分为前后两排叶片，利用前后排叶片间隙形成的气流吹除作用，抑制叶片前缘附近动态失速，发展了串列叶型设计技术。测试表明，基于动态来流设计出的增压涡轮具有脉冲自适应性，实现效率提高 2% ~ 3% 的重大突破。

我国研制成功最高压比达 5.2 的多个系列高增压涡轮增压器产品，打破了 Honeywell、ABB 等国际公司在高增压涡轮增压器领域的市场垄断，并实现了我国涡轮增压器出口与国外大型内燃机和汽车公司进行零部件直接配套"零"的突破；有效解决了内燃机的高原适应性问题，突破工程机械在"世界第三极"青藏高原地区使用功率严重下降的重大瓶颈，实现工程机械动力海拔 4500 米功率下降 <5% 的世界领先水平；打破了国外对我国高空长航时无人机用高增压技术的封锁，将我国以内燃机为动力的无人机升限在原来的基础上提高 5000 米以上。研究成果应用于国防装备技术领域取得显著效益，为某型两栖装甲水上航速提升 40% 提供了关键技术支撑。

2. 内燃机余热利用涡轮复合理论与技术

从内燃机能量平衡来看，动力输出功一般只占燃油燃烧总热量的 30% ~ 45%（柴油机）或 20% ~ 30%（汽油机），除了不到 10% 用于克服摩擦等功率损失之外，其余的余热（压）能量主要通过冷却回路的散热以及排气被排放到大气中。因此，将内燃机的余热能高效转化再利用是交通节能减排的一个有效途径。

基于对内燃机余热能回收利用对节能和减排重要性的认识，国际上工业发达国家纷纷将内燃机余热能高效利用作为交通节能减排未来的技术途径而列入科技计划，抢占交通节能新技术挑战的先机。日本文部科学省在 2005 年发布的第八次技术预见调查报告中，将余热能的利用列为未来 30 年技术发展的 100 个重要课题之一。日本丰田、本田等公司将余热能利用作为汽车发动机未来技术而投入重金加以研究。在欧洲，欧盟在第七框架行动计划中，启动了"HeatReCar"汽车发动机余热能利用的计划，德国、法国、意大利、瑞典等国家的大学、研究机构和企业参加。美国启动的提高重型卡车和乘用车效率的研究计划，其中发动机余热能回收利用是五大关键技术之一。提出了仅利用发动机技术进步，到 2015 年，提高燃油经济性 25% ~ 40%；与现在相比，到 2030 年，实现每天节约汽、柴油 1 亿加仑，道路车辆减少 CO_2 排放 20% 的目标。

从能质角度看，内燃机排气带走的余压余热能约占发动机燃料燃烧总热能 40% 以上，其品质较高，最具节能利用价值，主要采用涡轮复合技术进行动力回收。我国研究人员从"十二五"开始在"高效、节能、低碳内燃机余热能梯级利用基础研究"国家 973 项目等的支持下，开展涡轮复合非定常流动机理与控制研究。主要研究进展和成果如下：

（1）内燃机涡轮复合气动循环耦合机理研究

目前国内外研究涡轮复合内燃机气动循环时主要使用基于涡轮性能试验 MAP 建立的涡轮模型，不能反映涡轮参数对涡轮及内燃机性能的影响。研究建立了涡轮通流模型，与内燃机循环仿真模型耦合，建立内燃机与涡轮复合系统联合循环流动分析平台，可综合考虑内燃机循环参数和动力涡轮参数对发动机总体性能的影响，实现内燃机与动力涡轮联合循环热力过程的耦合优化。

研究了内燃机涡轮复合气动循环的耦合机理，发现涡轮复合系统变工况流动导致的能量分配效应是影响联合循环全工况性能的关键因素。增压涡轮和动力涡轮之间的能量分配存在一个最优分配比例，该比例随发动机工况变化，增压涡轮的能量分配比例应随发动机转速降低而增加。目前基于常规固定几何涡轮的涡轮复合系统在发动机额定转速工况下可与发动机实现良好匹配，但在发动机转速低于额定转速的工况下，增压涡轮的能量分配比例与最优分配比例相比随转速降低增加得较为缓慢，导致部分转速工况油耗比理想情况高，且差距随着发动机转速的降低而增大。研究提出了采用变几何涡轮复合系统的内燃机余热利用新方案。与国内外现有的固定几何涡轮复合系统相比，该系统可以通过变几何涡轮调节提高发动机低速小负荷工况下增压涡轮的能量分配比例，有效改进联合循环的全工况性能。

（2）动力涡轮的变工况流动机理研究

对涡轮复合系统在发动机变工况条件下的内部流场进行了研究，发现涡轮复合系统对发动机工况的适应性较差，动力涡轮的效率随发动机转速的降低而下降。在发动机低速工况下，动力涡轮叶片吸力面处由于流动分离产生了较大的流动损失，导致动力涡轮效率降低。

对变工况条件下涡轮复合系统内部流场进行深入分析，发现增压涡轮出口流场的不均匀程度较大，且随发动机工况变化较大。动力涡轮位于增压涡轮下游，增压涡轮出口随发动机工况变化的不均匀流场对动力涡轮的影响是导致动力涡轮性能变化的主要原因。因此涡轮复合系统变工况的流场匹配效应，是影响涡轮变工况性能的关键因素。研究人员提出了采用对转涡轮提高涡轮复合系统全工况性能的新方案。与国内外现有的涡轮复合系统相比，提高了在变工况条件下增压涡轮出口与动力涡轮入口的流场匹配适应性，减小了变工况时由动力涡轮转子前导向叶片引起的动力涡轮流动损失，提高了涡轮复合系统的全工况性能。

研制了国际上首台变几何涡轮复合内燃机原理样机，于 2012 年 5 月 23 日成功点火运行，并顺利完成了外特性试验和万有特性试验，外特性油耗降低达 5% 以上。

（三）船舶涡轮螺旋桨与喷水推进技术研究

1. 涡轮螺旋桨推进理论与技术

近年来随着船舶吨位的增大和航速的提高，螺旋桨的空化、空蚀以及船舶振动问题变得日益突出。螺旋桨空化还是强大的噪声源，这对军用舰船的隐蔽性，乃至现代高技术要求下的民用船舶提出了重要的挑战。为了解决上述问题，必须对螺旋桨在尾流中的空化与压力脉动关联机理及其周围流场的结构开展深入的研究。

螺旋桨空化演变与其振动和噪声特性密切相关，而螺旋桨空化条件下诱发的压力脉动是水力机械领域的重要学术问题。采用水翼机理实验、理论分析和数值模拟相结合的方法，对螺旋桨在非均匀流条件下的空化与压力脉动关联机理等进行了研究，主要进展如下。

（1）三维扭曲翼型空化实验与模拟方法研究

非均匀流中工作的螺旋桨其空化流动十分复杂，再加上螺旋桨自身的旋转运动，使得桨叶附近的空化试验测量十分困难。针对螺旋桨叶片不同半径处，剖面攻角不同的特点，设计了一种三维扭转水翼（翼型剖面选用 NACA66），实验获得了三维空化脱落形态演变、升阻力变化以及压力脉动，并进行了相关性分析。

在现有的空化流数值模拟理论研究的基础上，发展了考虑空化两相湍流影响的大涡模拟（LES）亚格子模式（SGS），使之能适应实际复杂空化湍流结构，克服 RANS 方法过大预测空泡尾部的湍流黏性系数这一缺陷。

（2）螺旋桨非定常空化流动研究

为准确模拟工作在船后伴流场中桨叶上的空化形态，深入研究湍流模型、旋转空化模拟、动静干涉处理方法、网格生成技术、数值离散方法等对计算结果的影响，根据翼型空化模拟建立的亚格子应力模型，并考虑到目前计算资源可承受能力和桨叶表面的边界层流动的特点，发展了大涡模拟与雷诺平均方法相结合的 DES 空化模拟方法。

在对螺旋桨流场的分析中，引入涡动力学方法，根据螺旋桨空化流动特点，考虑空化相变，推导获得边界涡量流中的空化附加源项，并结合泡动力学理论和 DES 模拟结果，深入分析了螺旋桨空化演变与压力脉动关联机理，可为工程上控制螺旋桨空化压力脉动激增及安全运行提供指导。

2. 涡轮喷水推进理论与技术

船舶涡轮喷水推进工作原理类似于飞机喷气推进，不同之处是做功介质，前者是水，后者是燃气。飞机从早先的螺旋桨推进演变成喷气推进，使飞行速度显著提高；船舶从螺旋桨推进发展到涡轮泵喷水推进，也有类似意义。

涡轮喷水推进以其操纵性优、机动性高、快速性好、高速时涡轮泵推进效率超越螺旋桨、水下辐射噪声又远低于螺旋桨（至少低 10dB 以上）等综合性能优异的特点，已在国内外战斗舰艇、军辅船和民船上全面使用。例如 21 世纪美国海军设计的濒海战斗舰（三体船和单体船两型，总共 55 艘：已拨款的 12 艘中已有 3 艘服役，9 艘在建）、南非 MEKO A 200 护卫舰（四艘、3500 吨）、瑞典 Visby 隐身护卫舰，以及日本 14500 吨、37 节、单泵功率达 27000kW 的喷水推进定期航班客轮，都采用了喷水推进。我海军某型导弹快艇采用了从国外引进的喷水推进器，某 600 吨级搜救船也采用了喷水推进。然而，国内船舶喷水推进研发技术与国外相比存在较大差距。

近年来，我国研究人员在多项国家自然科学基金项目的支持下，对喷水推进器部件、推进系统以及与船体集成在一起的"船－泵"系统流场进行深入研究。主要进展如下。

（1）涡轮喷水推进设计理论研究

喷泵采用了全三元反向设计理论，改变了国内喷水推进泵用一元、二元、准三元理论所对应的设计方法所造成的水力性能差、设计质量低的落后局面，将国内船舶喷泵水力效率从原先的 86% 提高到 90% 以上。传统方法采用调整叶片安放角来调整性能，在三元理论指导下现通过调整叶片负载（压力分布）来对效率、空化、压力脉动等进行更为直接、有效的调整。

变截面、多约束的流线型进水流道是喷水推进关键部件，其流体动力性能是喷水推进效率最主要的决定因素之一。研究人员将变截面、多约束的流线型进水流道提炼成 16 个相互独立的参数，根据最优化理论，寻找出快速寻优的方法，设计出有几何约束、流动约束制约条件下的最优进水流道。目前研究室设计的各进水流道效率不仅在国内达到最高水平，且也超过了国际最著名厂商 KaMeWa 和 MJP 20 世纪末的设计水平。

（2）喷水推进空化模型研究

采用一种更适用于模拟气液两相流的非均质两方程湍流模型，即非均质剪切应力输运模型（模型）。在深入理解现有常用空化模型的基础上，根据对空化流动的模拟情况，对较为完善的 Singhal 完全空化模型进行了修正，更好地模拟了空化流动现象。在发生空化的工作区范围内的功率和推力预测结果最大误差均在 10% 以内。

（3）喷水推进器和船体相互作用研究

对喷水推进器内外流场与船体外流场之间相互作用的研究表明，由于喷水推进器集成在船体内部，使得喷水推进器与船体的相互作用机理更为复杂，且与螺旋桨船"桨－船"相互作用有较大差异。喷水推进器装船工作后，船体边界层流动的吸入改变了进流特性，从而影响了喷水推进器的推力和功率等性能。喷水推进泵经进水流道从船底抽吸水流，改变了进水口附近的流动压力，进水口后侧的船底水域流动减速，周围水流呈一定的角度流向该区域进行补偿，使得该区域的水流压力增加。增加的压力有助于抬升船体，并改变船体的纵倾角。同时，水流从进水口吸入至喷口喷出的过程，在进水流道弯曲的几何形状的作用下，流动方向改变了两次，对船体产生一定首力矩。这些因素使得喷水推进船在中、高速航行时的推力减额系数往往为负值，即喷水推进器的抽吸作用减小了船体阻力，这是喷水推进船与螺旋桨推进船在推进性能上存在的显著差别。此外，喷水推进器喷口的高速射流与船体尾流以及自由液面也存在相互作用，射流在空中喷射、贴水面喷射以及水下喷射时呈现出不同的推进特点。喷水推进器与船体的相互作用对总推进效率的影响最大可超过 20%。

三、流体机械学科发展的研究内容与科学问题

从流体机械学科发展的角度来看，所涉及的主要问题包括：流体机械旋转湍流、非定常多相流与空化流动、流体机械热－流－固耦合、流体机械系统动态流动与稳定性、流体机械系统轴系状态演化与故障机理和流体机械内部流动实验等方面，应在更为基础的层面探讨流体机械学科的发展趋势和值得关注的科学问题。

（一）流体机械旋转湍流结构生成与演化机理研究

研究流体机械旋转湍流的结构特征及演化规律（包括强切变效应、旋转效应、双列叶

栅绕流尾迹干涉、上游来流扰动、动静间隙流干涉、多相流及空化流动等），建立合适的旋转湍流模式及相应的输运关系，提出适合于流体机械旋转湍流的理论和方法。

数值模拟是当前研究湍流最有效的手段之一。在非直接数值模拟方法中，湍流的预测离不开封闭方程的湍流模式假设。基于雷诺平均 NS 方程（RANS 和 URANS）方法目前在工程上广泛应用。此外，还陆续发展了其他湍流模拟方法，例如，大涡模拟（LES），分离涡模拟（DES）以及尺度自使用模拟（SAS）方法等，这些方法可以模拟流动的非稳态特性，并捕捉湍流的尺度结构，是当前研究复杂湍流的主流方法。一种新的混合方法局部时均化模型（Partially-Averaged Navier-Stokes，PANS）方法于 2003 年左右提出。PANS 模型是基于 k-ε 模型推导出的一种过渡性方法。理论上，这种方法可以无缝地衔接 URANS 和 DNS，而且仅通过 PANS 模型就能够求解出不同的湍流尺度。

流体机械中湍流的研究目的是力求准确和全面地模拟出流场结构，为分析流体机械的流动机理提供基础。

（二）流体机械内部非定常多相流和空化流动研究

多相流动和空化流动是流体机械内部不可避免的一种动力学现象，严重时会改变流体机械的性能、破坏过流部件表面和产生振动噪声，严重影响流体机械机组的高效安全运行。

根据流体机械组多相流和空化流动特点，研究流体机械内部多相流和空化流动的数值计算模型。研究多相湍流模型，解决多相湍流尺度的模拟问题。建立可靠的流体机械内部多相流动数值计算方法。在有相变过程的多相流动中，要引入或建立相应的相变模型。例如，在空化流动中，空化模型是指在空化相变过程中的质量传输表达，目前主要从空化动力学雷利方程的理论解得来，没有考虑实际流动对该表达式的影响。

（三）流体机械热流固耦合研究

热流固多场耦合力学是流体力学、热力学和固体力学交叉而生成的一门力学分支。顾名思义，它是研究变形固体在流场和热力场作用下的各种行为以及固体位形对流场和热力场影响这一多场交互作用的一门科学。热流固耦合力学的重要特征是相相介质之间的交互作用：变形固体在流体和热载荷作用下会产生变形或运动，而变形或运动又反过来影响流场和热力场，从而改变热量和流动载荷的分布和大小。正是这种相互作用将在不同条件下产生形形色色的热流固多场耦合现象。热流固耦合问题可由其耦合方程来定义。这组方程的定义域同时有流体域与固体域，而未知变量含有描述流动和热力的变量及描述固体现象的变量，一般而言，具有以下两点特征：①热流体域或固体域均不可能单独地求解；②无法显式地消去描述热流体运动的独立变量或描述固体运动的独立变量。

从总体上来看，热流固耦合问题按其耦合机理可分为两大类。第一大类问题的特征是多相域部分或全部重叠在一起，难以明显地分开，使描述物理现象的方程，特别是本构方程需要针对具体的物理现象来建立，其耦合效应通过描述问题的微分方程而体现。第二大类问题的特征是耦合作用仅仅发生在相间交界面上，在方程上耦合是由耦合面的平衡及协调关系引入。目前，这种多场耦合问题需要研究多场在非定常条件下的动力学耦合问题。

（1）研究通流部件在复杂流动中热流固耦合能量交换的机理及其与结构动力学特性的关联性，建立通流部件动力特性（模态频率、模态阻尼以及振型）随流动和热力学参数（温度、流速、压力、湍动能、涡湍黏性等）变化的规律，研究通流部件由于热流固耦合效应与结构动力学行为的定性、定量关系。

（2）研究包括盖板在内的密封、轴承和叶轮轴系的动力特性，建立转轮轴系考虑过流部件流热固耦合效应的转子动力学特性，及其随叶道流动参数和间隙作用动力学参数变化的规律；研究转轮轴系固有频率频谱随内部流动参数变化的转移特性。并且研究模拟高速转子的密封系统的自激振荡。

（3）研究转轮轴系不同诱振机理占优的识别理论和方法（识别湍流诱振机理、涡激诱振机理、滑动轴承空化两相流诱振机理等）以及主要动力部件在可能失稳或失效模式下的热流固耦合动力学问题。

（四）流体机械流动系统暂态过程的动力学与系统稳定性研究

（1）研究在微开度区宽变幅暂态过程的建模理论和计算方法，分析流态变化与机组转速及运行压头（扬程）的相关性。建立导叶及阀门微小开度区流动特性引入复杂管系的流动振动模型，揭示流动特性与系统流动振动的关联性及稳定性控制策略。

（2）提出对流体机械系统过程控制的优化理论，建立流体机械和管道系统设计与动态特性的相关理论和设计准则。

（3）研究流体机械三维非定常流动与管道系统瞬变过程的耦合计算方法，分析大波动工况下和小波动工况下流体机械动力参数的变化规律。

（五）流体机械系统轴系状态演化与故障机理研究

（1）研究流体机械系统运行各工况下的轴系在暂态涡动力作用下的特性与参数变化规律，分析涡动参数变化与典型故障的关系以及故障演化的机制，揭示机组故障演变与涡动参数变化的内在关联。

（2）建立流体机械系统机组轴系在全工况参数和全频范围内的非线性动力响应的理论和方法，研究轴系动力学行为随参数变化的演化特性，预测轴系可能的故障形式和相应的控制策略。

（3）研究系统机组轴系在耦合暂态框架下的稳定性控制理论和方法，建立适应工况转换暂态过程的轴系动力学理论和方法，揭示轴系故障演化机理。

（六）流体机械内部流动的实验研究

研究制定流体机械内部流场测试方案，构建能反映流体机械内部旋转湍流流动特征的实验装置和测试模型。利用流动可视化、非接触式流场测量技术以及压力测量技术，对流体机械内部流场进行显示和精细测量。

开展瞬态流动中内部流场结构的测试和瞬态流动现象的捕捉的试验研究，运用现代先进的内流场测试技术开展偏离设计工况非线性内部流场的研究，定量的掌握瞬态过程流场的流动全过程，为问题的解决找到物理根源。

研究流体机械非设计工况内部典型流动特征（分离、二次流、回流、空化等）与运行工况之间的关联和形成机制。采用数据统计方法，对测量数据进行处理，重构流体机械内部平均流场信息，并分析试验测量数据的精度和误差来源，为建立适合流体机械内部流场预测的高效模型和验证模型提供试验基础。

（七）流体机械流动噪声机理、预测与控制研究

研究分析流体机械流动噪声源的机理。采用数值模拟和非定常流场实验方法研究流体机械内部典型的流动特征（叶片载荷、压力脉动、旋涡、分离、二次流、回流、湍流、激波等）与流动噪声间的内在联系，采用数值与实验相结合的方法建立声源的预测方法，由此建立噪声的预测模型。

研究流体机械流动噪声源的实验识别方法。应用声阵列和声全息等先进的声源和声场分析方法开展流体机械流动噪声源的位置、分布、频谱特征等的实验研究，建立声源的准确定位方法，积累流体机械流动噪声声源和声场数据，为噪声源的机理研究提供实验基础特性。

研究流体机械流动噪声预测的半经验方法。在积累足够流体机械流动噪声数据的基础上通过数据分析的最新手段（如知识挖掘等）建立流动噪声预测的半经验方法，用于噪声的快速预测。

基于流动控制的流体机械流动噪声控制方法研究。在清楚噪声源机理的基础上，研究通过流动控制手段进行流动噪声控制的方法。

四、流体机械学科近期重点研究领域与方向

我国正处在全面发展阶段，随着国家发展先进交通运输与国防装备推进系统计划、国家节能减排发展战略的实施，以及低碳经济发展模式的提出，作为交通运输与国防装备推进系统、能源及工业装备中的核心部件及系统，流体机械近期将在先进推进系统、节能减

排战略领域得到优先发展和重点支持。此外，流体机械在中低温余热利用和海上风力发电两个领域的研究也值得目前从战略角度加以关注。

（一）中低温余热发电涡轮膨胀机及系统技术研究

随着能源日益枯竭，以太阳能、地热能、大量工业废热为代表的中低品位余热能被认为是一种十分具有潜力的能量源泉。有机朗肯循环（Organic Rankine Cycle，ORC）被认为是一种可以进行高效热电转换的技术手段，在过去的十几年中，该技术已经在低品位热能的大规模发电领域中被广泛应用。欧美等国在 ORC 大规模发电领域引领世界，已经实现可靠运行及市场化，单机发电容量从 400kW 到 10MW 不等。实际运行结果表明，在工业废热回收方面，可以实现约 20% 的循环效率，低温地热也可实现约 10% 的循环效率。以流体机械为代表的膨胀机是 ORC 中实现热电转换的关键部件。

近些年，随着石油紧缺以及温室气体排放带来的环境压力不断增大，要求车用动力大幅提高有效燃油效率、降低 CO_2 排放；另一方面，内燃机约 50% 的余热能量没有经过有效利用，就以废热的形式排放到大气中去；面对日益严格的效率和碳排放要求，利用小型 ORC 系统进行内燃机余热能梯级利用成为当前汽车领域研究的热点。小型 ORC 膨胀机需要满足体积小、重量轻、流量小、膨胀比高等要求，径流式涡轮成为小型 ORC 系统膨胀机的重要选择之一。

有机工质相较于水蒸气和空气，物性差异较大，其特征主要表现为：有机工质多为干工质或者等熵工质，因此一般不需要过热后再膨胀，而且在膨胀过程中始终保持气态，不会出现液滴；有机工质的膨胀区间一般为稠密气体区间，具有明显的真实气体效应；有机工质的压力随温度降低下降的幅度较大，以 R123 为例，膨胀过程中温度从 180℃ 降低到 50℃，压力从 2.94MPa 下降至 0.21MPa；有机工质的分子量较大、气体常数较小、工作温度较低，一般音速较低，流动易超音。

由于有机工质具有上述特征，用于小型 ORC 系统的涡轮膨胀机需要满足较为严苛的要求：①涡轮膨胀比高，一般膨胀比需要达到 10 以上，有些工质需要超过 20；②超高的膨胀比以及较低的工质音速导致涡轮叶轮进口流动马赫数较高，需要采用超音速喷嘴环；③需要具有较高的等熵效率和较好的变工况适应能力。

针对小型 ORC 系统涡轮膨胀机的研究在 2000 年以后才刚刚兴起，目前各国研究机构都有针对性地开展了研究手段建立和关键部件分析方面的研究。在未来的发展中，我国应该抓住研究机遇，增加研究投入，在这场流体机械在新能源领域的创新性应用中起到引领作用。近期应重点关注以下几个方面的投入和研究：

1. ORC 涡轮膨胀机系统仿真与实验技术研究

1）ORC 涡轮内有机工质在膨胀过程中往往表现为稠密气体的热力学特征，加之膨胀比较大，具有明显的跨音速乃至超音速流动现象。有必要探究合理的气体状态方程、湍流模型、转静交界面模型，提高流动仿真计算的可信度，为涡轮的流场优化提供指导。国外研究表明，采用不同的气体状态方程、湍流模型以及求解器，流动仿真计算结果之间存在明显差异。

2）实验方法是研究 ORC 涡轮性能的重要手段。国内外诸多科研院所针对 ORC 系统搭建了试验台，用于研究系统循环特征和涡轮流通特性。一般试验台架均是按照 ORC 系统布局进行设计的。意大利米兰理工大学针对高膨胀比涡轮中流动最为复杂的超音速喷嘴设计了专门的试验台架，对超音速喷嘴内的流动参数进行详细测试。

2. ORC 涡轮膨胀机内部流动机理及设计技术研究

（1）ORC 涡轮内部有机工质流动机理研究

有机工质具有明显区别于水蒸气和空气的特征，需要深入研究有机工质的真实气体效应对 ORC 涡轮喷嘴及叶轮内部流动及性能的影响规律，超音速喷嘴流动与叶轮内部流动之间的转静干涉机理，探索有机工质在超音速流动中可能存在的稀薄激波原理与规律。

（2）ORC 涡轮设计方法研究

在深入分析有机工质流动机理的基础上，研究考虑有机工质真实气体效应的超音速喷嘴设计方法；探索基于超音速来流条件的高负荷涡轮叶片设计方法，实现高膨胀比；分析影响 ORC 涡轮效率和工况适应性的主要因素，提出改善效率和工况适应性的流动控制方法。

（二）海上风力发电风力机及系统技术研究

世界风电产业发展迅速，风电产业关键技术日益成熟，单机容量 5MW 陆上风电机组、半直驱式风电机组已投入商业运行。目前国际上主流的风力发电机组已达到 2.5 ~ 3MW，采用的是变桨变速的主流技术，欧洲已批量安装 3.6MW 风力发电机组，美国已研制成功 7MW 风力发电机组，而英国正在研制巨型风力发电机组。

根据"十二五"规划，国家发改委已经制定了我国海上风电的近期发展目标，即：2015 年，全国风电装机容量将达到 9000 万千瓦，其中海上风电装机容量 500 万千瓦，2020 年，全国风电装机容量达到 1.5 亿千瓦，其中含海上风电装机容量 3000 万千瓦。因此未来 5 年，风电项目将新增风电装机容量约 4600 万千瓦。

海上发电是近年来国际风力发电产业发展的新领域，根据国家发改委能源所的评估，我国近海 10 米水深的风能资源约为 1 亿千瓦，近海 20 米水深的风能资源约为 3 亿千瓦，近海 30 米水深的风能资源约为 4.9 亿千瓦，海上风电开发前景广阔。

中国海上风电发展进程整体落后于欧美国家，但最近几年发展也十分迅猛。从 2005 年开始，我国先后在浙江岱山、河北黄骅、上海、江苏如东和东台以及广东湛江徐闻和南澳等地建设海上风电场。其中最引人注目的当属上海东海大桥海上风电场以及江苏东台海上风电场 I 期 20 万千瓦、II 期 20 万千瓦项目，计划 2016 年建成 100 万千瓦大型海上风电场。

由于起步较晚，我国海上风电蓬勃发展的同时也存在许多问题，突出反映在一些共性、关键技术问题有待攻关，例如我国近海及海上风气候特点如何，怎样开展相应风资源评估；如何采用气弹理论，开发适合近海及海上风气候的风力机叶片及相关技术，如何针对海上特殊的气候环境，开发风电机组绝缘、防雷击、防腐、空气－热综合循环系统技术以及如何理解叶片与塔架之间的相互作用关系；如何在近海及海上风况下正确分析风电机组之间的相互作用及其对机组的影响，并据此对风电场进行优化设计以实现高效利用风资源及降低成本。实践表明，这些关键技术问题已经成为制约海上风电发展，特别是适合我国近海及海上气候特色的大型海上风电机组国产化制造的重要瓶颈。因此，有必要开展针对性研究工作。

近年来，国内风电技术来源主要是许可制度，缺乏原创性和关键技术的攻关。尽管在新装机容量方面已位居全球第一，但核心技术的匮乏制约了国内风电技术的发展和风电产品的竞争力。国家有关部门近年来制定并发布了若干支持海上风电技术发展的标准与指南，从战略层面制定了优先发展海上风电技术的指导文件，但侧重于运行和工程，对前瞻性技术研究没有制定相关的战略政策。我国必须在风力机械大型化、海上风电及其关键技术等方面进行攻关，以提升风力发电技术的核心竞争力。应围绕"高效率、高可靠性、低度电成本"的目标和风力机械大型化、轻量化的发展方向，需要重点解决新型兆瓦级海上风电叶片技术、近海及海上风电机组技术、近海及海上风电气候条件下风电场中机组相互作用机理、近海及海上风电场优化设计技术研究等。近期重点研究方向为：

1. 新型兆瓦级海上风电叶片技术

由于近海及海上独特的风资源条件，研究在重量轻、结构紧凑的条件下，新型兆瓦级海上风电叶片技术，包括碳纤维叶片的研发，使叶片具有好的抗振性能、好的扭转、摆振与挥舞刚度、高的升力系数与失速性能。

（1）海上风力机专用翼型开发

根据我国风资源特征，分析我国海上风力发电工业对风力机翼型的需求，针对我国沿海台风频发地区风资源的不同特点及需求，设计研发适合沿海地区特点的一组大型风力机专用翼型族，并通过以仿生学为基础的翼型减阻、增升研究，开展新风力机翼型的创新设计概念和思想的数值模拟以及风洞试验研究。

（2）适应多种变化工况高效叶片设计

开展适合复杂变工况运行条件的风电叶片开发技术研究，使叶片具有良好的抗失速特性以及较为宽广的变工况运行范围。开展钝尾缘叶片设计技术研究，研究通过附件结构进行叶片表面减阻、增升及增加平稳运行工况范围的研究，开发相关的气动附件技术。

（3）大型海上风电叶片气动噪声及优化

针对大型海上风场辐射气动噪声的特殊性并结合我国近海及海上风气候特点进行研究，结合气动性能，优化设计高性能低噪声海上风电叶片，为我国海上风电叶片的声学自主设计打下良好的基础。

（4）近海及海上运行环境下叶片检测技术研究

根据我国风资源特征，分析我国近海及海上风力发电机组叶片检测工作所面临的问题，针对海上风电叶片运行环境、载荷、结构等特点，提出发展我国海上风力发电机组叶片检测的解决方案，并开展与之相适应的检测技术研究，以满足叶片设计与运行要求。

2. 近海及海上风电机组技术研究

（1）近海及海上机组绝缘技术研究

研究在盐雾、潮湿及封闭式空气内循环条件下的电气绝缘等级、电气元器件全生命周期质量控制技术、提高电气绝缘等级的机组结构优化技术。

（2）近海及海上机组防雷技术研究

针对风电叶片的材料与结构特点，以及特殊的近海及海上运行环境，在广泛调研风电叶片雷击损坏案例的基础上，研究叶片雷击破坏机理及预防技术，开展风电叶片雷击检测技术研究。

（3）近海及海上机组防腐技术研究

总结国内外已经运行的近海风机的腐蚀情况及防护方法，在海上油气田开采平台结构和材料腐蚀防护经验，在近海风机设计时，从材料、结构、密封性上综合考虑腐蚀防护。研究基座钢筋混凝土结构或金属结构的海水腐蚀及防护方法，塔筒外表面的防护及处理方法，机组零部件在潮湿、盐雾条件下的密封和防护，研究湿热、盐雾对叶片性能的影响。

（4）基于高效、低耗强迫冷却技术的海上风电机组空气—热综合循环系统研究

考虑到盐雾及潮湿对机组结构、电气部件、通风散热、雷暴的影响，研究独特的封闭环境下，机组内部空气调节原理与技术措施，重点研究通风、冷却、过滤技术对于近海及海上风电机组的影响，研究新型基于高效、低耗强迫冷却技术的海上风电机组空气—热综合循环系统。

3. 近海及海上风电气候条件下风电场机组间相互作用机理

（1）适合近海及海上风气候特点的风力机尾流模型研究

在已有风力机尾流方面研究成果的基础上，进一步研究叶片动态气动变化对尾流的影响，研究多台风力机尾流叠加规律，并考虑海上风力机空气动力学特点，结合对近海及海上风资源分析研究，获得相应合理的风场模型，通过理论分析与风洞实验研究，建立反映近海及海上风气候特点的风电场中风力机完善的尾流模型。

（2）近海及海上风电场中风力机尾流对机组的影响

采用已建立的尾流模型，研究在近海及海上特有风气候条件下风电场中受来自多台风机尾流影响的任意风轮入流风场风速分布，进而研究尾流对实际风电场中风力机叶片疲劳寿命及输出功率的影响。

4. 近海及海上风电场优化设计技术研究

研究近海及海上特有的风气候作用下，风电场相同面积条件下风力机数量、间距、高度、排布形状以及机型优化设计技术，实现高效利用风资源的同时，减小尾流对机组疲劳寿命影响并有效降低成本。

参 考 文 献

［1］ 国家自然科学基金委员会工程与材料科学部. 学科发展战略研究报告（2011—2020）—工程热物理与能源利用. 北京：科学出版社，2011.

［2］ 席光，张楚华，刘波，等. 工程热物理学科发展报告（2009—2010）. 北京：中国科学技术出版社，2010.

［3］ Zhang Wei, Huang Zhu, Zhang Chuhua, et al. Numerical Study on Conjugate Conduction-Convection in a Cubic Enclosure Submitted to Time-Periodic Sidewall Temperature. jnumerical heat transfer part a-applications, 2013, 135（2）.

［4］ Zhang Wei, Huang Zhu, Zhang Chuhua, et al. conjugate wall conduction-fluid natural convection in a three-dimensional inclined enclosure. journal of heat transfer-transactions of the asme, 2012, 61（2）：122-141.

［5］ 袁寿其，胡博，陆伟刚，等. 中比转数离心泵多工况设计. 排灌机械工程学报. 2012（5）.

［6］ Wang Leqin, Ma Xudan, Li Zhifeng, et al. Simulations of the transient flow generated from a started flat plate. chinese journal of mechanical engineering, 2012, 25（6）：1190-1197.

［7］ 王乐勤，刘迎圆，刘万江，等. 水泵水轮机泵工况的压力脉动特性. 排灌机械工程学报. 2013（01）.

［8］ X. Yang, X. Long, X. Yao. Numerical investigation on the mixing process in a steam ejector with different nozzle structures. International Journal of Thermal Sciences, 2012.

［9］ 蒋劲，梁柱，刘光临，等. 管路系统气液两相瞬变流的矢通量分裂法. 华中理工大学学报，1997，25（3）：79-81.

［10］ Wilson K C, Clift R, Sellgren A. Operating points for pipelines carrying concentrated heterogeneous slurries. Powder Technology, 2002, 123（1）：19-24.

［11］ Zhu Baoshan, Wang Hong, Wang Longbu, et al. Three-dimensional vortex simulation of unsteady flow in hydraulic turbines. International Journal for Numerical Methods in Fluids, 2012, 69（10）：1679-1700.

［12］ Kideok Ro, Baoshan Zhu, Michihisa Tsutahara. Unsteady Flow Field Numerical Calculations of a Ship's Rotating Weis-Fogh-Type Propulsion Mechanism with the Advanced Vortex Method. Journal of Mechanical Science and Technology, 2012, 26（2）：437.

［13］ 王龙步，祝宝山，王宏，等. 水力机械非定常流动的三维涡方法计算. 力学学报，2012，V（3）：520-527.

［14］ Yang fan, Liu Shuhong, Tang Xuelin, Wu Yulin, Numerical Study on Tranverse-Axis Rotary Viscous Pump and Hydropulser Mechanism, International J. of Nonlinear Science and Numerical Simulation, 2006, Vol.7（3）：263-268.（SCI IDS Number：059EV, ISSN：1565-1339）.

［15］ Liu Shuhong, Zhang Liang, Wu Yulin, Luo Xianwu. Influence of 3D Guide Vanes on the Channel Vortices in the Runner of a Francis Turbine. Journal of Fluid Science and Technology, JSME, 2006, Vol.1（2）：147-156. Tokyo, Japan.

［16］ Liu S, Mai J, Shao J, Wu Y. Pressure pulsation prediction by 3D turbulent unsteady flow simulation through whole flow passage of Kaplan turbine, ENGINEERING COMPUTATIONS, 26（7-8）：1006-1025, 2009.

［17］ Liu Shuhong, Zhang Liang, Michihiro Nishi, Wu Yulin, Cavitating Turbulent Flow Simulation in a Francis Turbine Based on Mixture Model, Journal of Fluids Engineering May 2009, Vol.131 /1-13.

［18］ Liu, S.H., Wu, Y.L., Zhang, L., Xu, Y., Tsujimoto, Y., 2009, Vorticity analysis of a cavitating two-phase flow in rotating, Int. J. of Nonlinear Sciences and Numerical Simulation, 10（5）：599-613.

［19］ Wu Y L, Liu J T, Sun Y K, et al. Numerical analysis of flow in a Francis turbine on an equal critical cavitation coefficient line［J］. Journal of Mechanical Science and Technology, 2012, Accepted paper.

［20］ Liu S, Li S, Zhang L, Wu Y. A Mixture Model with Modified Mass Transfer Expression for Cavitating Turbulent Flow Simulation, ENGINEERING COMPUTATIONS, 2008. 25（3-4）：290-304.

［21］ Yang Mingyang, Zheng Xinqian, Zhang Yangjun, BAMBA Takahiro, TAMAKI Hideaki, HUENTELER Joern and LI Zhigang, "Stability Improvement of High-Pressure-Ratio Turbocharger Centrifugal Compressor by Asymmetric Flow Control-Part I: Non-Asymmetric Flow in Centrifugal Compressor," ASME Journal of Turbomachinery, 2013, 135（2）：021006-1-9.

［22］ Zheng Xinqian, Zhang Yangjun, Yang Mingyang, BAMBA Takahiro, TAMAKI Hideaki, "Stability Improvement of High-Pressure-Ratio Turbocharger Centrifugal Compressor by Asymmetric Flow Control-Part II: Non-Asymmetric Self Recirculation Casing Treatment," ASME Journal of Turbomachinery, 2013, 135（2）：021007-1-8.

［23］ Zhang Yangjun, Chen Li, Zhuge Weilin, Zhang Shuyong. Effects of pulse flow and leading edge sweep on mixed flow turbines for engine exhaust heat recovery. SCI China Ser E-Tech SCI, 2001, 54（2）：295-301.

［24］ Chen Li, Zhuge Weilin, Zhang Yangjun, Xie Lei, Zhang Shuyong. Effects of Pulsating Flow Conditions on Mixed Flow Turbine Performance, ASME Paper No. GT2011-45164, 2011.

［25］ Carl T. Vuk. Turbo Compounding A Technology Who's Time Has Come, 2005 Diesel Engine Emissions Reduction （DEER）Conference, 25 Aug, 2005.

［26］ Zhao Rongchao, Zhuge Weilin, Zhang Xinqian, Zhang Yangjun, Yin Yong, Li Zhigang. Design of Counter-rotating Turbine to Improve the Off-design Performance of Turbo-compounding Systems. ASME 2013, GT 2013-94412.

［27］ Lee C S. Prediction of the transient cavitation on marine propellers by numerical lifting-surface theory. 13th Symposium on Naval Hydrodynamics, Tokoy, Japan, 1980.

［28］ 朱志峰，王晓燕，方世良. 基于非结构网格 RANS 方法螺旋桨空化研究. 海洋工程，2009，27（04）：103-107.

［29］ Ding Jiangming, Wang Yongsheng. Waterjet Performance characteristics prediction based on cfd simulation and basic principles of waterjet propulsion. Transactions of the Royal institution of Naval Architects Part A：International Journal of maritime Engineering, 2009, 151（3）：29-26.

［30］ 常书平，王永生，魏应三，等. 喷水推进器内非定常压力脉动特性. 江苏大学学报（自然科学版）2012，33（5）：522-527.

［31］ 丁江明，王永生，张志宏. 船舶喷水推进器推力分布研究. 船舶力学，2010，14（8）：841-846.

［32］ G. Dufour, J.B.Cazalbou, X.Carbonneau, P. Chassaing. Assessing rotation/curvature corrections to eddy-viscosity models in the calculations of centrifugal-compressor flows. Transactions of the ASME, 2008, 130.

［33］ WISSIBK J. G., DNS of separating, low Reynolds number flow in a turbine cascade with coming wakes, Int. Journal of heat and fluid flow, 2003, 24：626-635.

［34］ Speziale, C. G. Computing Non-Equilibrium Flows With Tim- Dependent RANS and VLES, 15th ICNMFD, 1996.

［35］ Girimaji S S. Partially-Averaged Navier-Stokes Model for Turbulence：A Reynolds-Averaged Navier-Stokes to Direct Numerical Simulation Bridging Method, ASME J. Appl. Mech. 2006, 73（2）：413-421.

［36］ Ji B, Luo X W, Wu Y L, Xu H Y. Unsteady Cavitating Flow Around a Hydrofoil Simulated using Partially-Averaged Navier-Stokes Model, Chinese Physics Letters, 2012, 29（7），076401.

［37］ Ji B, Luo X W, Wu Y L, Peng X X, Duan Y L. Numerical Analysis of Unsteady Cavitating Turbulent Flow and Shedding Horse-Shoe Vortex Structure Around a Twisted Hydrofoil, International Journal of Multiphase Flow, 2013, 51：33-43.

［38］ 邢景棠，周盛，崔尔杰. 流固耦合力学概述. 力学进展，1997，27（1）：19-27.

［39］ 李惠彬，周鹏飞，孙恬恬，等. 涡轮增压器叶轮流固耦合模态分析. 振动、测试与诊断，2008（03）.

［40］ 王军，冉苗苗，姚姗姗. 多翼离心风机的气动噪声预测. 中国工程热物理学报，2008，2（7）：1144-

1146.

［41］ Wang W Q, He X Q, Zhang L X, Liew K M. Strongly coupled simulation of fluid-structure interaction in a Francis hydroturbine. International Journal for Numerical Methods in Fluids, 2009, 60（5）: 515-538.

［42］ Chen, H, Goswami D Y, et al. A review of thermodynamic cycles and working fluids for the conversion of low-grade heat. Renewable and Sustainable Energy Reviews, 2010, 14（9）: 3059-3067.

［43］ Harinck J, T Turunen-Saaresti, et al.Computational Study of a High-Expansion Ratio Radial Organic Rankine Cycle Turbine Stator. Journal of Engineering for Gas Turbines and Power, 2010, 132（5）: 054501.

［44］ Harinck J, P Colonna, et al. Influence of Thermodynamic Models in Two-Dimensional Flow Simulations of Turboexpanders. Journal of Turbomachinery, 2010, 132（1）: 011001.

［45］ Colonna P, P Silva.Dense Gas Thermodynamic Properties of Single and Multicomponent Fluids for Fluid Dynamics Simulations. Journal of Fluids Engineering, 2003, 125（3）: 414.

［46］ Teemu Turunen-Saaresti J T, Jos van Buijtenen, Jaakko Larjola.EXPERIMENTAL AND NUMERICAL STUDY OF REAL-GAS FLOW IN A SUPERSONIC ORC TURBINE NOZZLE. Proceedings of GT 2006.

［47］ Seok Hun Kang, D H C. DESIGN AND EXPERIMENTAL STUDY OF ORGANIC RANKINE CYCLE（ORC）AND RADIAL TURBINE. Proceedings of ASME Turbo Expo 2011.

［48］ Spinelli A. Design, Simulation, and Construction of a Test Rig for Organic Vapors. Journal of Engineering for Gas Turbines and Power, 2013, 135（4）: 042304.

［49］ 李俊峰, 等. 中国风电发展报告2012. 北京: 中国环境科学出版社, 2012年.

拟稿人: 张扬军 吴玉林 等

风能利用学科发展研究

一、风能利用的内涵与战略地位

（一）发展风力发电的战略地位

进入 21 世纪，全球经济的发展推动了主要能源价格持续走高，环境污染问题日益严重，气候变化与能源使用体现出的关联性，促进了可再生能源在全球范围内加速发展。由于可再生能源日益体现出 CO_2 减排和能源替代的双重作用，许多国家制定了明确的可再生能源发展目标、法规和政策，支持可再生能源的发展。包括风能、太阳能、生物质在内的可再生能源得到了规模化的开发，也促进了可再生能源利用技术水平不断提高。我国可再生能源开发潜力巨大，规模化开发可再生能源，是缓解我国能源供需矛盾的重要途径之一。正如胡锦涛主席 2005 年在北京国际可再生能源大会上指出的那样，加强可再生能源开发利用，是应对日益严重的能源和环境问题的必由之路，也是人类社会实现可持续发展的必由之路。

比较各种能源技术，化石能源（煤、石油、天然气）是 CO_2 排放的主要载体，排放量在 $200 \sim 300g/kW \cdot h$ 之间。2007 年，我国 CO_2 气体排放量 67.2 亿吨，其中 80.5% 来自于煤炭。风能是一种可再生的、能够实现 CO_2 零排放量的清洁能源，是实现节能减排和发展低碳能源技术重要组成部分，大力发展风能是我国近期、中期和远期减排 CO_2 的重要手段。近年来，在我国可再生能源法的及时出台的推动下，我国风能的开发取得了很大成绩。到 2012 年年底，我国总装机量已达 6700 万千瓦，已连续两年超过美国，位列全球第一。目前，国家能源局已初步决定将 2020 年风电装机容量规划提升到 2.5 亿千瓦，规划建设 7 个千万千瓦级特大型风电场，这将为缓解我国能源危机和 CO_2 减排做出重要贡献。

《可再生能源法》的颁布带来了新能源发展的春天，风电因为目前技术成熟、具有规模化和广阔发展前景而取得了突飞猛进的发展。《可再生能源法》明确规定将可再生能源的开发作为科技发展的优先领域，并支持教育部门培养学生的相关素质，支持可再生能源的并网电力系统和独立电力系统的建立，规定上网电价按照有利于促进可再生能源的开发利用为原则，规定财政设立专项发展资金支持相关的研究和配套设施的建设，规定金融机构可以提供有财政贴息的优惠贷款，规定对相关行业提供税收优惠，并强制电网企业收购

可再生能源电量······[1]

《可再生能源中长期发展规划》提出了到 2020 年期间我国可再生能源发展的指导思想、主要任务、发展目标、重点领域和保障措施。它提出通过大规模的风电开发和建设，促进风电技术进步和产业发展，实现风电设备制造自主化，尽快使风电具有市场竞争力。并提出目标全国风电总装机容量在 2010 年达到 500 万千瓦，到 2020 年达到 3000 万千瓦。并建成 100 万千瓦海上风电[2]。

（二）风能利用的内涵

在太阳辐射与地球自转、公转以及河流、海洋、沙漠等地表差异的共同作用下，地球表面的大气层各处受热不均而产生温差，引起大气的对流运动而形成风。因此，风能实质上来源于太阳能，作为自然界中空气的一种运动方式，它具有一定的位能与动能。风能取之不尽，用之不竭，地球上的风能资源每年约为 200 万亿千瓦时，如果有 1% 的风能得到利用，即可满足人类对能源的需要。

目前风能利用主要以风力发电为主，即通过风力机捕获风能并将其转换成电能后并网传输供电力需求用户使用。风力发电是一个多学科交叉研究领域，内涵较广，涉及工程热物理与能源利用、空气动力学、结构力学、大气物理学、机械学、电力系统学、电力电子学、材料科学、电机学及自动化学等学科。该领域的基础研究对象大体包括：风资源评估研究，风电机组研究，风电并网研究以及风电场研究等。

由于风速、风向具有随着时间和地点变化本质，难以保证风力发电机组功率稳定输出。例如，我国西北地区风沙大，对叶片的磨损严重；沿海地区盐度高、湿度大，防腐蚀要求高；海上风电机组还需要考虑潮汐、波浪、洋流等额外载荷的作用，这些都决定了风力发电研究具有不同的特点。总体上讲，大体可分为三方面内容：①大气边界层中风特性的研究；②风力机风能吸收模式及机理、大型长叶片的气弹稳定性、海上悬浮式机组多场耦合的稳定性、材料以及风力发电系统新型控制方法；③风能利用的方式以及多能互补综合利用系统的研究。

（三）风能利用技术发展现状

近年来，我国风电工业发展迅速，自 2006 年，我国风电机组装机容量连续五年翻番，2012 年底，总装机容量超过 7600 万千瓦，连续两年列全球第一。我国风能资源储量丰富。据中国气象局最新风能资源评价数据，我国陆上距地面 50 米高度风能资源可开发量约为 23.8 亿千瓦，远远超过水力发电资源总量，而且，风能的开发不会带来大的环境问题和社会问题，风电产业的发展空间非常巨大，为实现我国 2020 年可再生能源利用比重提高到 15% 的目标，届时风电装机容量将达到 2 亿千瓦以上，甚至达到 2.5 亿千瓦。

目前，我国风力机主要形式是水平轴风力机。在水平轴风力机的研制和开发过程中，还有许多基本理论问题没有解决，其中最重要也是最关键的问题有两个，一是风轮的气动设计，二是风力机的控制。水平轴风力机是典型的旋转流体机械，旋转流体机械的结构和运行特点决定了所涉及问题的复杂性。它涉及流体三维旋转边界层理论、三维湍流非定常流场数值计算、动态旋转流场测量等关键技术，这些都是学科的前沿研究领域。因此由于研究水平，特别是研究手段的限制，许多问题不可能在短时间内圆满解决，需要加强组织，攻关研究，特别在风力涡轮设计中的几个关键气动力学问题，如翼型特性、静态失速、动态失速、动态负荷等，进行全面的研究。此外还有其他一些空气动力学重要现象对风机也有一定影响，如偏航特性、塔架作用、尖部损失以及大气来流等问题。

现在已经认识到传统的航空翼型不适合设计高性能的风力机，我国需要成立国家重点实验室，在引进国外新技术的同时，开发我国风机的翼型系列，特别是适用于 5MW 以上的风机翼型。并且要建设风机动态性能测试的风洞和其他实验设施和装置。还需进行风机的工程材料研究，结构动力学的理论分析、数值模拟和试验测试等研究、风机疲劳寿命的研究以及防雷击技术和适应抵御狂风负荷的研究。

二、风能利用相关领域主要研究进展

（一）风资源评估、风电场微观选址研究方面

我国风能资源分布范围广、能量密度相对较低且具有一定的不稳定性，风电场主要集中在风能资源丰富的三北、东南沿海等地形复杂地区。由于现有的欧美商业软件建模时考虑的地形与我国差别很大，造成风电场储能分析及微观选址不准，因此建立反映中国复杂地形，特别是山地地形特点的评估体系是未来发展趋势，需要从两方面入手。首先，要采用有效的湍流数值模拟方法开展风场模拟研究。目前存在的湍流模拟方法有三种，即直接数值模拟、雷诺平均模拟和大涡数值模拟。对比前两者，大涡数值模拟对空间分辨率的要求远小于直接数值模拟方法；在现有的计算机条件下，可以模拟较复杂的湍流运动，获得比雷诺平均模拟更多的湍流信息。因而，大涡数值模拟方法为复杂山地地形的风场模拟研究开辟了新的途径。另外，在风资源评估的一个重要相关领域风电场风机选型方面，过去研究大都依据风电场多年风资源平均数据来计算并最优匹配机型，并没有考虑每个机组安装位置地形对这种统一选型可能造成的影响。一种值得尝试的方案是结合经济性分析，根据风机具体安装位置风气候进行优化选型研究。从技术上讲，该方案将有助于捕获更多的风能。从经济上讲，在保证高效利用风能的前提下，也可避免由于选型不当而导致造价上升。

（二）风电机组研究方面

（1）单机容量不断增加导致叶片长度迅速增大，叶片的长度也从 20m 左右发展到 50m

以上，使得整体发电机组结构非常庞大。风电叶片大型化造成了叶片表面流动的三维分离特性及非定常特性更加复杂，给叶表的流动控制带来了更高的难度，气动弹性问题诱发风力机稳定性下降，风电叶片的气动设计以及结构设计成为风力机大型化需要解决的首要问题。

（2）风电机组大型化使叶片设计制造技术日益提高，随着新的复合材料的研制成功以及采用了真空吸注、高温固化等更先进的加工工艺，使得更长、更轻的叶片产品快速推向市场，推动了风力机整机大型化的进程。由于采用了计算流体力学和有限元的数值模拟方法，使设计体系更加完善，新的设计思想和设计手段得到了进一步加强，风电叶片的风能利用系数进一步提高。

（3）采用变桨距技术，MW级以上叶片在功率控制方面目前主要采用变桨距技术。这种技术允许风电机组的桨距可以调节，能提高风能的利用效率1%～2%。匹配变桨型风力机的叶片结构更加简单，适用于变桨变速型风力机的专业翼型得到了成功的设计及应用，变桨变速型风力机叶片功率系数更高，生产成本更低。

（4）采用变速恒频技术和直驱技术，变速恒频技术允许风电机组的风轮的转速可以调节，保持叶尖速比始终在最佳速比的附近，能较大幅度地提高风轮的转换效率，风能利用效率可提高3%～4%。直驱技术即风轮与低速永磁电机直接连接，省略齿轮箱，从国际上的趋势看，直驱式风力机由于具有传动链能量损失小、维护费用低、可靠性好等优点，在市场上正在占有越来越大的份额。

（5）智能化控制技术的应用加速提高了风电机组的可靠性和寿命，智能控制可充分利用其非线性、变结构、自寻优等各种功能来克服系统的参数时变与非线性因素，并根据风况的变化自动调整控制策略和参数值，使风电机组始终处于最佳运行状态之下，可以提高风电机组的可靠性和寿命。

（6）考虑风场气候及地形条件下的风电机组设计已成趋势，我国版图内地形复杂，气候多样。例如，三北地区的高风沙现象，沿海地区的台风频繁，风场野外环境使风机叶片经常黏附沙尘、冰霜、昆虫尸体及盐粒等，我国复杂山区地形占总面积70%，低风速地区约占全国陆地总面积的67%。这些风场特点与国外区别较大，这就要求在进行风机叶片乃至整机设计时，改变原有的国外设计思路与标准，开发针对中国风场风气候特点的机组设计新方法或新标准，真正使我国的风力机发挥最大发电功效，同时有效降低成本。

（7）风电机组大型化的发展对安全性、稳定性和维护等提出了更高的要求，风况多变，极易造成风电设备的运行故障，这一方面需要研发高精度快速度的风况预测系统和自动检测保护措施，并且要将地形、风况等诸多因素考虑在内，以提高大型风电机组的安全、稳定性和维护性能，另一方面，要不断采用新技术改进大型风机的设计，提高电机的功率密度，减少体积重量，提高运行维护性。

（三）风电并网研究方面

（1）大型风电场对电网稳定性以及对环境的影响得到重视，风电机组装机容量不断增大，大型风电场风电装机容量占并入电网容量的比重增加。当风电装机容量在电网中的比例达到一定程度时，风力发电对电网的影响就不能忽略，风力发电会给电力系统带来安全性问题。国外电力公司已经制定新的风电并网规则，对大型风电并网提出了严格的要求。我国也即将出台类似的风电并网规则，对并网风电机组的电能质量提出了较为规范的要求，大型风电场对环境的影响包括：噪声、生态、污染等也逐渐得到重视。

（2）大型风电场调度技术及网架结构的相关技术问题需要研究，大规模的风电波动对电网调度运行有不利的影响，需要开展风能功率预测技术的研究，开发风能功率预测系统，使风能对电网而言是可观可测的，以降低风电场运行对电力系统调度运行的压力，并通过电网调度对风电场输出功率进行控制。需要建立一种既能反映风电场内部机组的联系、又能降低复杂性的综合模型，以保证对风电场模拟分析的有效性。通过风电场模型的建立及对具体电网接入风电情况的分析，为大规模风电场并网规划、运行、调度和控制提供理论依据与指导。

（四）近海风电方面

目前，陆地上风电场设备和建设技术基本成熟，今后风电技术发展的主要驱动力来自蓬勃崛起的海上风电，特别是近海区域。相比陆上风力机，近海风机无论是叶片还是整机尺寸显著增大；由于海上环境更加复杂，需要同时考虑风、浪、冰、水波等对叶片及整机气动、结构及材料等方面的影响；海洋潮湿的环境和周围的盐雾容易引起结构和部件的腐蚀问题值得重视的；海上风电场电能传输问题需要研究。另外，近海风机的优化形式，例如横/竖轴，叶片数量（两叶或三叶）及支撑塔结构等，也是风电业界研究热点。

三、风能利用学科发展的研究内容与科学问题

从风能利用学科发展的角度来看，适合于我国不同地区风资源特点的大型风电叶片及其风电机组技术的基础研究的关键性问题值得注意，其主要研究内容如下。

（一）风电叶片的三维成型理论

随着风电机组单机容量的不断扩大，叶片的长度也从20m左右发展到60m以上，随着国际上10MW风电机组进入研制阶段，其叶片长度将达到75m以上。风电叶片大型化造成了叶片表面流动的三维分离特性及非定常特性更加复杂，给叶表的流动控制带来了更高的难度；同时，气动弹性问题诱发风力机稳定性下降，风电叶片的三维气动设计以及结构设计成为风力机大型化需要解决的首要问题。目前，前弯、后掠、预扭叶片三维成型方

法已经成为国际上研究的热点，涉及了气动、结构、材料等多学科交叉问题，叶片结构的优化具有相当大的挑战性，而叶片的拓扑优化技术是一个较为现实的研究方向[3]。目前，风电叶片的设计体系主要是基于动量叶素理论的二维设计方法，设计体系由二维向三维化的转变趋势逐渐开始显现，与其适应的气动弹性问题的深入研究及其气动噪音的评估方法已经开始得到研究，三维气动－结构－材料综合设计体系的建立与完善将有利于高水平叶片的设计及创新性成果的发展。

（二）基于不同尺度、不同区域特性的风电技术研究

中国存在地域广阔和气候的复杂的特点，例如，三北地区的高寒冷、高风沙现象，沿海地区的高温湿、抗台风需求[4, 5]，中国风场的低风速问题是更为普遍的情况，这就决定了国外引进机组对于我国的不适应性，这也是我国风电机组有效利用小时数远低于国外机组的重要原因。因此，考虑到我国特有的风资源特点，我国风电技术下一步发展方向将体现出更多的区域化特征。复杂的风资源特征要求从物理本质上研究风能吸收机理，开展风电叶片专用基础翼型研发以及风电叶片流动控制理论的研究[6, 7]，开展抗台风叶片、低风速叶片、仿生叶片和低噪音叶片等一系列区域化技术的研究[8, 9]，基于中国风资源特点的产品设计和技术研发将是下一阶段我国科研工作者研究的重点。

（三）风电技术的智能化研究

由于风能存在不稳定的特性，随着风电机组在电网中所占比例越来越大，对电网的影响越来越明显，智能电网是应对可再生能源发电并网的有效解决手段，目前，在超高压电网建设的同时，应特别加强智能电网的研发、建设，这是未来的主要趋势之一。同时，风机叶片尺寸和重量的不断增长使风机的控制越来越困难。采用新的载荷控制技术（即智能叶片控制技术）可以降低损害转子和其他零部件的额外叶片载荷、减少叶片材料需求、减少维护和提高风机可靠性，同时，也可使传动系统及塔架、机舱等部件的载荷及重量有一定幅度的下降，从而使风机成本大大降低[10]。独立变桨系统是控制大型风电机组运行的一个新的技术手段，该系统的开发有益于降低叶片载荷的同时，使风能捕获效率提高。风电机组智能化对风电机组的载荷优化控制技术、仿真方法、风功率预测技术、检测技术、故障诊断及预警系统等一系列技术均提出了较高的要求，是新一代风电技术研究的重要方向之一。

（四）风电技术利用形式多样化研究

随着风电产业的快速发展，风电机组的成本得到了较快的下降，我国风电技术的在

原始创新、集成创新，探索新的技术途径或解决方案方面已经具备了一定的技术储备。同时，根据风能的特点和我国发展风电产业的具体情况，多样化的风能利用方式必然成为重要的发展方向。目前，并网发电是风能利用的主要形式，保证风电场向电网输电的电能品质是电网稳定安全运行的需要，也是风能持续发展的重要措施。风能资源的不确定性、风电大规模开发及应用给电网调控带来了较多的问题[11]。因此，智能电网是应对风力发电并网的有效解决手段之一。另外，风电储能系统的研发在国际上得到了充分的重视，成熟的大规模储能系统正在研究实验阶段，并将在今后形成重要的产业。大规模储能技术研究方案中物理储能方法是较为有效的技术途径，我国应争取在未来一段时间形成 5 万千瓦级的分布式风能能源系统。这样，在风电可以实现集中式与分布式的有机结合，成为可持续的正确发展模式。

从投资成本以及环保角度看，风能是最有竞争力的能源形式之一。目前，我国风能利用的途径主要围绕在发电领域，事实上，风能的其他利用方式同样具有广阔的应用前景，如采用非并网方式利用风力机发电后直接制氢；采用风能非电利用方式，开展直接利用风力机提供动力，结合膜法处理作为反渗透海水淡化预处理技术研究；都具有良好的技术潜力及经济价值。

（五）海上风电是研发的重点

目前，陆地上风电场设备和建设技术基本成熟，随着欧洲陆上风能资源的枯竭，未来风能技术发展的主要驱动力将来自蓬勃崛起的海上风电。海上风电对风电机组的安全性、可靠性、易维护性和施工成本控制提出了更高的要求。我国拥有丰富的海上风资源，随着海上风电技术的逐渐成熟及成本的下降，海上风能必然会成为我国将来能源结构中的重要组成部分[12, 13]。漂浮式风电机组是近几年国外风电行业的研发重点[14-16]，该项技术对扩大海上风资源的利用范围，对风电机组的优化设计和安全运行，提高风能转化效率，对增强我国大型海上风电机组的自主研发能力和推进设备国产化具有重要的意义。

四、风能利用学科近期重点研究领域与方向

（一）大型风电叶片三维设计方法与设计体系研究

开展适合于大型风电叶片的全三维、高精度、非定常空气动力学与结构力学的弹性耦合作用的机制与模拟方法研究；进行叶片前弯、后掠、预扭的三维成型设计准则研究；复合材料特性与叶片结构的研究；风力机噪音评估方法研究；适合于不同机组及环境的大型高效风电叶片表面流动特性及流动的控制方法研究。

（二）适合中国风资源特点的风力机专用翼型研究

设计具有自主知识产权的适合于我国风电工业及环境的新风力机翼型、建立风力机专用翼型数据库；研究发展能更可靠的预计厚翼型气动特性的计算方法，包括：发展能更准确预计流动转捩的方法和进行对风力机翼型性能具有重要意义的转捩对翼型表面粗糙度敏感性研究；研究发展适用于具有大流动分离区流动的、能更可靠地预计风力机翼型大攻角性能（包括最大升力、失速和过失速的气动特性）的先进计算方法和软件；研究发展先进风力机翼型的设计技术；为了进行常规翼型所没有或少见的从 0° 攻角到 180°，甚至360° 攻角的试验，需要研究在极大的攻角下翼型气动力的测量方法、风洞侧壁干扰、上下壁干扰影响及其修正方法的研究；需要对所研究发展的计算与设计方法进行风洞试验验证。

（三）反映中国气候与地理特点的风资源评估与风电场优化设计技术研究

主要研究包含反映中国气候及地理特点风场数值模拟与相应风力机优化布置研究。具体包括复杂地形（如丘陵，山区、森林等）对风场影响及相应风场建模；近海及海上风场建模；极端气候（例如台风）风场建模；风力机尾流效应模型与塔影效应模型建立；风电场储能分析与微观选址研究；基于风场模型的风力机数量、间距、高度、排布形状以及机型优化设计研究。

（四）风电叶片检测技术及检测标准研究

配合国家能源局关于能源行业风电标准的建立、提高风电技术水平的要求，进行大型全尺寸风电叶片整体结构试验、防雷保护等各项相关标准进行深入的研究，分析标准对试验的设施环境、设备材料、试验方法、试验过程、试验数据、验证和报告等的要求，进行包括对静力试验、模态分析、无损检测、防雷试验、疲劳试验、现场试验等各系统及环节的实验标准、实验方法研究。

（五）抗污染和抗沙尘暴技术研究研究

针对我国北方地区特有的天气情况，受运行环境影响，例如结冰、沙尘、昆虫尸骸堆积以及盐蚀，风机叶片表面粗糙度增大，气动性能恶化，摩擦阻力增大，升力下降，最终导致机组发电功效降低，叶片疲劳寿命缩短。针对这些问题，根据自然界某些动物及植物表皮及翼翅的特有功能，通过优化流体流动状态，开展仿生学为基础的叶片减阻、增升及降噪研究，包括机理研究，仿生结构与气动参数影响研究，叶片外形优化设计研究以及叶片自适应气动控制研究。

（六）抗台风技术研究

我国南方沿海地区具有台风频发的特点，中国科学院工程热物理所针对南方台风频发的气候特点，提出了采用钝尾缘叶片技术为基础的抗台风方法，针对钝尾缘翼型导致叶片阻力升高的缺点，开展了一系列增升减阻以及钝尾缘翼型造型方法的机理研究，为开发具有我国自主知识产权的大型海上风电叶片进行技术准备。

（七）包括智能叶片在内的高效、新型、新概念风电叶片设计方法研究

这是一项工作有重要技术及经济价值的工作。采用新的载荷控制技术（即智能叶片控制技术）可以使叶片与风的情况相适应，使叶片保持在高性能区工作，同时也降低损害转子和其他零部件的额外叶片载荷、减少叶片材料需求、减少维护成本和提高风机可靠性，并使风机制造和运行成本大大降低。需对新的智能叶片设计概念进行预研，并对智能叶片的基础理论和应用进行研究。

（八）复合材料特性与叶片结构性能研究

包括完成系列叶片的材料特性与载荷分析，系列叶片空间结构和混杂纤维结构铺层优化设计，动态性能与疲劳特性研究，使系列叶片的重量减轻，经济性提高；同时使叶片的结构变形、耐低温、耐腐蚀、抗雷击、耐盐雾和防沙尘暴等综合能力适应我国环境要求。通过静力和刚度等试验，改进叶片的拓扑结构和复合材料的原材料配方，增强材料纤维，研制具有高强度、高疲劳寿命的新型复合材料，并加工成标准式样，利用电子万能材料试验机对研制材料进行各方面性能的测试。

（九）风能的压缩空气储能系统研究

结合压缩空气储能的风力发电机组并网发电的总体方案设计；液态空气储能系统方案研究；带有不同储能系统的风力发电并网条件下的系统仿真研究；带有储能系统的风电机组控制方法研究；近似等温压缩的高压比大流量压缩系统研究；空气膨胀透平发电系统研究。

（十）利用风能进行海水淡化技术研究

直接利用风力机提供动力与空气储能中的热量，采用膜法等处理作为反渗透海水淡化预处理技术研究，提供相关的技术解决方案。动力装置侧用风电机组取代电动机提供驱动

力，带动高压泵工作；进一步研究风轮带动传动系统直接提供动力的装置，提出满足海水淡化装置需求的风电叶片变桨控制策略，设计变速箱传动及液力变矩传动装置方案。

（十一）海上风能利用技术开发研究

海上风电将是世界及中国风电产业的新热点。它包括近海和深海两种不同技术内容的研究。对近海风电，开展包括以下内容研究：适合近海风电场使用的叶片形式探讨；5MW 以上大型海上风电叶片及相关技术研究；风场风气候研究；风电叶片复杂气动及结构载荷研究；海上叶片耐腐蚀研究等。深海风电利用是一个重大而困难的课题，以研究漂浮式风电机组为主来确定将来的机组形式和设计方法。

（十二）绿色风电产业制造技术研究

复合材料在风电机组中叶片、机舱罩和整流罩制造的主体材料，目前，叶片材料主要是采用玻璃纤维增强不饱和树脂体系及环氧树脂体系，随着叶片大型化的发展，碳纤维或碳玻混杂纤维得到了开发应用；树脂基体方面，主要采用热固性树脂，该材料体系在目前工艺水平上难以对其回收再利用。随着风电产业的高速发展，叶片退役后给环境造成的影响越来越大，采用可回收利用的热塑性叶片树脂基体等新材料、新工艺很可能发展成为今后风电叶片研究和制造的热点方向之一。

（十三）风能气象学研究

研究陆地与海面大气边界层的风特性、特别是陆地复杂地形下风电场和风轮周边局部风场和风特性的预测模型与测量技术以及极端气候条件下风力机安全评估方法的研究。在此基础上，开展反映中国气候与地理特点的风资源评估与风电场优化设计研究，主要研究包含反映中国气候及地理特点风场数值模拟与相应风力机优化布置研究。具体包括复杂地形（如丘陵，山区、森林等）对风场影响及相应风场建模；近海及海上风场建模；极端气候（例如台风）风场建模；风力机尾流效应模型与塔影效应模型建立；风电场储能分析与微观选址研究；基于风场模型及先进优化算法的风力机数量、间距、高度、排布形状以及机型优化设计研究。

参 考 文 献

［1］可再生能源法. 北京：人民出版社，2010.
［2］国家发展和改革委员会. 可再生能源，中长期发展规划，2007.

［3］ A. Zobeiri, P. Ausoni, F. Avellan, et al. Vortex shedding from blunt and oblique trailing edge hydrofoils. Proceedings of the 3rd IAHR International Meeting of the Workgroup on Cavitation and Dynamic Problems in Hydraulic Machinery and Systems, October 14–16, 2009, Brno, Czech, 1：245–252.

［4］ 王景全, 陈政清. 试析海上风机在强台风下叶片受损风险与对策—考察红海湾风电场的启示. 中国工程科学, 2010（11）：32–34.

［5］ 沈新勇, 刘佳, 秦南南, 等. 台风麦莎的正压特征波动结构及其稳定性. 大气科学学报, 2012, 35（3）：257–271.

［6］ B. J. Wendt. Parametric study of vortices shed from airfoil vortex generators. AIAA Journal, 2004, 42（11）：2185–2195.

［7］ L. Zhang, K. Yang, J. Z. Xu, et al. Modeling of Delta–wing type vortex generators. Science China Technological Sciences, 2011, 54（2）：277–285.

［8］ S. Oerlemans. Prediction of wind turbine noise and comparison with experiment. NLR–TP–2007–654, 2007.

［9］ J. A. Paquette, M. F. Barone, M. Christiansen. Aeroacoustics and aerodynamic performance of a rotor with flatback airfoils. EWEC 2010, Warsaw, Poland, 2010.

［10］ T. K. Barlas, G. A. M. van Kuik. Review of state of the art in smart rotor control research for wind turbines. Progress in Aerospace Sciences, 2010, 46（1）：1–27.

［11］ A. Rashedi, I. Sridhar, K. J. Tseng. Multi–objective material selection for wind turbine blade and tower：Ashby's approach. Materials and Design, 2012, 37：521–532.

［12］ Guanche, Yanira, Guanche, Raul, Camus, Paula. A multivariate approach to estimate design loads for offshore wind turbines. Wind Energy, 2012, 17.

［13］ Wayman E, Sclavounos PD, Butterifeld S. Coupled dynamic modeling of floating wind turbine systems. Texas, Houston, 2006.

［14］ Madjid Karimirad, Torgeir Moan. Extreme Dynamic Structural Response Analysis of Catenary Moored Spar Wind Turbine in Harsh Environmental Conditions.Journal of offshore mechanics and Arctic Engineering, 2011, 133.

［15］ Moan, T.2004. "Design of Offshore Structures." Compendium for TMR4195, Marine Technology Centre, NTNU. Trondheim, Norway.

［16］ Jonkman J, Buhl ML. Loads analysis of a floating offshore wind turbine using fully coupled simulation. California：Los Angeles, 2007.

撰稿人：杨科　等

化石燃料燃烧形成PM2.5及其控制技术发展研究

一、研究背景与需求

我国快速的经济社会发展以及巨大的能源消耗，致使颗粒物污染成为我国最严重的大气环境问题之一，细颗粒物（PM2.5，即空气动力学直径 ≤ 2.5 μm 的颗粒物）污染问题尤为突出。已有的地面观测、卫星遥感反演和空气质量模型模拟的结果均表明，京津冀、长三角和珠三角等 PM2.5 重污染地区已经连成一片，以北京为代表的部分北方城市年均值可高达 80 ~ 100 μg/m³，是美国国家标准（15 μg/m³）的 5 ~ 6 倍，也是我国新颁布的环境空气质量二级标准（35 μg/m³）的 2 ~ 3 倍。

高浓度的 PM2.5 会对人体健康、能见度和全球气候变化等产生重要影响，从而严重阻碍城市和区域的可持续发展。PM2.5 污染会引起呼吸道疾病，增加心血管疾病和肺癌的发病率。世界卫生组织的研究表明（WHO，2005），在 9.0 ~ 33.5 μg/m³ 的 PM2.5 浓度范围内，长期暴露于 PM2.5 污染与死亡率的增加有很强的相关性。PM2.5 污染也是造成能见度降低乃至形成灰霾的主要原因，近年来北京和上海等主要城市每年出现灰霾的天数均超过 100 天，对社会经济发展造成了巨大的影响，降低了人们对空气质量的满意度，直接导致了自 2011 年底开始的全国范围内关于 PM2.5 污染的大讨论。另外大气颗粒物还会影响地球辐射平衡和成云过程，进而影响全球气候，颗粒物的气候效应研究已列为全球气候变化的研究重点之一（IPCC，2007）。

大气颗粒物不仅包括人类活动直接向大气排放的一次颗粒物，还包括排放的污染气体在大气中转化生成的二次颗粒物。我国 PM2.5 的化学组成复杂，通常包括有机物、黑碳、硫酸盐、硝酸盐、铵盐和地壳元素等，不同地域和气象条件下各组分所占比例均有所差别。PM2.5 所含黑碳和地壳元素多来自一次排放，有机物中一部分来自一次排放，另一部分来自污染气体的二次转化，硫酸盐、硝酸盐和铵盐则多为燃烧活动排放的 SO_2 和 NO_x 经过化学反应的产物。最近研究结果表明一次排放是我国 PM2.5 的主要来源，例如北京和上海一次排放对 PM2.5 的贡献率在夏季不低于 50%，在秋冬季则可高达 70%（Environmental Science & Technology，2011）。燃烧源是最主要的一次排放源，包括以燃煤和生物质为主的固定源和以燃油为主的移动源。2005 年我国人为活动造成的 PM2.5 一次排放量约有 1270 万吨，其中燃烧过程排放所占比例约为 55%（Atmospheric Chemistry & Physics，2011）。2000 年以来，我国能源需求以平均每年 8% 的速度增长，2010 年达到 32.5 亿吨标准煤。同时，我国机动车数量 2000—2010 年间平均年增长率超过 17%，2011 年底全国机动车保有量超过 2.25 亿辆，其石油消费量约占石油总消费量的 71%。随着能源需求的不断增加以及机动车保有量的快速增长，PM2.5 的排放还将继续增长。因此，从源头控制 PM2.5 的排放具有非常重要的意义，这不仅是保护人体健康、改善空气质量和应对气候变化的需要，也是实现我国可持续发展战略所必需的。

鉴于 PM2.5 重大的环境和健康影响，2012 年 3 月 1 日国务院常务会议同意发布新修订的《环境空气质量标准》（GB3095-2012），重点纳入了 PM2.5 的指标，从现在开始分步实施对 PM2.5 的监测，并将于 2016 年 1 月 1 日起在全国范围实施。当前燃烧源 PM2.5 的整体控制策略严重滞后，高效的 PM2.5 控制技术手段尚未形成，随着新标准的实施，对相应的基础科学研究与技术开发提出了新的挑战。

我国能源消费构成以化石燃料（占 91.4%，其中煤 68%、石油 19% 和天然气 4.4%，2010 年国家统计局）为主要能源的国情，在相当一段时间内无法改变。在化石能源的清洁转化与利用过程中，气态产物（如 NO_x 和 SO_2）的形成与控制规律，由于其单一性，得到了较充分的研究，并形成了成套的控制技术。而如何减排 PM2.5 最具挑战性，其化学成分、形态与结构以及减排方法的复杂性，是科学研究的一个难点，也是其控制技术发展的一个关键问题。

目前，国际上总颗粒物控制技术虽然可以达到很高的水平，但对于 PM2.5 的捕获率却很低，造成数量巨大的 PM2.5 进入环境大气中。以燃煤电站为例，虽然现有除尘装置的除尘效率可高达 99% 以上，但这些除尘器对 PM2.5 的捕获率较低。这部分飞灰以颗粒的数量计可达到颗粒物总数的 90% 以上。这也是我国在大气中总悬浮颗粒物（TSP）呈逐年下降趋势，颗粒物排放总量也下降的情况下，PM2.5 却呈上升趋势的原因，因此，颗粒物控制的重点在于 PM2.5，必须寻求更有效和更有针对性的技术发展途径。

2002 年以来，在 973 项目"燃烧源可吸入颗粒物的形成与控制技术的基础研究"支持下，清华大学、华中科技大学、天津大学和东南大学等对可吸入颗粒物（PM10，即空气动力学直径 ≤ 10μm 的颗粒物）的形成与控制展开了系统的研究。通过近 10 年的研究，基本掌握了各种燃烧源 PM10 的形成规律，形成了 PM10 控制所需要的基本方向、规律与框架，并提出了从燃烧过程和燃烧后进行控制的多个技术方向。这些成果的应用为我国 PM10 的减排提供了重要支持。

对燃烧过程中颗粒物及其前体物如何形成有了一个基本认识，观察到不同燃烧条件下颗粒物的数量、质量、形态和毒性具有明显的差异。但如何控制燃烧条件对 PM2.5 实现定量的燃烧控制，还需要进行深入的科学研究。正是因为 PM2.5 的形成与燃烧装置及燃烧条件具有极强的相关性，从而大大增加了控制方法的不确定性和随机性；同时 PM2.5 本身又具有微观性和复杂性的特点，其高温化学变化、热力学特征和动力学行为十分特殊，控制理论将涉及质量、能量、化学组分在高温条件下的微尺度、多相并伴有相变、非稳态和非线性的过程。研究还表明，颗粒物在声场、磁场、温度场和相变等的作用下，具有特殊的行为规律。同时，颗粒物特别是碳质颗粒物可通过催化氧化和化学聚并等方法加以去除。这些过程的研究本身就具有很高的科学价值，并为进一步对 PM2.5 进行控制打下了良好的基础。

从源头上对 PM2.5 的形成及控制开展基础研究，需要动力工程及工程热物理、环境科学与工程等一级学科之间的结合。一方面，只有将燃烧理论与多相流理论针对细颗粒物的控制加以发展，同时借鉴环境中 PM2.5 与气态污染物的转化和共同脱除机制，才能真正突破现有控制技术对 PM2.5 脱除效率低的瓶颈；另一方面，前期研究发现，控制颗粒物的某些方法可能有利于汞等污染物的共同去除，气体污染物（如 SO_2 和 NO_x 等）的控制技术发展也有可能带来颗粒物排放特征的变化并由此对颗粒物控制技术产生影响。

综上所述，针对颗粒物控制中最有挑战性的 PM2.5 控制这一瓶颈问题，进一步深入研究从源头控制 PM2.5 排放的理论，解决若干 PM2.5 脱除技术发展中急需的关键科学问题，可以提高我国在 PM2.5 控制方面的基础理论和技术水平，提升我国环保产业的竞争力，使我国在能源清洁利用和大气污染控制方面处于国际先进的行列，与其他科学研究项目一起在 PM2.5 的研究方面形成我国的整体优势。

二、相关领域主要研究进展

世界各国都将颗粒物污染作为大气污染研究的重点，已持续了多年，由于其复杂性和产生问题的持续性，相关研究一直是热点，从颗粒物对人体健康的危害性到对生态环境和气候变化的影响[1, 2]，从颗粒物源排放特征到颗粒物形成规律和二次转化的研究[3-5]，从颗粒物间相互作用到在外场作用下的聚并和长大，从颗粒物的单独脱除到颗粒物与其他污染物的共同脱除机制的研究，形成了多个学科长期研究的方向[6]。2001—2005 年间美国能源部国家能源技术实验室滚动支持了 PM2.5 研究计划，主要开展了现场综合观测分析、形成规律与源排放特征、理论模型预测和新型控制技术研发四个方面的研究，哈佛大学、卡耐基 – 梅隆大学、北达科他大学、布克海文国家实验室等 24 家研究机构参与[7]。欧盟也组织了欧洲协作颗粒物排放清单研究计划（CEPMEIP）等项目。

我国 2002—2008 年间实施了 973 项目"燃烧源可吸入颗粒物形成与控制技术基础研究"，针对我国特有的能源消费结构，集中开展了 PM10 形成与控制机理的研究，取得了不同燃烧源可吸入颗粒物物理化学特征、固定源燃烧过程颗粒物形成规律、颗粒物在不同外加条件下的动力学规律等具有国际水平的研究成果。随着研究的深入和对我国颗粒物排放特征的认识，同时结合国际颗粒物研究的发展趋势，在项目后期开始关注脱除难度更高、危害性更大的细颗粒物 PM2.5。

下面从矿物质细颗粒物的形成机理及燃烧控制、碳质细颗粒物的形成机理及燃烧控制、PM2.5 聚并长大及与气态污染物转化机理、PM2.5 排放控制技术四个方面对国内外研究现状和发展趋势进行综述。

（一）矿物质细颗粒物的形成机理及燃烧控制

煤中矿物质是燃煤排放颗粒物的主要来源。国外对矿物质颗粒物形成机理的研究始于 20 世纪 70 年代末，近年来国内外围绕煤中矿物元素存在形式、粒度、组分及赋存形态、燃烧气氛和温度等对颗粒物生成的影响开展了大量的工作，如基于铝元素粒径分布的颗粒物模态识别研究[8]、细颗粒物在燃烧炉内沿程变化特性的研究[9]。但是目前相关分析多基于煤中矿物质的化学成分[10]，对矿物质岩相组分、结构演变及其相互作用的定量研究较少。

尽管定性上对细颗粒物的生成途径有了初步研究，如学者 Sarofim 最早指出煤燃烧过程亚微米颗粒物的主要来源是矿物质的蒸发和凝聚，徐明厚等研究表明亚微米颗粒物的相当部分来源于易挥发元素的蒸发[8]。但对实际燃煤过程中非均匀分布的内在矿物质的聚并熔融和非均相成核过程、易蒸发重金属元素在细颗粒上的冷凝富集机理尚不清晰，缺乏相关的模型描述方法和基础动力学数据。对细颗粒物的化学成分还缺乏有效的在线测量方法，对其主要成分的认识也未统一，如早期 Quann 认为细颗粒物以难熔氧化物为主[11]，近期 Zhang 和 Ninomiya 认为在经过冷却的烟气中细颗粒物主要以硫和碱金属元素为主[10]。在矿物质细颗粒物形成的理论描述方面，近几年国内发展了具有特色的颗粒群平衡模拟算法，初步建立了燃烧过程细颗粒物成核、冷凝、聚并和沉积等过程的理论计算平台，但决定这些物理机制的关键参数仍有待明晰[12]。

迄今专门关注燃烧过程中控制矿物质细颗粒物排放的研究还不多。燃烧过程中难熔组分如硅铝酸盐等可抑制易挥发元素的气化[13]，因此通过燃料矿物组分调配可以减少 PM2.5 的生成。Biswas 小组研究表明，在相同 O_2 浓度下，O_2/CO_2 燃烧条件下矿物质 PM2.5 生成浓度比空气条件下更低[14]。在炉内喷入吸附剂方面，Wendt 小组发现了灰中 Ca 和 Fe 易与重金属 As 和 Se 发生反应，类似研究为炉内喷入添加剂 / 吸附剂使得 PM2.5 通过吸附、聚并和长大进而易于脱除指明了方向[15]。此外在燃料混配方面，研究还发现煤与生物质混烧可改变 PM2.5 排放特性[8]。

以上研究虽然为炉内控制矿物质细颗粒物的形成奠定了一定的基础，但多局限于实验室初步研究。只有对实际燃烧装置中矿物质细颗粒物生成与控制涉及的细颗粒和流体动力学的耦合、气固非均相化学反应和物理吸附机理等一系列问题有了更为透彻的理解，建立起耦合矿物质蒸发、成核的非均相燃烧理论和矿物质细颗粒迁移过程的非均相反应机理及动力学，控制细颗粒物的炉内生成才能成为现实。

（二）碳质细颗粒物的形成机理及燃烧控制

碳质颗粒物是细颗粒物的另一重要组分，主要来自于化石燃料的燃烧，包括移动源和固定源。

柴油机是移动源碳质细颗粒物的主要来源。柴油机由于扩散燃烧的特点，不可避免地产生相当数量的碳烟排放，因此"碳烟是柴油机的固有问题"的看法得到了普遍认同。为满足日益严格的排放法规，实现碳质颗粒物的超低排放，研究重点逐渐转向开发柴油机后处理系统以及新的燃烧方式[16]。目前，广泛关注的均质压燃（HCCI）和低温燃烧模式正处于研发阶段，有待突破[17]。

柴油机碳烟颗粒的生成经历了从气相到颗粒相的一系列物理化学过程，其中化学动力学起了关键作用。近年来，碳烟生成及氧化的化学动力学机理，包括前体物的生成、碳烟表面生长及氧化等过程的研究得到了较系统的发展[18, 19]，但高温高压条件下氧气及氧化基团（OH、O 和 HO_2）在碳烟生成和氧化中的反应机制仍不清晰。须进一步深入研究上述化学反应机制及其与缸内流场、温度场和浓度场的耦合作用，以减少燃烧过程碳烟生成和促进碳烟的后期氧化。随着柴油机燃烧诊断技术的进步，对柴油机碳烟的生成、氧化过程及控制有了新的认识。宋崇林等对柴油机碳烟生成历程的研究表明，燃烧过程中碳烟呈现先增大后减少的单峰变化趋势，在后燃期，约 70% 的细颗粒物被氧化，因此缸内碳烟的氧化对柴油机细颗粒物的排放至关重要[20]。Benajes 小组和 Arrègle 小组相继肯定了采用后期速燃策略可促进碳烟颗粒与氧气混合，并可提高燃烧温度从而促进碳烟氧化并减少细颗粒物排放[21, 22]。Tree 综述了柴油机颗粒物生成和控制的研究进展，认为强化颗粒的后期氧化是控制碳烟的关键，特别是通过诱导湍流促进后期燃烧，可以实现传统柴油机碳烟的超低排放[23]。

汽油缸内直喷（GDI）的燃油消耗率相比于进气道喷射（PFI）汽油机可减少 20% ～ 30%，目前已在欧、美、日以及我国得到了大规模的应用。GDI 发动机采用分层燃烧方式带来的混合不均匀，使得细颗粒物排放成为一个突出问题[24]。欧盟在 2007 年 7 月颁布的乘用车欧 V/VI 排放法规，首次提出控制 GDI 汽油机颗粒物排放须同时满足质量浓度和数浓度的标准。目前，GDI 汽油机细颗粒物研究多集中在排放的质量和数浓度水平及与柴油机的对比方面[25]，而对细颗粒物形成规律与控制机理方面还需深入研究。

煤炭转化和利用也是产生碳质细颗粒物的另一重要来源。Fletcher 小组研究指出燃煤设施排放的碳质颗粒物主要是煤粉热解过程中的挥发份和焦油在高温火焰中经历二次反应后形成的碳烟[26, 27]。Shah 小组研究发现煤中矿物质元素气化冷凝后与碳烟颗粒发生碰撞，因此碳质颗粒物中也会含有部分矿物质元素，此外还含有部分硫元素，成分远比移动源的更复杂[28]。姚强小组进一步研究表明，碳烟颗粒形成阶段同时发生了碳烟氧化和石墨化两种过程，且相互影响，碳烟氧化不仅具有各向异性，而且吸附其上的矿物质元素如 Na、Fe、Pb 和 Cr 等具有催化作用，碳烟的氧化从中心开始，形成了中空结构并发生塌陷，从而加速氧化过程[29, 30]。尽管已有上述探索性研究，但是碳质颗粒物的生成受煤种、燃烧温度、加热速率、停留时间、燃烧气氛以及炉内复杂湍流运动的影响，如何在这些实验规律的基础之上进一步开展炉内碳质细颗粒物的快速氧化和排放控制的研究是今后的目标。

综上所述，发动机缸内或煤粉炉内始终进行着极其复杂的湍流运动，开展碳烟生成和氧化的化学动力学与湍流脉动耦合、碳质细颗粒物与矿物质的相互作用的基础研究，是强化碳质细颗粒物控制的关键。

（三）PM2.5 聚并、长大及与气态污染物的二次转化机理

研究 PM2.5 的聚并和长大动力学以及气态污染物在其表面的转化机理，是发展 PM2.5 排放控制技术的必要前提和科学依据。

颗粒物的聚并包括电学、声学和化学聚并。电聚并是通过增加细颗粒荷电能力，增强颗粒间聚并效应，其聚并效果取决于颗粒浓度、粒径、电荷的分布及外电场强弱[31]。Matthews 等发现荷电不对称导致了颗粒的电泳运动，并通过颗粒偶极作用产生聚并效应[31, 32]。针对燃煤电厂排放矿物质类细颗粒物的电聚并的实验和理论研究，也已得到重视和开展[33, 34]；烟道粉尘的双极性预荷电凝并实验研究表明，细颗粒物分级脱除效率显著提高[35]。最近，Maricq 还研究了碳质颗粒物的双极扩散荷电特性和聚并效应，发现此类颗粒荷电的特殊性[36]，这对今后尾部控制碳质颗粒物颇具启示意义。

声聚并是通过高能量密度声场促使细颗粒物间发生相对振动来提高碰撞几率，从而促进聚并。Gallego 等较早开展了高频声波团聚燃煤细颗粒的实验[37]。沈湘林等采用高速显微摄像技术揭示了燃煤细颗粒在声波作用下的夹带、振动和漂移等微观动力学特性[38]。刘建忠等发现 1000 ~ 1800Hz 的低频声波更有利于飞灰中细颗粒物的团聚[39, 40]。骆仲泱等研究了频率和强度等声场特性对不同细颗粒团聚机理的影响机制[41]。由于声波团聚的复杂性和试验条件及测试方法的局限性，从而限制了 PM2.5 声聚并的尺度规模放大研究，这是今后研究中须克服的关键难点。

化学聚并是通过在烟气喷入少量团聚促进剂，利用絮凝理论增加超细颗粒之间液桥力和化学键力，促使细颗粒物团聚长大。Durham 等通过将特殊黏性剂和降比电阻剂喷入烟道，增强了烟气中颗粒物的黏性和聚并能力，进而提高了细颗粒物在除尘设施中脱除效率[42]。张军营等研究了我国典型燃煤电厂飞灰的浸润特性，揭示了团聚促进剂溶液 pH 值、浓度和团聚室温度及颗粒物浓度等因素对细颗粒物聚并效果以及与重金属协同作用的影响，研究发现化学聚并可以提高细颗粒物在静电除尘器内脱除效率[43, 44]。

细颗粒物的相变凝结技术是利用过饱和水汽在颗粒表面的核化凝结特性促使其粒度增大、质量增加。因而，颗粒表面的物化特性对核化性能及此后的凝结长大具有决定性作用，如杨林军等研究表明添加润湿剂、细颗粒物的不规则结构和表面粗糙可提高过饱和水汽在其表面的成核能力[45, 46]。尚缺乏实际烟气条件下核化凝结机理

和方法的研究。

迄今，国内外对于细颗粒物电学、声学、化学聚并以及核化凝结长大作用的研究主要集中在宏观影响因素的分析上，缺乏系统的理论探究，如细颗粒间从长程到短程的逐渐接触并发生聚并过程中，声波驱动力、静电力、范德华力、液桥力和化学键力对颗粒间相互作用力的各自贡献和相互耦合机制仍不清楚，亟须从离散颗粒动力学层面深入开展理论研究[47]。

燃烧产生的细颗粒物在最终排放到大气环境中之前需要经过脱硫、脱硝等各种污染物控制设备。在细颗粒物被部分捕集的同时，烟气脱硝、湿法脱硫装置本身还会形成细颗粒物，从而改变了实际污染源 PM2.5 的排放特征。如石灰石 – 石膏法脱硫装置中会增加石膏晶粒及未反应的石灰石细颗粒等，氨法脱硫系统中会形成铵盐细颗粒，SCR 脱硝装置形成硫酸盐细颗粒，使细颗粒物浓度增加[48-52]。在移动源的多污染物一体化脱除技术中，也存在 NO_x、PM2.5、HC 和 CO 间的非均相转化过程，从而使得 PM2.5 的排放特征复杂[53]。迄今，PM2.5 的非均相转化研究还处于实验室研究阶段，亟须结合实际污染物控制设备，对吸收剂（催化剂）/ 细颗粒物 / 重金属与烟气中的 NO_x、SO_2 等气态组分之间的非均相反应过程及其控制因素加以系统研究。

大气环境条件下 PM2.5 与气态污染物具有复杂物理化学相互作用。国内外学者应用漫反射红外傅立叶变换光谱等方法研究了 NO_x 或 SO_2 在颗粒物上的非均相反应，发现气态污染物在细颗粒表面的非均相反应改变了颗粒物的吸湿性和化学组成，NO_x 可促进 SO_2 在细颗粒物上的氧化反应[54-56]。但是，PM2.5 与气态污染物化学转化机理和动力学过程尚不清楚。国内外采用烟雾箱模拟研究了燃烧源排放一次颗粒物变化及二次颗粒物生成，Lee 等研究 α – 蒎烯与柴油机碳烟的光氧化过程，证实了碳质颗粒物直接参与二次反应[57]。但上述研究还处于对现象的认识阶段，需要对细颗粒物和气态污染物化学转化机制进行深入研究，从而为 PM2.5 和气态污染物的共同脱除提供科学依据。

（四）PM2.5 排放控制技术研究进展

针对现有污染物控制设备对 PM2.5 脱除效率低，国内外对提高和优化传统污染物控制设备脱除细颗粒物捕捉能力的研究逐渐增多[58]。如对于传统电除尘器，通过加入磁场、改变电源或改变电除尘器的放电极结构等措施用于增强 PM2.5 在电场中的荷电[59, 60]，在收尘极上增加收尘槽并利用离子风，利用湿式静电除尘增强 PM2.5 在收尘板的附着并抑制二次扬尘[61, 62]，但这些研究并未考虑脱除过程中细颗粒粒径、浓度和成分的动态变化特性带来的影响，进而限制了 PM2.5 脱除技术的发展。针对布袋除尘器 PM2.5 脱除，采用新型过滤介质降低 PM2.5 在过滤层的穿透率、增强滤袋对于烟气温度和烟气成分的适应性，但床层压降、反吹气压和频率等参数对 PM2.5 捕捉的影响规律并不清晰[63, 64]。结合实际湿法脱硫系统，利用前述脱硫净烟气相变有效促进湿法脱硫系统对 PM2.5 的脱除仍有待继续深入[46, 51]。现有污染物控制设备对 PM2.5 排放的影响是复杂的，除进一步的系统研究，也有必要结合前面所讨论的气态污染物和细颗粒物在脱除过程中转化机理的研究，从而可全面地解释实验规律并对现有控制设备的优化提供科学理论指导。

然而，在更加严格的 PM2.5 排放标准下，采用任何单一传统脱除技术都无法满足需求，因此发展不同控制方式的协同脱除技术日益迫切[65, 66]。对于固定源，静电增强纤维过滤细颗粒物的协同脱除技术综合了电除尘与布袋除尘的特点，是最有希望取得细颗粒物高效脱除的技术途径。美国电力研究所提出了静电和布袋串联的紧凑型混合颗粒收集器，运行结果表明这种串联系统难以克服电除尘与布袋除尘的各自局限，协同效应不易实现[67]。美国能源环境中心（EERC）等提出了紧凑的复合式电袋技术，实现了协同作用，并进行了工业性应用的初步试验，虽然细颗粒物脱除效率得以提高，但难以长期运行[68]。对此，清华大学开展了荷电颗粒在纤维滤料上的沉积和清除机理、静电区内细颗粒荷电和运动规律等基础研究[65, 66, 69, 70]，为今后深入研究最优静电 – 过滤的协同作用奠定了基础。

对于移动源，为了满足未来严格法规中 PM2.5 数浓度控制的要求，结合物理过滤和化学反应的多场协同脱除方法日益受到重视。美国康明斯公司提出了基于 NO_2 促进颗粒物氧化的 SCRiTM 概念，日本丰田公司提出了 NO_x 储存 – 还原与 PM2.5 过滤的 DPNR 催化系统[71]。天津大学提出了低温等离子体辅助催化型颗粒物捕集器（CDPF）的四元催化系统，利用等离子体将 NO_x 转化成 NO_2 和 N_2，以 NO_2 和活性基作为氧化剂，促进颗粒物碳烟组分的催化转化，初步探索了 NO_x、PM2.5、HC 和 CO 的同时脱除[72]。这些新型的物理过滤和化学反应协同脱除方法研究还处于实验探索阶段，多种组分的污染物非均相详细化学反应机理以及多场条件下各物理化学过程的相互作用规律尚待深入研究。

因此，结合细颗粒物的不同成分特征，发展细颗粒多场作用下多相流理论，不仅能突破制约聚并、长大技术在传统脱除技术上实际应用的技术瓶颈，而且可以指导并促进我国先进静电 – 过滤、过滤 – 催化等协同脱除技术的快速发展并有望与国际同步解决 PM2.5 的控制问题。

三、研究内容与科学问题

PM2.5 的物理化学特性、生成机制和行为规律都不同于 PM10，对 PM2.5 的控制须寻求新的原理和方法。通过 PM2.5 减少生成和控制排放两条技术途径来确定关键科学问题，基于多学科结合制定具体研究路线，从而形成复杂条件下非均相反应和多场作用下细颗粒多相流理论，实现从源头上控制化石燃料 PM2.5 的形成和排放。第一个关键点是在燃烧过程中减少 PM2.5 的形成，主要是通过控制燃烧过程（化学气氛、反应温度、混合程度和燃料结构等），改变细颗粒物的形成和氧化途径，从而减少在燃烧过程中 PM2.5 的形成。第二个关键点在于突破排放过程中 PM2.5 难以高效脱除这一瓶颈，研究 PM2.5 在电场、声场和相变等多场作用下的聚并长大等行为规律及 PM2.5 的非均相转化机制，利用多场协同作用，优化现有污染物控制设备及发展新型的颗粒物脱除方法，实现 PM2.5 高效脱除。

针对上述"控制燃烧过程 PM2.5 的形成"以及"突破排放过程 PM2.5 无法高效脱除的瓶颈"两个关键点，拟解决如下四个关键科学问题和研究内容包括：

（一）煤中矿物质迁徙、转化的细颗粒物形成及非均相反应机制

矿物质细颗粒物主要来自煤或其他固体燃料的燃烧过程。传统的基于煤中元素和化学组成的分类方法，难以从本质上揭示细颗粒物生成过程中各种矿相组分间的复杂共融特性和蒸发特性。燃料中矿物质的分布直接影响着细颗粒物的生成特性。鉴于煤中矿物质赋存形态的本征非均匀性，需借助煤岩学、矿物学的相关理论，深入揭示燃烧过程中矿物质形态和晶体结构参数对细颗粒物形成的影响。

燃煤细颗粒物主要由矿物元素在燃烧过程中蒸发 – 凝结生成，并富集多种痕量有毒重金属元素，从控制燃烧细颗粒物的生成和降低毒性的需求出发，需要深入理解燃烧气氛、温度和气流组织等对炉内细颗粒物形成的影响，此外新型燃烧方式（如富氧燃烧）也会带来细颗粒物形成的变化，深入揭示这些过程中煤焦非均相氧化、非均匀矿物质的蒸发 – 凝结行为对于非均相燃烧理论将是重要的拓展。

另外，炉内喷入吸附 / 吸收剂捕捉细颗粒物、重金属在细颗粒物表面的富集、吸附和定向转化等过程，都涉及吸附剂 / 细颗粒物 / 重金属与烟气中的 NO_x、SO_2 等组分的复杂非均相化学反应，亟须建立矿物质细颗粒物非均相迁徙、转化及其控制过程的化学动力学理论。

需重点解决：①不同燃烧条件下矿物质蒸发 – 凝结行为与非均相燃烧原理；②矿物质细颗粒物迁徙、重金属的捕集与吸附、转化过程中的非均相反应机理。

（二）碳质细颗粒物形成及湍流耦合快速氧化机理

碳质细颗粒物排放源主要来自化石燃料燃烧，包括移动源的柴油机和汽油机、固定源的煤燃烧和转化等。

柴油机非均质扩散燃烧的碳质细颗粒物排放主要取决于燃烧后期碳烟颗粒氧化程度。强化后期燃烧过程，通过提高局部含氧基团的作用强化碳烟的氧化机制，并促使主燃期间形成的含碳质颗粒的涡团破碎，是突破传统燃烧过程碳质细颗粒物排放极限的重要问题。直喷汽油机分层燃烧方式，容易出现局部浓预混合气，从而导致碳质细颗粒物排放升高。缸内湍流脉动不仅对混合气形成及燃烧过程起决定作用，而且直接影响着碳质细颗粒物的生成和氧化。研究浓预混合气燃烧过程碳质细颗粒物成核、长

大机理及与缸内湍流脉动的耦合关系是发展直喷发动机细颗粒物排放控制方法的重要基础。

煤燃烧的碳质细颗粒物生成和氧化与煤挥发分析出和燃烧过程密切相关，燃烧气氛、温度、加热速率等直接影响着碳质细颗粒物的形成及氧化，同时燃烧区域中的矿物质也将影响碳质细颗粒物的形成和氧化。因此，研究碳质细颗粒物形成和氧化机理、碳质颗粒物与矿物质间相互作用，将为控制煤燃烧的碳质细颗粒物排放提供理论依据和技术途径。

需重点解决：①高温高压条件下碳质细颗粒物快速氧化反应与湍流脉动耦合作用机理；②碳质细颗粒物与煤中矿物质的相互作用机制及后期氧化机理。

（三）细颗粒物聚并、长大及与气态污染物转化机理

在排放过程中利用电场、声场等外场作用以及蒸汽相变、烟气调质促进细颗粒物的聚并和长大，从而为 PM2.5 的有效脱除提供理论指导。

通过荷电来增加颗粒间的聚并效应，通过声波强化细颗粒物有效碰撞概率，以及在烟气中喷入添加剂，或者喷入水、汽等改变细颗粒物表面特性和增强颗粒间的黏附力等一种或多种途径来促进颗粒团聚。因此，研究烟气多相流动过程中细颗粒物聚并和长大机理，以及研究细颗粒物和气态污染物转化机制，一方面能够推动细颗粒多相流动理论的发展，同时也为利用现有除尘设备提高 PM2.5 捕集能力提供新思路。

在高温烟气冷却和大气环境条件下，细颗粒物和气态污染物发生复杂的化学转化和非均相反应，其形态和组成会发生明显变化。其中，涉及吸收剂（催化剂）/细颗粒物/重金属与 NO_x、SO_2 等气态组分之间的相互作用和转化，获得烟气和大气环境条件下细颗粒物非均相转化和形成机理，可为 PM2.5 和气态污染物的共同脱除提供指导。

需重点解决：①细颗粒物在电场、声场和化学作用下团聚机理及水汽相变方法促使细颗粒物长大的机理；②细颗粒物在烟气和大气环境条件下非均相反应及其与气态污染物共同脱除机理。

（四）细颗粒物在多场作用下多相流动中迁移、沉积和分离机制

针对单一场作用下 PM2.5 难以高效脱除这一问题，需掌握 PM2.5 在复杂多相流中迁移、沉积并实现分离的规律，推动多场作用下细颗粒多相流理论体系的发展，并利用这些基本规律和理论来发展不同控制方式协同脱除 PM2.5 的新方法。

固定源和移动源的颗粒物脱除系统是一个多场作用的多相流动体系，其流场、温度场、颗粒浓度场及外加场自身和相互作用的复杂性，以及颗粒尺寸效应，决定了 PM2.5 在脱除过程中呈现出特殊的行为规律。为掌握上述规律和机制，须在考虑颗粒—场、颗粒间

相互作用的基础上，研究颗粒从主流区到边界层的迁移、沉积和分离过程中静电力、声波驱动力、热泳力、范德华力、液桥力和固体桥力等在长程、短程中具体的贡献以及在此基础上的多场作用下多相流理论和分离机制。多场作用下细颗粒多相流的基础研究可用于指导 PM2.5 脱除技术的优化以及新的协同脱除方法的提出。

需重点解决：①发展多场协同作用下细颗粒物的迁移、沉积和分离动力学理论；②开发基于多场协同作用的细颗粒物高效脱除新方法。

四、近期重点研究方向

（一）煤中矿物质迁徙、转化形成细颗粒物的规律及调控机制

1. 燃料矿物组分调配减少细颗粒物生成

根据煤岩学和矿物学的分类原则，评价各种矿物组分演化行为对细颗粒物排放控制的影响机制；研究燃烧过程中内在矿物质聚合、熔融和破碎等演化过程及其相互作用；深入分析细颗粒物形成的固—气—固（固态元素蒸发、凝结、碰撞和聚并）转变过程；通过煤种调配实现不同矿物组成的相互作用以抑制细颗粒物的生成；研究煤与生物质混烧抑制细颗粒物生成的机制。

2. 燃烧方式调整控制炉内细颗粒物生成

研究不同燃烧组织方式、化学气氛或外加场条件下的矿物质蒸发和细颗粒物排放特性；掌握细颗粒物的表面特性、粒度分布和化学成分随燃烧条件和气氛的变化规律；研究细颗粒物生成与 NO_x、CO 等的关联特性；分析实际燃煤锅炉低 NO_x 燃烧器和配风方式对 PM2.5 排放的影响。

3. 燃烧过程中非均相反应和物理吸附抑制细颗粒物生成

研究炉内喷入化学添加剂，通过非均相反应减少矿物质蒸发量、控制细颗粒物生成的机制；研究炉内喷入吸附剂，通过对已蒸发矿物元素蒸汽的物理吸附，减少细颗粒物生成的机制；揭示烟气成分对易挥发元素在细颗粒物表面的竞争、协同反应机理；研究添加剂 / 吸附剂的添加量、脱除效率、最佳反应温度及失效特性。

4. 细颗粒物与有毒元素的相互作用与联合脱除

研究细颗粒物中有毒、有害元素的富集、含量及特征；探索细颗粒物有害组分高灵敏度在线检测新方法；揭示实际烟气条件下烟气成分、碱金属与重金属在细颗粒物表面的竞争吸附机制，以及细颗粒物与有毒、有害元素联合脱除机理。

（二）燃烧过程碳质细颗粒物形成与快速氧化途径研究

1. 高温高压条件下碳质细颗粒物的形成机理

研究高温高压下碳质细颗粒物形成的机理，包括前体物及颗粒表面与气相组分的反应机理，以及化学动力学模拟碳烟生长过程；研究强瞬变条件下的控制颗粒形成的方法；研究燃料中添加醇醚类用以增加氧化基团来减少碳烟生成和促进碳烟氧化的反应机理；探索油雾、前体物、碳烟颗粒共存下细颗粒物微纳结构和表面特性等变化规律，大分子油雾附着对颗粒热反弹力和范德华力的影响机制；发展碳质细颗粒物排放预测新模型。

2. 含碳质细颗粒物的流体涡团破碎与混合强化机理

研究湍流对含碳质颗粒物的流体涡团内部动量输运和质量扩散的影响；分析氧化剂向颗粒内部渗透过程中的作用；探索缸内诱导湍流产生机理，以及诱导湍流促进含碳质细颗粒物的流体涡团破碎机理；提出增强碳质细颗粒物与氧化组分混合的新方法。

3. 碳质细颗粒物快速氧化的燃烧条件

探索火焰温度、压力及氧化基团对细颗粒物氧化反应特性的影响规律；研究细颗粒物扩散、热辐射及其协同效应对燃烧过程及其对碳烟后期氧化过程的作用机理；分析细颗粒物分布特征与混合气火焰基本特性的内在关系，获得细颗粒物快速氧化的最佳燃烧条件。

4. 碳质细颗粒物反应与湍流相互作用的理论

研究气相温度脉动和自由基浓度脉动的影响，分析各个反应对脉动的敏感性；研究流体动力学作用对前体物加成反应、细颗粒聚并及氧化过程的影响；建立完善的碳质细颗粒物反应与湍流相互作用的理论模型。

5. 固体燃料燃烧中碳质细颗粒物形成和氧化机理

研究不同燃烧条件和燃料特性对固体燃料碳质细颗粒物生成的影响规律，获得燃烧过程控制碳质细颗粒物形成规律；探索通过燃烧组织控制碳质细颗粒前体物生成及强化主燃区颗粒物转化和燃尽的途径；研究火焰区域内矿物质对碳质颗粒物成核过程的催化效应，及挥发份析出对有机碳键连接的矿物质元素的成核过程的影响，获得碳质细颗粒物与矿物质在形成过程中相互作用。

（三）细颗粒物聚并长大及与气态污染物转化机理及控制方法

1. 研究基于双极荷电、声波强化和烟气调质的细颗粒物聚并机理

研究不同气氛、流动、颗粒特性和电场下细颗粒荷电机理，获得双极荷电细颗粒

物聚并和长大方法；研究通过声波强化细颗粒物碰撞几率的机理，分析烟气性质、声强、频率、粒径分布和温度等参变量对团聚过程的影响，提出通过声波强化细颗粒物的团聚方法；研究颗粒表面改性、吸附、絮凝及喷雾干燥等作用下的细颗粒物团聚机制和控制方法，探讨烟气性质、颗粒特性和浓度、停留时间和温度等参数对细颗粒物聚并效果的影响。

2. 细颗粒物核化凝结长大机制与方法

研究过饱和过程中的热质交换机制及过饱和水汽环境的形成规律；分析不同源细颗粒物的核化凝结长大特性及其物化性质的影响机制；形成不同烟气特性下所需过饱和水汽环境的技术途径；提出促进水汽凝结于细颗粒物特别是碳质细颗粒物表面、强化凝结长大效果的方法。

3. 烟气系统中细颗粒物的物理化学特征变化和非均相转化机制

针对采用不同燃烧技术和污染物控制技术的固定源和移动源，开发新型细颗粒物测试技术；通过现场测试分析燃烧产生的细颗粒物经过烟道及各种污染物控制装置（脱硫、脱硝和除尘等）前后形态和化学组成的变化特性；研究细颗粒物与吸收剂（催化剂）、重金属及烟气中的 NO_x、SO_2 等气态组分之间的相互作用和转化，揭示烟气系统中细颗粒物的非均相转化机制与影响规律。

4. 大气环境条件下细颗粒物与气态污染物的化学转化及其演变规律

研究化石燃料燃烧排放细颗粒物物理化学特征和气态污染物化学组成，构建 PM2.5 源解析所需的细颗粒物源谱谱库；采用室外烟雾箱研究准实际大气环境下特定源排放的矿物质和碳质细颗粒物的老化规律和化学转化机制；阐明在大气环境条件下有利于细颗粒物脱除的吸湿性和粒径增长等特性的演变规律；获得细颗粒物和气态污染物的相互作用机制。

（四）细颗粒物在多场作用下的迁移、沉积及分离过程高效脱除研究

1. 多场作用下多相流颗粒离散相沉积动力学

研究长程－短程内颗粒－壁面作用以及颗粒间相互作用机理，电场、机械沉积和化学反应在颗粒过滤捕集方面协同作用机理以及荷电颗粒在纤维表面、多孔极板或陶瓷体等不同过滤体上沉积机理；建立静电作用下细颗粒物沉积过程离散动力学模型，揭示荷电颗粒在纤维上、陶瓷体上过滤过程的内在物理机制；建立多场作用下多相流细颗粒动力学模型，为现有脱除技术优化和不同方式协同脱除细颗粒物提供理论指导。

2. 传统污染物控制设备提高细颗粒物脱除的方法

研究通过传统污染物控制设备的过程优化抑制烟气脱硝、湿法脱硫装置中细颗粒物

的形成，以及提高静电、布袋除尘装置与湿法脱硫装置对细颗粒物的脱除效果；分析利用电、声波、化学、水汽相变等外场条件提高传统污染物控制设备对细颗粒物脱除效率的适应性和选择性；研究外场作用下细颗粒物在传统污染物控制设备中的行为规律，形成传统污染物控制设备高效脱除细颗粒物的技术。

3. 静电除尘和袋式过滤协同脱除细颗粒物的研究

建立可实现协同脱除的可控型静电增强过滤系统，研究细颗粒物流经多孔极板、纤维滤料后的细颗粒物质量和数浓度粒径分布的变化特性；通过孔板结构、电场强度、过滤风速等参数实现静电除尘和滤料除尘负荷的最优匹配；建立可控型静电增强过滤系统流体和颗粒相的数学模型，形成系统的最优设计和运行指导原则。

4. 移动源细颗粒物和气态污染物协同脱除催化反应机理的研究

构建可实现移动源细颗粒物和气态污染物物理过滤和化学反应协同脱除系统，研究细颗粒物在过滤体表面和通道内的沉积过程，探索细颗粒物流经过滤介质后质量、数浓度和粒径分布的变化规律，从而调整过滤体的结构参数；建立移动源催化反应体系，研究多种污染物存在和富氧气氛下碳质细颗粒的催化反应机理，确定催化剂活性组分的匹配原则；探讨非定常反应条件（如排气温度、反应物浓度、流速等）对协同脱除的影响机制，提出移动源细颗粒物和气态污染物协同脱除系统的集成、优化准则。

参 考 文 献

[1] Fernandez A, Davis SB, Wendt JOL, et al. Public health–Particulate emission from biomass combustion. NATURE, 2001, 409（6823）：998–998.

[2] Houghton JT, Ding Y, Griggs DJ, et al. Climate Change 2001：The Scientific Basis（Cambridge Univ. Press, Cambridge, 2001）.

[3] Zhang RY, Suh I, Zhao J, et al. Atmospheric new particle formation enhanced by organic acids. SCIENCE, 2004, 304（5676）：1487–1490.

[4] Stokstad E. Environmental regulation–New particulate rules are anything but fine, say scientists. SCIENCE, 2006, 311（5757）：27–27.

[5] Winkler PM, Steiner G, Vrtala A, et al. Heterogeneous nucleation experiments bridging the scale from molecular ion clusters to nanoparticles. SCIENCE, 2008, 319（5868）：1374–1377.

[6] 姚强，李水清，徐海卫，等. Studies on formation and control of combustion particulate matter in china：a review. ENERGY, 2009, 34：1296–1309.

[7] DOE–NETL report, Five year research plan on fine particulate matter in the atmosphere, 2005. See, http：//www. netl.doe.gov/technologies/coalpower/ewr/air_quality_research/docs/pm5yrfnl.pdf.

[8] 徐明厚，于敦喜，刘小伟. 燃煤可吸入颗粒物形成与排放. 北京：科学出版社，2009.

[9] 卓建坤，李水清，姚强，等. The progressive formation of submicron particulate matter in a quasi one–dimensional pulverized coal combustor. Proc. Combust. Inst., 2009, 32（2）：2059–2066.

[10] Zhang L, Ninomiya Y. Emission of suspended PM10 from laboratory–scale coal combustion and its correlation with

coal mineral properties. *Fuel*, 2006, 85（2）：194–203.

[11] Quann RJ, Neville M, Janghorbani M, et al. Mineral matter and trace–element vaporization in a laboratory–pulverized coal combustion system. Environmental Science Technology, 1982, 16（11）：776–781.

[12] 赵海波，郑楚光，等. 离散系统动力学演变过程的颗粒群平衡模拟. 北京：科学出版社，2009.

[13] BryersR. Fireside slagging, fouling and high–temperature corrosion of heat transfer surfaces due to impurities in steam–raising fuels. Progress in Energy and Combustion Science, 1996, 22（1）：29–120.

[14] Suriyawong A, Gamble M, Lee MH, Biswas P. Submicrometer particle formation and mercury speciation under oxygen–carbon dioxide coal combustion. Energy&Fuels, 2006, 20（6）：2357–2363.

[15] Seames WS, Wendt JOL. Regimes of association of arsenic and selenium during pulverized coal combustion. Proc. Combust. Inst., 2007, 31（2）：2839–2846.

[16] Neely GD, Sasaki S, Huang Y, et al. New Diesel Emission Control Strategy to Meet US Tier 2 Emissions Regulations. SAE Paper 2005–01–1091, 2005.

[17] Westbrook CK, Mizobuchi Y, Poinsot TJ, et al. Computational combustion. Proc. Combust. Inst., 2005, 30（1）：125–157.

[18] Wang H. Formation of nascent soot and other condensed–phase materials in flames. Proc. Combust. Inst., 2007, 33：41–67.

[19] Kennedy IM. Models of soot formation and oxidation. Prog. Energy Combust. Sci., 1997, 23（2）：95–132.

[20] 董素荣，宋崇林，张国彬，等. 柴油机缸内微粒粒数粒径分布规律的研究. 内燃机学报，2008, 26（1）：24–28.

[21] Benajes J, Novella R, García A, et al. The role of in–cylindergasdensity and oxygen concentration on late spray mixing and soot oxidation processes. Energy, 2011, 36：1599–1611.

[22] Arrègle J, Pastor JV, Lopez J, et al. Insights on postinjection–associate soot emissions in direct injection diesel engines. Combustion & Flame, 2008, 154：448–461.

[23] Hotta Y, Inayoshi M, Nakakita K, et al. Achieving Lower Exhaust Emissions and Better Performance in a HSDI Diesel Engine with Multiple Injection. SAE Paper 2005–01–0928, 2005.

[24] Tree DR, Svensson KI. Soot processes in compression ignition engines. Prog. Energy Combust. Sci., 2007, 33（3）：272–309.

[25] D'Anna A. Combustion–formed nanoparticles. Proc. Combust. Inst., 2009, 32：593–613.

[26] Zhao F, Lai MC, Harrington DL. Automotive spark–ignited direct–injection gasoline engine. Prog. Energy Combust. Sci., 1999, 25（5）：437–562.

[27] Fletcher TH, Ma JL, Rigby JR, Brown AL, Webb BW. Soot in coal combustion systems, Prog. Energy. Combust. Sci. 1997, 23：283–301.

[28] Veranth JM, Fletcher TH, Pershing DW, et al. Measurement of soot and char in pulverized coal fly ash.Fuel 2000, 79（9）：1067–1075.

[29] 卓建坤. 煤燃烧过程亚微米颗粒形成机理研究清华大学博士学位论文，2008.

[30] 卓建坤，李水清，姚强，等. The progressive formation of submicron particulate matter in a quasi one–dimensional pulverized coal combustor. Proc. Combust. Inst., 2009, 32（2）：2059–2066.

[31] Jun HJ, Hwang JH, Bae GN. Particle charging and agglomeration in DC and AC electric fields.Journal of Electrostatics, 2004, 61（1）：57–68.

[32] Matthews LS, Land V, Ma QY, et al.Modeling Agglomeration of Dust Particles inPlasma. AIP Conference Proceedings. 1397,（2011）：60–65.

[33] 徐飞，骆仲泱，魏波，等. Experimental investigation on charging characteristics and penetrationefficiency of PM2.5 emitted from coal combustion enhanced by positivecorona pulsed ESP. Journal of Electrostatics, 2009, 67：799–806.

[34] 白敏莳，王少雷，陈志刚，等. 烟道荷电凝并电场对电捕集微细粉尘效率的影响［J］. 中国环境科学，2010, 30：738–741.

［35］ ZhuJ, Zhang X, Chen W, Shi Y, Yan K. Electrostatic precipitation of fine particles with a bipolar pre-charger, Journal of Electrostatics（April 2010）, 68（2）, pg. 174-178.

［36］ Maricq, MM. Bipolar Diffusion Charging of Soot Aggregates, Aerosol Sci. & Technol., 2008, 42：247-254.

［37］ Gallego JA, Sarabia RF, et al. Application of acoustic agglomeration to reduce fine particle emissions from coal combustion plants. Environ. Sci. & Technol., 1999, 33（21）：3843-3849.

［38］ 赵兵，陈厚涛，徐进，等. 声波与种子颗粒联合作用下细颗粒脱除的实验研究. 动力工程，2007，27（5）：785-788.

［39］ 刘建忠，王洁，张光学，等. Frequency comparative study of coal-fired fly ash acoustic agglomeration.Journal of Environmental Sciences. 2011, 23（11）：1845-1851.

［40］ 王洁，刘建忠，张光学，等. Orthogonal design process optimization and single factor analysis for bimodalacoustic agglomeration. Powder Technology. 210（2011）：315-322.

［41］ 王鹏，骆仲泱，徐飞，等. 燃煤锅炉烟气中可吸入颗粒物的声凝并研究. 环境科学学报，2008，28（6）：1052-1055.

［42］ Durham MD, Jean C, Bustard, et al. Success with Non-traditional flue gas conditioning for hot-and cold-side ESPs. A&WMA Specialty Conference on Mercury Emissions：Fate, Effects, and Control, 2001, p1-9.

［43］ 李海龙，张军营，赵永椿. Wettability of typical fly ashes from four coal-fired power plants in China. Industrial Engineering Chemistry Research, 2011, 50（13）, 7763-7771.

［44］ 赵永椿，张军营，魏凤，等. 燃煤超细颗粒物团聚促进机制的实验研究. 化工学报，2007，58（11）：2876-2881.

［45］ 凡凤仙，杨林军，杨金培，等. Numerical analysis of water vapor nucleation on PM2.5 from municipal solid waste incineration. Chemical Engineering Journal, 2009, 146（2）：259-265.

［46］ 凡凤仙，杨林军，袁竹林，等. 水汽在燃煤 PM2.5 表面异质核化特性数值预测. 化工学报,2007,58（10）：2561-2566.

［47］ 李水清，Marshall JS，柳冠青，姚强. 黏性颗粒流：离散颗粒动力学及其在能源和环境工程中应用, Prog. Energy Combust. Sci. 2011, 37：633-668.

［48］ 王珲，宋蔷，姚强，等. 电厂湿法脱硫系统对烟气中细颗粒物脱除作用的实验研究. 中国电机工程学报，2008，28（5）：1-7.

［49］ Meij R, Winkel H. The emissions and environmental impact of PM10 and trace elements from a modern coal-fired power plant equipped with ESP and wet FGD. Fuel Processing Technology, 2004, 85（6-7）：641-656.

［50］ Nielsen M T, Livbjerg H, etal. Formation and emission of fine particles from two coal-fired power plants. Combustion Science and Technology, 2002, 174：79-113.

［51］ 颜金培，鲍静静，杨林军. The formation and removal characteristics of aerosols in ammonia-based wet flue gas desulfurization. Journal of Aerosol Science, 2011, 42：604-614.

［52］ Huang ZG, Zhu ZP, Liu ZY, Liu QY. Formation and reaction of ammonium sulfate salts on V2O5/AC catalyst during selective catalytic reduction of nitric oxide by ammonia at low temperatures. Journal of Catalysis, 2003, 214：213-219.

［53］ 宋崇林，冯斌. Simultaneous removals of NO_x, HC and PM from diesel exhaust emissions by dielectric barrier discharges. Journal of Hazardous Materials, 2009, 166（1）：523-530.

［54］ Muckenhuber H, Grothe H. A DRIFTS study of the heterogeneous reaction of NO2 with carbonaceous materials at elevated temperature. Carbon, 2007, 45（2）：321-329.

［55］ 李雷，陈忠明，张远航，等. Heterogeneous oxidation of sulfur dioxide by ozone on the surface of sodium chloride and its mixtures with other components. Journal of Geophysical Research-Atmospheres, 2007, 112（D18）：D18301.

［56］ Ma QX, Liu YC, He H. Synergistic effect between NO_2 and SO_2 in their adsorption and reaction on gamma-Alumina. J. Phys. Chem. A, 2008, 112（29）：6630-6635.

［57］ Lee S, Jang M, Kamens RM. SOA formation from the photooxidation of alpha-pinene in the presence of freshly emitted diesel soot exhaust. Atmospheric Environment, 2004, 38（16）：2597–2605.

［58］ Shanthakumar S, Singh DN, Phadke RC. Flue gas conditioning for reducing suspended particulate matter from thermal power stations.Prog. Energy Combust. Sci., 2008, 34（6）：685–695.

［59］ Zhang JP, Ding QF, Dai YX, Ren JX：Analysis of Collection Efficiency in Wire–Duct Electrostatic Precipitators Subjected to the Applied Magnetic Field. IEEE T Plasma Sci 2011, 39（1）：569–575.

［60］ Mizuno A：Recent Development of Electrostatic Technologies in Environmental Remediation.In：2009 IEEE Industry Applications Society Annual Meeting. 2009：9–15：769.

［61］ Yamamoto T, Abe T, Mimura T, Otsuka N, Ito Y, Ehara Y, Zukeran A：Electrohydrodynamically Assisted Electrostatic Precipitator for the Collection of Low–Resistivity Dust. Industry Applications, IEEE Transactions on 2009, 45（6）：2178–2184.

［62］ Lin GY, Tsai CJ, Chen, TM, Li SY. An Efficient Single–Stage Wet Electrostatic Precipitator for Fine and Nanosized Particle Control, Aerosol Science and Technology, 2010, 44：38–45.

［63］ Suh JM, Lim YI, Zhu J：Influence of pulsing–air injection distance on pressure drop in a coke dust bagfilter. Korean J Chem Eng 2011, 28（2）：613–619.

［64］ Simon X, Bemer D, Chazelet S, Thomas D, Regnier R：Consequences of high transitory airflows generated by segmented pulse–jet cleaning of dust collector filter bags. Powder Technol.2010, 201（1）：37–48.

［65］ 黄斌. 静电对过滤滤料可吸入颗粒物的影响研究. 北京：清华大学，2006.

［66］ 黄斌，姚强，李水清，等．Experimental investigation on the particle capture by a single fiber using microscopic image technique. Powder Technology, 2006, 163（3）：125–133.

［67］ Chang R. COHPACcompacts emission equipment into smaller, denser unit. Power Eng. 1996, 100：22.

［68］ Hrdlicka T, Swanson W. Demonstration of a Full–Scale Retrofit of the Advanced Hybrid Particulate Collector Technology–Final Report. Otter Tail Power Company, 2006.

［69］ 徐海卫. 清灰过程及荷电对清灰力影响的研究. 北京：清华大学，2010.

［70］ 龙正伟，姚强，宋蔷，等．Three–dimensional simulation of electric field and space charge in the advanced hybrid particulate collector. Journal of Electrostatics, 2009, 67：835–843.

［71］ Rice M, Kramer J, Mueller R, et al. Development of an integrated NO_x and PM reduction aftertreatment system：SCRiTM for advanced diesel engines. SAE 2008–01–1321, 2008.

［72］ 宋崇林，冯斌．Simultaneous removals of NO_x, HC and PM from diesel exhaust emissions by dielectric barrier discharges. Journal of Hazardous Materials, 2009, 166（1）：523–530.

撰稿人：姚强　等

燃烧反应动力学发展研究

一、燃烧反应动力学的学科内涵与战略地位

　　燃烧是当今世界的主要能源来源，超过85%的全球一次能源供应来自于化石燃料的燃烧[1]。燃烧在能源、交通、国防、工业等诸多核心领域发挥着不可替代的作用。例如，在美国工程院评选的20世纪20项最伟大的工程成就中，排名前三位的电气化、汽车和飞机均与燃烧密切相关[2]。然而，全球能源需求量的不断增长与有限的化石能源储量之间存在着严重的矛盾，从而引发了一系列政治、经济和社会问题。另一方面，大量碳氢燃料的燃烧会导致严重的环境问题，如全球气候变暖、大气污染等，严重威胁着环境安全和人类健康。对于我国而言，年均增长率近10%的化石能源消费量[1]是我国经济长年高速发展并领跑世界经济的基础，但也令我国面临着更为严峻的能源和环境问题。因此，如何实现高效清洁的燃烧已经成为包括我国在内的世界各国所面临的重大问题。

　　解决这一世界性难题的主要障碍在于燃烧是一个耦合了流动、传热、传质和化学反应等多种物理和化学过程的复杂体系，必须对各过程进行解耦才能深入理解燃烧的奥秘。其中，化学反应是燃烧的控制要素之一，在着火、火焰传播、熄火、可燃极限、燃烧稳定性、污染物排放等关键燃烧现象中发挥着举足轻重的作用。细致深入地研究燃烧中的化学反应可以促进对燃烧现象的认识和控制，从本质上探寻提高燃烧效率与减少污染物排放的方法。在此背景下，燃烧反应动力学应运而生，作为专门研究燃烧中反应过程的学科，其主要任务是发展燃烧反应动力学模型（简称燃烧模型）。在工程燃烧研究中，通过将燃烧模型结合到燃烧数值模拟研究中，可以对内燃机、燃气轮机、超燃冲压发动机等动力设备中的燃烧特性进行预测，从而为其燃烧效率的提高和污染物排放的控制提供理论指导。由于燃烧反应动力学的重要意义，该学科已发展成为燃烧学的重要分支和前沿研究领域。以每两年举行一次的燃烧学最高级别国际会议——国际燃烧学会议为例，燃烧反应动力学在最近5届会议上都是投稿量和接收率最高的分支学科。

　　为了提高燃烧模型的准确性和适用性，需要可靠的基元反应速率常数和全面的实验验证数据。随着理论计算方法的发展和计算能力的提高，燃烧基元反应速率常数的主要来源已由实验测量转变为理论计算，其步骤为通过量子化学计算获得基元反应路径的势能面，

再通过动力学计算获得该反应随压力和温度变化的速率常数。由于实际燃烧过程发生在宽广的温度、压力和当量比范围下，为确保模型的适用性以及其中热解、低温氧化和高温氧化三大类反应类型的准确性，人们已开展了大量的燃烧反应动力学实验，针对宏观燃烧参数和微观燃烧结构进行测量。宏观燃烧参数包括着火延迟时间、火焰传播速度、着火和熄火极限等。这些参数对于衡量燃料的燃烧特性具有重要意义，但在验证燃烧模型时，由于仅对极少部分反应具有较高的灵敏性，不足以为燃烧模型提供充分的实验验证。

燃烧的微观结构是由自由基、活泼中间体、同分异构体及大分子多环芳烃（PAH）等多种不同类型燃烧物种所构成的。由于微观燃烧结构是燃烧中反应过程的具体表现，可以直接用于验证相应物种所参与的反应的速率常数，而且与宏观燃烧参数相比，微观物种浓度数据的信息量更大，因此微观燃烧结构测量对于燃烧反应动力学模型的发展具有至关重要的意义。然而燃烧研究所关注的实用大分子碳氢燃料、新燃料（特别是生物质燃料）和多组分替代燃料的微观燃烧结构中多含有成百上千种物种，导致微观燃烧结构成为目前最为复杂的研究对象之一。

用于测量微观燃烧结构的传统燃烧诊断方法主要包括光谱、色谱和质谱等诊断方法，但这些方法均存在各自的局限性，仅能够对特定种类的燃烧物种进行检测，尤其无法全面检测在燃烧过程中起关键作用的自由基和活泼中间体[3-5]。因此，对燃烧物种的全面检测是燃烧学科的历史性和世界性难题。由于无法获得燃烧反应过程的全面物种浓度信息，现有燃烧模型均不同程度地存在着验证不足的问题，影响了其精确性和适用性，从而限制了燃烧反应动力学和能源动力系统燃烧数值模拟研究的发展，致使燃烧反应动力学问题成为当代工程热物理学科的关键问题和重要增长点之一。

二、我国燃烧反应动力学领域主要研究进展

针对这一国际难点问题，从 2003 年开始，我国学者开展了基于同步辐射的先进燃烧诊断方法，即同步辐射真空紫外光电离质谱（SVUV-PIMS）方法的发展工作。同步辐射光具有光子能量连续可调、能量分辨率好、VUV 波段光强高等特点，分子束取样技术能够"冻结"活泼燃烧中间体，实现对燃烧产物的实时在线分析。将二者相结合所发展出的SVUV-PIMS技术非常适用于燃烧等复杂体系的诊断研究。一方面，通过发展离子采集技术，极大地提高了质谱的信号强度和质量分辨率、降低了本底噪音，同时消除了光电子带来的二次电离现象。另一方面，通过优化质谱设计，扩展了质谱探测质量范围，使之覆盖燃烧物种的主要质量区域，完成了对自由基、活泼中间体、同分异构体和大分子 PAH 等绝大多数燃烧物种的全面检测。近年来，将工作重点集中于 SVUV-PIMS 方法在燃烧研究中开拓性的应用以及对燃烧模型的发展和实验验证方面，在燃烧反应动力学领域取得了一系列国际公认的具有原始创新性的研究成果。现将近年来具有代表性的研究成果简要综述如下。

（一）SVUV-PIMS 方法在燃烧研究中的开拓性应用

本节将介绍近几年将 SVUV-PIMS 方法在燃烧三大研究体系——热解、氧化和火焰中的开拓性应用。按照实验装置及反应体系的复杂性，先后综述在流动反应器热解、射流搅拌反应器氧化、同向流扩散火焰、煤和生物质等固体燃料热解等方面的工作。

1. 流动反应器热解

在燃烧研究中，热解是指燃料在无氧化剂存在的环境下受热分解的过程。燃料热解被广泛应用于高超声速飞行器主动冷却、生物燃料制备、石油化工、煤化工等领域，本节将主要介绍对气液燃料的热解研究，而对生物质和煤等固体燃料的热解研究将在后文介绍。在热解过程中起主导作用的反应是单分子解离反应、氢和甲基等小分子自由基进攻反应以及小分子复合反应，统称为热解反应。由于在氧化过程和火焰中，热解反应与氧化反应夹杂在一起，难以单独对热解反应进行验证。因此，开展气液燃料的热解研究一方面能够帮助验证其热解反应动力学模型，应用于实用热解研究，另一方面则有助于简化研究体系，从而达到验证热解反应、提高燃烧模型中热解子机理准确性的目的。

流动反应器是最常见的气液燃料热解反应器之一，前人多采用传统的色谱[6]和质谱[7]方法对热解产物进行分析，但均无法全面检测热解物种，且最常用的色谱方法难以实现对热解产物的在线分析。为解决这一难题，引入 SVUV-PIMS 方法对气液燃料的流动反应器热解开展研究，利用分子束取样技术的优点实现对热解产物的在线分析，利用同步辐射 VUV 光电离技术的优点实现对热解产物的全面检测。

同步辐射流动反应器热解实验装置如图 1 所示，由热解室、差分室和光电离室三部分组成。实验中，将气态燃料或汽化后的液态燃料与 Ar 混合后通入位于热解室内被热解炉加热的刚玉流动管中；产生的热解产物被距流动管出口 10mm 处的石英喷嘴（口径 500 μm、锥角 40°）取样进入差分室；形成的超声分子束再经过镍制漏勺（skimmer）后到达光电离室，并在其中的电离区与同步辐射光相交而被电离，产生的离子信号由自制的反射式飞行时间质谱仪（RTOF-MS）探测。目前使用过的流动管的内径范围为 6.0 ~ 6.8mm，加热区长度范围为 50 ~ 150mm。实验中有两种实验模式：一是固定加热温度，改变光子能量，可以测量每种热解物种的光电离效率（PIE）谱，从而获得热解物种的电离能（IE）信息，以确定其分子结构；二是固定光子能量，改变加热温度，可以得到燃料的初始分解温度及耗尽温度、各产物的初始生成温度和中间物的峰值温度以及各热解物种的浓度随温度的变化曲线。

如图 1 所示，实验中利用一根热电偶在流动管外的加热区中部位置监测热解炉的温度 T_{out}。实验后则利用另一根热电偶测量相应的管内温度分布曲线 T_{in}，并建立 T_{out} 和 T_{in} 之间的关系，从而推导出实验中所有实验温度点下的管内温度分布曲线，并以其最高值 T_{max} 命名。利用管内温度分布曲线和出口压力可以推导出管内的压力分布情况，从而为反应动力学模拟工作提供温度和压力输入值。

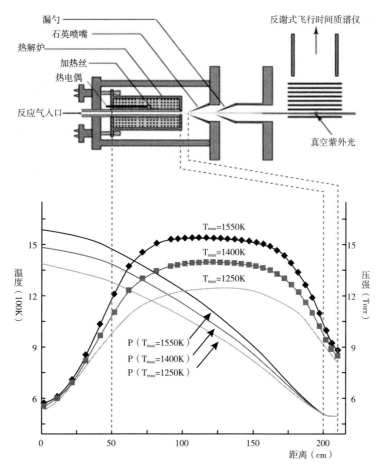

图1　上图为热解实验装置。下图为热电偶测量的流动管内沿轴向的温度分布
　　曲线，图中给出了三个例子，每条温度曲线都以其最大值命名；以及出口压力
　　为5Torr（1Torr=133Pa）时计算得到的流动管内压力分布曲线[8]

　　本装置早期的实验工作主要在低压条件下进行，对芳烃[9-11]、烷烃[12]、烯烃[13]、
环烷烃[14]和醇类[15]等多种类型燃料的低压热解开展了实验研究，帮助发展了相关燃料
的低压热解模型。低压条件下滞留时间短、气体密度低、分子间碰撞反应弱，有利于探测
自由基、烯醇等活性物种，但实际燃烧过程通常发生在常压和高压环境。同时，热解反应
中包含大量的压力依赖型反应，主要为单分子解离反应和化学活化反应，这些反应的速率
常数随压力的降低呈现出fall-off关系，需要变压力热解实验才能验证。因此，近期对装
置进行了改造，能够开展从低压到常压的变压力热解实验研究，从而为压力依赖型反应的
验证提供了重要的实验依据。

　　目前已经对正丁醇和仲丁醇等热点生物质燃料开展了变压力热解实验研究[16, 17]，探
测了自由基、烯醇、同分异构体、含氧中间体、PAH等不同类型热解产物的浓度随压力
的变化趋势，并对所发展的相关燃料的变压力热解模型进行了实验验证。以正丁醇变压
力热解研究[16]为例，选择了5、30、80、200和760 Torr等5个压力开展实验。通过扫

描 PIE 谱，鉴别了 30 余种热解产物，包括自由基、烯醇、同分异构体、含氧中间体和芳烃等多种类型。通过扫描加热温度，获得了这些产物和正丁醇、氩气的摩尔分数随加热温度变化的曲线，图 2 列举了其中正丁醇和三种产物的结果。结合对以正丁醇单分子解离反应 R1 ~ R4 及其自由基后续分解反应为代表的重要基元反应的理论计算，发展了一个包含 121 个物种和 658 步反应的正丁醇变压力热解模型，并利用测量的热解物种摩尔分数曲线对模型进行了验证。模拟工作使用的是 Chemkin PRO 程序[18]，模拟方法参见文献[8，13]。从图 2 中可以看出，该模型能够较好地预测燃料的分解以及主要分解产物、自由基和芳烃等不同类型产物的形成，特别是能够准确地捕捉到热解物种浓度的压力效应，表明其准确性令人满意。

$$nC_4H_9OH = C_4H_8 + H_2O \qquad\qquad R1$$

$$nC_4H_9OH = nC_3H_7 + CH_2OH \qquad\qquad R2$$

$$nC_4H_9OH = C_2H_5 + CH_2CH_2OH \qquad\qquad R3$$

$$nC_4H_9OH = CH_3 + CH_2CH_2CH_2OH \qquad\qquad R4$$

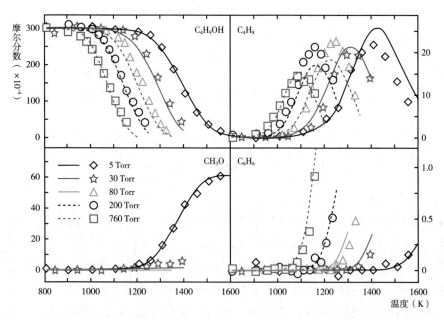

图 2　正丁醇变压力热解中正丁醇（C_4H_9OH）、1– 丁烯（C_4H_8）、甲基（CH_3）和苯（C_6H_6）的实验（点）和模拟（线）摩尔分数曲线[16]

通过模型分析结果可以非常清楚地评价出一种实验装置所提供数据的价值。从图 3 左边的灵敏性分析可以发现，无论在 5 Torr 还是 760 Torr 下，正丁醇的分解都主要对其单分子解离反应，特别是 R1 ~ R3 最为敏感，这表明流动反应器热解实验中所测量的燃料分解曲线非常适宜于验证燃料的单分子解离反应。除了反应物外，也能够对每条路径的分解产物进行进一步的验证，例如对于 R1 的主要产物 1– 丁烯，通过图 3 右边的灵敏性分析

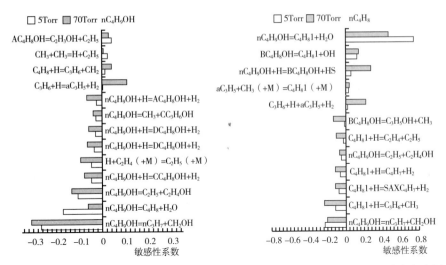

图3 正丁醇变压力热解中正丁醇（左）和1-丁烯（右）在5 Torr和1450 K（灰色）以及760 Torr和1100 K（黑色）下的灵敏性分析结果，两图只列出了灵敏性大于0.02的反应[16]

可以看出，无论低压还是常压条件下R1都具有最高的正灵敏性，这表明其生成非常强烈地依赖于R1。可以通过改变最大灵敏性反应的速率常数的办法来具体体现这一特色。图4（a）中将正丁醇单分子解离反应R1 ~ R4的速率统一乘以或除以2，可以看到正丁醇的模拟结果在低压和常压下均会出现明显偏移，无法与实验结果相对应。其中在低压下差距更为明显，这与单分子解离反应在低压具有更高的灵敏性的情况是相符的。图4（b）则将正丁醇脱水反应R1的速率统一乘以或除以2，可以看到1-丁烯模拟结果的最大值严重偏离了实验结果，这说明了R1的速率常数的准确性。

2. 射流搅拌反应器氧化

氧化是指燃料与氧化剂发生反应并放热的过程。控温氧化是指利用人工加热的方法

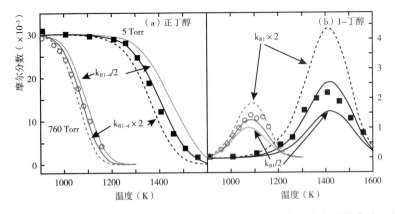

图4 （a）5Torr和760 Torr下正丁醇的实验（点）与模拟（线）摩尔分数曲线，其中虚线为将R1 ~ R4速率常数乘以2的模拟结果，点线为将R1 ~ R4速率常数除以2的模拟结果。（b）5 Torr和760 Torr下1-丁烯的实验（点）与模拟（线）摩尔分数曲线，其中虚线为将R1速率常数乘以2的模拟结果，点线为将R1速率常数除以2的模拟结果[16]

对不能形成火焰的氧化条件，如低温、高稀释度、过低或过高的当量等情况进行研究，从而对各温度下的宏观燃烧参数或氧化产物浓度进行测量。控温氧化实验不仅能够丰富燃烧模型的验证数据，更是研究低温氧化模型的主要实验手段，后者是内燃机中燃料自燃（autoignition）过程的控制机理，对于内燃机燃烧效率的提高和先进的均质压燃（HCCI）发动机的设计优化具有指导作用。

射流搅拌反应器（JSR）可以模拟自燃温度前后的工况，是研究碳氢燃料氧化的最佳实验平台之一。前人多采用色谱方法对 JSR 氧化产物进行分析[19, 20]，但如前所述，色谱方法无法在线分析产物，且只能对产物中稳定的物种进行检测，无法检测活泼的中间产物，特别是过氧化物（hydroperoxides）[21, 22]。过氧化物的分解反应被认为是低温氧化中至关重要的链分支步，决定了氧化进程的存亡。但由于过氧化物非常活泼、难以检测，这一低温氧化模型中已广泛应用近 30 年的重要假定长期无法得到实验证实。

为了检测低温氧化过程中的活泼中间体，通过与法国国家科学研究院（CNRS）的 Battin-Leclerc 课题组合作，将 SVUV-PIMS 方法应用于碳氢燃料的 JSR 低温氧化研究，利用分子束取样技术实现了对氧化物种的在线分析，实验平台如图 5 所示。实验中所使用的 JSR 反应器是为了结合分子束取样而改进过的，在反应器的中心反应区域壁面上开了一个约 50 μm 的小孔，用以连接石英喷嘴，如图 5（b）所示。实验中，燃料与 Ar 混合后通入常压的 JSR 反应器，低温氧化产物被连接 JSR 反应器与差分室（Ⅰ）之间的石英喷嘴吸入差分室形成超声分子束，并经过镍制漏勺到达光电离室（Ⅱ），被同步辐射光电离成离子后由 RTOF-MS 进行探测。实验中有三种实验模式：一是在保持反应器温度和滞留时间不变的情况下改变光子能量，可以测量每种低温氧化产物的 PIE 谱，从而获得其 IE 信息，以帮助鉴别其分子结构；二是在保持光子能量和滞留时间不变的情况下改变反应器温度，可以得到低温氧化产物的浓度随温度的变化曲线；三是在保持光子能量和反应器温度不变的情况下改变滞留时间，可以获得低温氧化产物浓度随滞留时间的变化曲线。

得益于分子束取样技术可以"冻结"活泼中间体的特性和同步辐射光电离技术强大的物种鉴别能力，首次在碳氢燃料低温氧化实验中探测到了包括烷基过氧化物和羰基过氧化物在内的多种过氧化物，从而证实了这一低温氧化模型中最重要的假定。图 6 展示了正丁烷常压 JSR 低温氧化实验中 m/z=48、62、90 和 104 的 PIE 谱，结合测量的分子量和电离能信息最终确定这些物种分别为过氧甲烷、过氧乙烷、过氧丁烷、C4 羰基过氧化物[21, 23]。通过扫描加热温度，还能够获得这些过氧化物的浓度分布曲线，从而为低温氧化模型的发展提供了更加直接和更为充分的实验验证依据。

目前，正与 Battin-Leclerc 课题组合作[23-26]，通过后续工作对其他烷烃的低温氧化进行研究，结合实验测量的过氧化物浓度分布曲线对所发展的低温氧化模型进行了验证，以求逐步理清低温氧化过程中过氧化物的形成机理。这些工作将有助于从分子水平上揭开"星星之火，可以燎原"的秘密，发展出更加精确的碳氢燃料低温氧化模型，达到预测内燃机和 HCCI 发动机中的燃料着火性能和燃烧特性的目标，并为工程实用领域提供更加详细、准确的理论指导和前瞻预测。

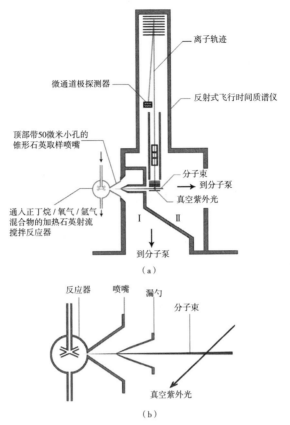

（a）

（b）

图 5 （a）常压 JSR 低温氧化实验平台示意图，其中 I 为差分室，
II 为光电离室；（b）取样分析系统结构图

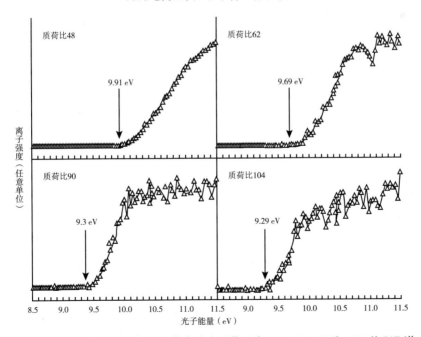

图 6 正丁烷常压 JSR 低温氧化实验中质荷比为 48、62、90 和 104 的 PIE 谱，
加热温度为 630 K 下的质谱图[21-23]

129

3.同向流扩散火焰

火焰是自然界中最主要的燃烧方式,按燃料与氧化剂的混合形式可分为预混火焰和扩散火焰。SVUV-PIMS 方法在燃烧研究中最早的应用就是在低压层流预混火焰中[27],这方面的工作进展美国先进光源(ALS)燃烧研究团队和已分别在多篇综述论文进行过介绍[28-30],此处不再赘述。这里主要介绍最近将 SVUV-PIMS 方法应用于同向流扩散火焰研究的尝试。与预混火焰一样,同向流扩散火焰也是重要的燃烧反应动力学实验研究平台。与预混火焰研究偏重于低压条件不同的是,同向流扩散火焰研究主要在常压或高压条件下开展,且研究重点集中于 PAH 及碳烟形成机理研究,因此其火焰面较之预混火焰更薄,对于诊断方法的要求也更高。前人多采用激光 VUV 单光子电离质谱方法[31]对同向流扩散火焰中的物种进行诊断,但该方法无法检测具有同分异构体的结构,因此其实验结果难以满足模型研究的需要。

图 7 展示了同步辐射同向流扩散火焰实验平台的示意图,其中火焰炉的主体部分为同轴的两根圆管。实验时,将燃料、Ar 和 N_2 混合后通入内管,压缩空气通入外管,点燃后即可形成同向流扩散火焰。火焰炉由步进电机带动,可沿轴向和径向位置二维移动,从而改变石英取样探针在火焰中的位置,目前主要沿轴向测量。取样后火焰物种经过差分室传输至光电离室并被同步辐射光电离,产生的离子信号由 RTOF-MS 探测。实验模式如下:一是固定火焰炉的位置,改变光子能量,可以测量每种火焰物种的 PIE 谱,从而获得火焰物种的 IE 信息,以确定其分子结构;二是固定光子能量,改变火焰炉的轴向位置,可以得到火焰物种浓度随同向流扩散火焰轴向位置的变化曲线。

利用这一方法,开展了甲烷扩散火焰[33]以及甲烷掺混四种丁醇同分异构体扩散火焰[32]研究。图 8 展示了甲烷掺混丁醇同分异构体扩散火焰中 9 种大分子芳烃产物的摩尔分数曲线测量结果,其中茚到芘都是 PAH[32]。结合图 7 中的苯的结果,可以总结出正丁醇火焰的芳烃生成量最低,其次是仲丁醇火焰,再次是异丁醇火焰,而叔丁醇火焰的芳烃生成量最高。这意味着在四种丁醇同分异构体中,随着支链结构复杂程度的增加,燃料在扩散火焰中的芳烃生成量也逐渐增加。由于芳烃是形成碳烟的前驱体,因此可以判断丁醇同分异构体的碳烟生成趋势为正丁醇 < 仲丁醇 < 异丁醇 < 叔丁醇。

通过与意大利米兰理工大学 Ranzi 和 Faravelli 课题组合作,利用其发展的 laminarSMOOKE 程序和小分子燃料燃烧模型对甲烷扩散火焰实验结果进行了模拟[33]。图 9 展示了甲烷同向流扩散火焰中的温度曲线和主要 C0 ~ C2 小分子物种的实验与模拟结果。从中可以看到模型可以对火焰顶端两侧燃料和氧气的消耗趋势、产物的生成与消耗趋势和稀释气体 N_2 的浓度变化趋势进行合理的预测。综合目前在甲烷火焰和甲烷掺混正丁醇火焰方面的开拓性研究,SVUV-PIMS 方法在扩散火焰中的应用可以完成对火焰中的同分异构体和大分子 PAH 的检测,具有明显优于激光 VUV 单光子电离方法的性能,能够为深入理解扩散火焰中的反应动力学问题提供实验保障。

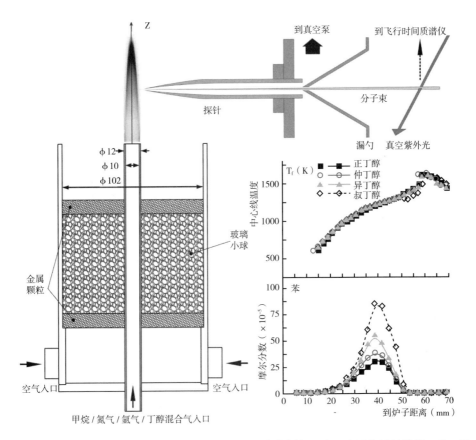

图 7　同步辐射同向流扩散火焰实验平台示意图，在右侧插图中，上图为甲烷掺混四种丁醇同分异构体火焰的轴向温度曲线，下图为甲烷掺混四种丁醇同分异构体火焰中苯的轴向摩尔分数曲线测量结果[32]

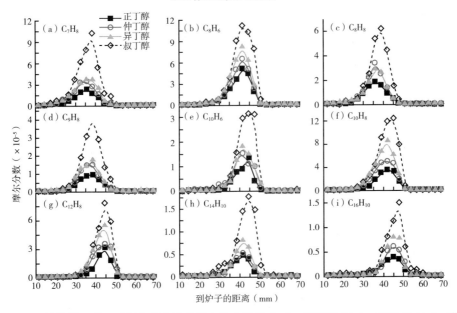

图 8　甲烷掺混四种丁醇同分异构体扩散火焰中甲苯（a）、苯乙炔（b）、苯乙烯（b）、茚（d）、萘炔（e）、萘（f）、苊烯（g）、蒽（h）和芘（i）的摩尔分数曲线测量结果[32]

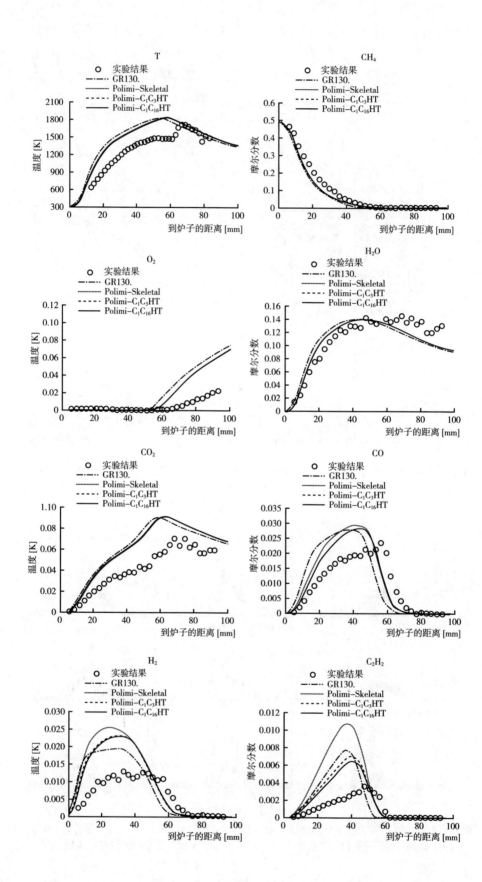

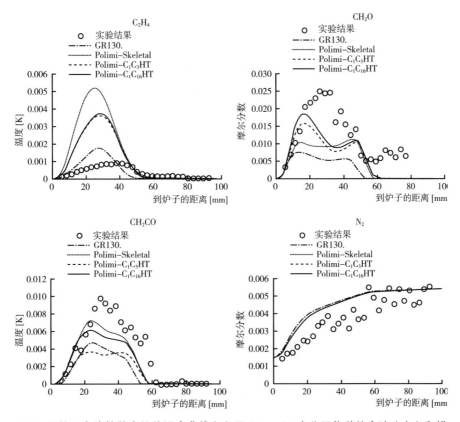

图9 甲烷同向流扩散火焰的温度曲线和主要C0 ~ C2 小分子物种的实验（点）和模拟（线）摩尔分数曲线，其中不同线形代表不同模型的预测结果[33]

4. 固体燃料热解

固体燃料是三大主要燃料类型之一，包括煤、生物质、固体垃圾等多种类型。受限于固体形态，固体燃料通常只能通过锅炉和炉灶焚烧等形式提供热能，难以直接为运输工具提供动力。固体热解技术是指在无氧或缺氧的条件下通过加热升温，使煤、生物质等固体燃料发生降解，从而生成热解气（如煤气和生物气）和热解油（如焦油和生物油）的技术。作为一种工业化应用前景良好、发展潜力很大的热化学转化技术，固体热解技术的发展在国内外都备受关注。热解油是固体热解的主要产品，其挥发性、黏度、腐蚀性和热稳定性等关键参数均依赖于其化学组分。为获得具有优异化学组分的热解油，需要更加清楚地认识固体燃料的热解反应机理。但煤和生物质的化学结构相当复杂，传统诊断方法难以对其热解中间过程进行深入而准确的分析，为此将 SVUV-PIMS 方法引入固体热解研究，为这一热点问题的解决提供帮助。

考虑过煤和生物质的分子是由碳、氢、氧、氮、硫、金属等多种元素构成，为进行固体热解研究，需要将同步辐射 VUV 光电离技术与高性能商用质谱仪结合起来。目前采用的分析仪器是一套三重四级杆 - 飞行时间质谱仪（QqTOF-MS），将其与同步辐射光束

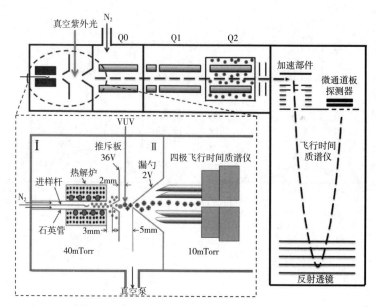

图 10　Solid-Py/SVUV-PIMS 装置示意图，其中Ⅰ、Ⅱ分别为热解室
和光电离室。Q0、Q1 和 Q2 为三重四极杆，其作用分别为离子冷却、
离子选择和离子碰撞。右边部分为反射式飞行时间质谱仪[34]

线结合，发展出了可用于煤和生物质热解研究的固体热解 / 同步辐射真空紫外光电离质谱
（Solid-Py/SVUV-PIMS）方法[34]。图 10 是该装置的示意图以及实验优化的各部位尺寸及
电压。整个装置主要由热解室、光电离室以及改造后的 QqTOF-MS 三部分组成，热解室
的压力约为 20 mTorr。实验中使用一个由电加热的 6mm 管径石英玻璃管作为反应器，将
实验样品盛于样品匙中送入反应区。用氮气作为载气将气相热解产物带入光电离腔，通过
推斥板中心孔进入电离区并被同步辐射光电离，产生的离子经过推斥板加速和锥形漏斗聚
焦进入到 QqTOF-MS 中进行探测。

　　在固体热解实验中，通常有三种实验模式：一是固定热解温度，改变光子能量，以
鉴定各热解产物的分子结构；二是固定光子能量，改变热解温度，以获得不同温度下的
产物分布信息；三是固定热解温度和光子能量，以观察各热解产物随加热时间的变化情
况。每次实验前，需通过相同条件下的空白进样实验获得背景噪音信号，再将其从实验
信号中扣除。

　　利用这一方法，已经对木材、秸秆、纤维等多种类型的生物质[34, 35]和来自淮南、义
马等产地的煤样[36]的热解过程进行了实验研究。图 11 展示了白杨木材在不同光子能量
和不同加热温度条件下的光电离质谱图。图中质谱信号显示出了很强的灵敏性，并且受电
离碎片的影响要远远弱于前人利用电子束轰击电离方法测量的质谱结果。基于木质素单体
的三种构型，即对羟基苯基（H 型）、愈创木基（G 型）和紫丁香基（S 型）木质素，对
观测到的产物的构型属性进行了区分。结果显示白杨木材的热解产物中 G 型和 S 型产物的
信号较强，而 G 型和 S 型木质素占主导是硬木的特征，这与白杨属于典型硬木的情况是一

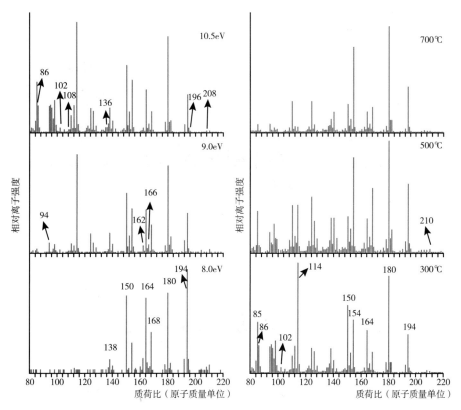

图 11　左侧为白杨木材在 300℃以及 8.0 eV、9.0 eV 和 10.5 eV 下的热解产物光电离质谱图；
右侧为白杨木材在 300℃、500℃和 700℃以及 10.5 eV 下的热解产物光电离质谱图[34]

致的。从实验中还观察到 G 型和 S 型产物的信号随加热温度的升高有着不同的变化趋势，这表明 G 型和 S 型产物的气相分解规律有明显的差异。

　　图 12 为产地分别为淮南和义马的两种烟煤在光子能量为 10.5 eV、温度为 450℃时的热解产物光电离质谱图。从中可以发现，煤的主要热解产物可大致划分为四种类型，即芳烃及其衍生物、含氮化合物、含硫化合物以及含氧化合物。两种煤主要的热解产物大致相同。但从产物离子的总信号强度来看，义马煤比淮南煤的信号要更强，这和组分分析中义马煤的挥发份含量要高于淮南煤的结果是一致的。在探测到的芳香族化合物中，淮南煤中单环芳烃的相对比例含量比义马煤的要低，而 PAH 的相对比例含量比义马煤的要更高。这说明淮南煤具有比义马煤更加紧凑的芳香环结构。除此以外，还可以看到义马煤中含氧芳烃的相对比例含量比淮南煤中的要高，这说明义马煤的芳香环结构很可能是由大量的脂肪链和含氧基团连接而成。这种差异影响着煤在自然界中的存在形式和命运，因为含氧自由基能促进有机物更快地裂解。最后，两种烟煤中都探测到了含硫化合物，且相对比例含量基本相同。综上所述，对煤和生物质热解的研究显示了 SVUV-PIMS 技术在固体热解产物分析中所能够发挥的重要作用，从而将有助于对固体燃料热解反应动力学的理解和固体燃料热解机理的构建。

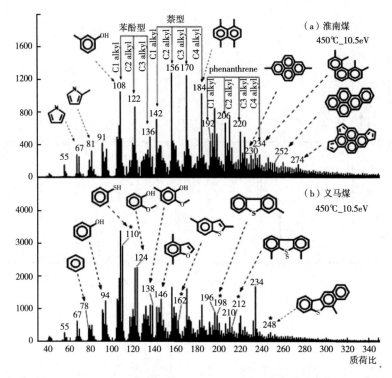

图 12 （a）产地为淮南的煤样在 450℃和 10.5 eV 下的热解产物光电离质谱图；（b）产地为义马的煤样在相同条件下的热解产物光电离质谱图[36]

（二）燃烧模型的发展及实验验证

为解决前人燃烧模型中普遍存在的基元反应速率常数不够准确、模型验证不足等问题，近年来结合基元反应速率常数的理论计算和充分的实验验证，针对烷烃、环烷烃、芳烃和醇类这四种主要燃料类型中的多种典型燃料，发展了其燃烧反应动力学模型，用于预测其燃烧参数、评估其燃烧性能。下面以仲丁醇模型为例，在燃烧模型的发展及实验验证方面的研究方法和进展情况。

1. 研究背景

生物乙醇是目前世界上产量最高的生物质燃料，已经被广泛地用作汽车发动机掺混燃料或替代燃料，预计 2013 年全球乙醇产量超过 8000 万吨。但由于能量密度低、挥发性高、吸水性强、与汽油混合比例不能超过 15% 等不利因素的影响，乙醇难以成为性能优异的汽油替代燃料。生物丁醇具有全面优于乙醇的物理化学性质和燃烧特性[37]，且适用于传统发动机[38, 39]，被认为是一类极具应用潜力的可再生清洁燃料。特别是近年来丁醇的生产成本大大降低，已经显示出能够与乙醇竞争的应用前景，美国、英国等多个国家已经开始对这种新一代生物质燃料进行投资和开发。

借助于燃烧模型，可以对丁醇在内燃机、燃气轮机等动力设备中的燃烧过程进行预测，从而为其燃烧特性的评估和污染物排放的控制提供理论指导[40]。目前国际上已经有众多课题组对四种丁醇同分异构体开展了基础燃烧实验研究工作，对丁醇热解、氧化和火焰过程中的微观燃烧物种浓度以及着火延迟时间、火焰传播速度等宏观燃烧参数进行了测量[15, 40-56]。在这些实验的基础上，前人对四种丁醇同分异构体均提出了一些燃烧模型[15, 40, 42-45, 48, 57, 58]。然而，当前丁醇模型发展中的主要问题是模型的精确性和适用性不足，导致这一问题的主要原因是模型发展所依赖的丁醇基础燃烧实验数据仍然不够全面。特别是在微观物种浓度测量方面，前人多采用传统燃烧诊断方法，缺少对自由基、烯醇等活泼中间体的检测结果，而且对丁醇的热解研究不足。以 Sarathy 等人的模型[58]为例，即使该模型已经对 2012 年前大部分可用实验数据进行了验证，被公认为当时最好的模型，其中仍然有大量反应存在问题。

近年来，利用 SVUV-PIMS 方法研究了丁醇同分异构体的流动反应器变压力热解以及低压层流预混火焰，全面鉴定了热解产物和火焰物种，并测量了其摩尔分数曲线，其中正丁醇和仲丁醇的实验成果已发表[16-17]，为丁醇模型的发展提供了重要的实验数据。同时，近期国际其他课题组还有一批新的实验数据发表，特别是美国斯坦福大学 Hanson 课题组利用激波管测量了正丁醇、仲丁醇和异丁醇的部分热解产物摩尔分数随时间的变化曲线[53, 55]。结合这批新的实验数据和前人实验研究成果，开展了对仲丁醇模型的发展和实验验证工作。

2. 关键基元反应的理论计算和仲丁醇模型的发展

一个准确的燃烧模型需要建立在可靠的基元反应速率常数的基础上，前人丁醇模型的一个很大问题就在于四种丁醇的单分子解离反应均缺少可靠的实验或计算速率常数。因此，在发展仲丁醇模型之前，对仲丁醇单分子解离反应以及其自由基的后续分解反应等重要基元反应的速率常数进行了理论计算[17]。首先，利用高精度的量子化学计算方法对这些单分子解离反应进行计算。图 13 中展示了仲丁醇单分子解离反应的计算结果，可以看出脱水反应和 C–C 断键反应的能垒最低，因而在仲丁醇的分解中，这些反应也优先发生。

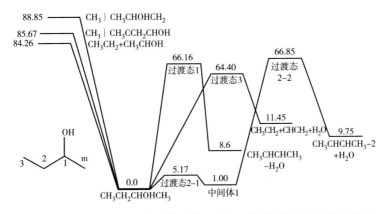

图 13　用 QCISD（T）方法计算的仲丁醇主要单分子解离反应的势能面，单位为 kcal/mol[17]

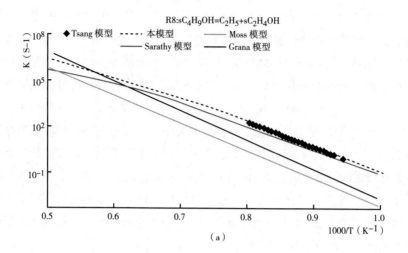

（a）

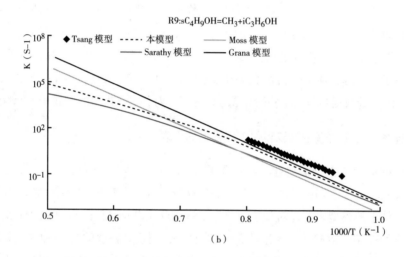

（b）

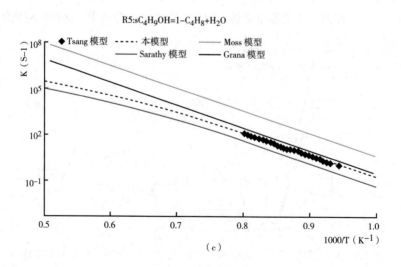

（c）

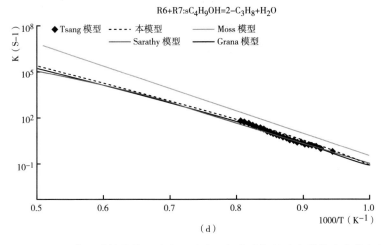

R6+R7:$sC_4H_9OH=2-C_3H_8+H_2O$

图 14　760 Torr 压力下计算的仲丁醇主要单分子解离路径的速率常数（实线）与实验
测量值（点）[56] 和前人仲丁醇模型[42, 44, 58] 中使用的估计值（虚线）的对比[17]

　　其次，基于反应路径计算结果，利用 Variflex 软件通过解 RRKM/ME（Master Equation，主方程）的方法计算了这些主要单分子解离反应在不同温度和压力条件下的速率常数。图 14 展示了 760 Torr 下对仲丁醇主要单分子解离反应 R5 ～ R9 的计算结果与 Rosado-Reyes 和 Tsang 的测量值[56] 以及 Moss 模型[42]、Sarathy 模型[58] 和 Grana 模型[44] 中估计值的对比情况。可以看到计算结果与实验测量值非常接近，而其他模型则均存在部分或全部反应的估计值与实验测量值偏差较大的问题。

$$sC_4H_9OH=1-C_4H_8 + H_2O \tag{R5}$$

$$sC_4H_9OH=2-C_4H_8（Z）+ H_2O \tag{R6}$$

$$sC_4H_9OH=2-C_4H_8（E）+ H_2O \tag{R7}$$

$$sC_4H_9OH=C_2H_5 + CH_3CHOH \tag{R8}$$

$$sC_4H_9OH=CH_3 + iC_3H_6OH \tag{R9}$$

　　在理论计算的基础上，在 2012 年发表的正丁醇燃烧模型[16] 的基础上发展了一个包含 160 个物种和 1038 步反应的仲丁醇燃烧动力学模型。除了燃料的单分子解离反应及其自由基的后续分解反应外，仲丁醇子机理中自由基进攻反应的速率常数也均采用的是理论计算结果或经过实验验证的参考值，确保了模型的可靠性。

3. 热解实验验证

（1）流动反应器热解

　　在第 1.1 节中，已经通过正丁醇变压力热解实验和模型研究工作[16] 证明了燃料的热解实验可以很好地验证其单分子解离反应，并展示了正丁醇模型对实验结果的成功预测。在对仲丁醇模型的实验验证工作中，首先利用仲丁醇在 5Torr、30Torr、150Torr 和 760 Torr 压力下的变压力流动反应器热解实验结果对模型中的热解反应进行了验证。模拟结果表明模型可以很好地对仲丁醇及其热解产物的摩尔分数曲线进行预测，从而验证了热解反应部分的准确性[17]。图 15 展示了仲丁醇 760 Torr 热解中的反应路径图，从中可以看到仲丁醇的主要分解路径和热解产物的主要生成与消耗路径。

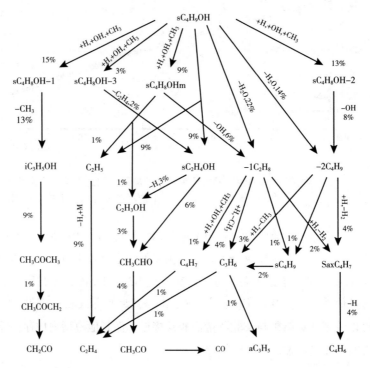

图 15 仲丁醇在 760 Torr 和 T_{max} = 1100 K 时的反应路径图，蓝色箭头代表仲丁醇的单分子解离反应，箭头的粗细代表了反应碳流量的大小，百分数是该路径的碳流量除以仲丁醇分解的总碳流量的值[17]

图 16 展示了现有模型与前人模型对仲丁醇常压热解实验的模拟结果的对比。从图 16 (a) 中可以看到三个模型对仲丁醇的分解都能给出较好的预测，误差都在 ±10K 以内，这表明三个模型中仲丁醇的总体分解速率是相近的。而其他两个模型对主要分解产物 1- 丁

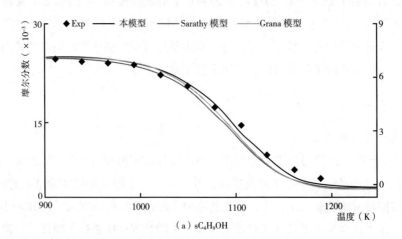

(a) sC_4H_9OH

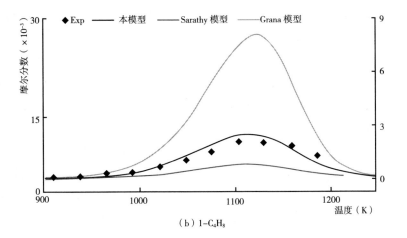

（b）1–C₄H₈

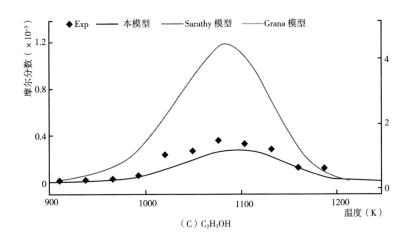

（C）C₂H₃OH

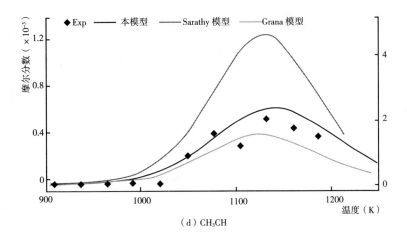

（d）CH₃CH

图 16　本模型、Sarathy 模型[58]和 Grana 模型[44]对仲丁醇 760 Torr 热解中仲丁醇（sC₄H₉OH）、1- 丁烯（1–C₄H₈）、乙烯醇（C₂H₃OH）和乙醛（CH₃CHO）的模拟结果的比较[17]

烯、乙烯醇和乙醛的预测均与实验结果偏差较大，这正是由于这些模型中关键基元反应的速率常数使用误差较大的估计值所导致的。

（2）激波管热解

和流动反应器热解实验类似，激波管热解实验也可以很好地验证燃料的单分子解离反应。Stranic 等人最近研究了仲丁醇在 1.3 ～ 1.9atm 和 1270 ～ 1640K 条件下的激波管热解，利用激光吸收谱方法测量了 OH、H_2O、C_2H_4、CH_4 和 CO 的摩尔分数随时间的变化曲线[55]。图 17 中展示了 Stranic 等人测量的 OH 和 H_2O 摩尔分数随时间变化的实验结果和本文模型以及 Sarathy 模型[58]的模拟结果。Stranic 等人尝试用 Sarathy 模型模拟了其实验结果，但是从图 17 的右半部分可以看到 Sarathy 模型并不能很好地预测其实验所测得的热解物种随时间变化的曲线。可以看到与 Sarathy 模型相比，现在的模型在各个温度下都可以更好地预测这两个物种的摩尔分数随时间的变化情况。通过灵敏性分析发现影响激波管热解中 OH 和 H_2O 浓度的主要反应分别是 R8 和 R5 ～ R7。Sarathy 模型中这几个反应的速率常数均采用了误差较大的估计值，而本文的模型中对这几个反应则采用了较为准确的理论计算结果，这就解释了 Sarathy 模型的预测结果与实验结果相差甚远的原因。

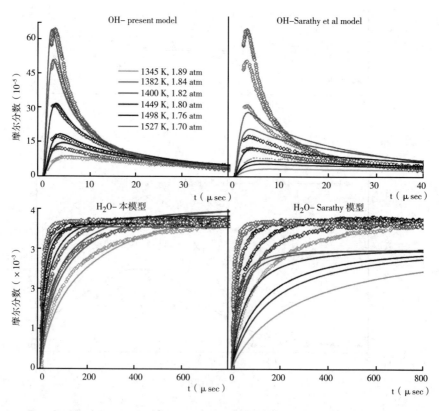

图 17　本模型（左）和 Sarathy 模型[58]（右）对 Stranic 等人的仲丁醇激波管热解实验[55]中 OH 和 H_2O 的模拟结果的对比，点为实验结果，同颜色的线为相应的模拟结果[17]

4. JSR 氧化实验验证

在氧化实验验证方面，选用的是法国 CNRS 的 Dagaut 课题组的仲丁醇 JSR 氧化实验结果[45]。因为由于具有温度场均匀、滞留时间可调等优点，JSR 反应器被广泛认可为最佳氧化反应平台。Dagaut 课题组是目前国际燃烧界公认的 JSR 氧化研究做得最出色的课题组之一。实验在 10 atm 和当量比（φ）为 1.0 ~ 4.0 条件下开展，结合气相色谱与红外光谱方法测量了稳定氧化物种的摩尔分数随加热温度的变化曲线[45]。图 18 给出了本文的模型对仲丁醇氧化实验的模拟结果，可以看到大部分物种的模拟结果都能较好地与实验结果相符合。实验结果中 $1-C_4H_8$、H_2O、CO 和 C_2H_4 等物种的摩尔分数曲线随着温度的变化均出现了两个峰值，特别在当量比为 4.0 的实验条件下更为明显。生成速率分析显示在较低温度和较高温度下，仲丁醇的分解氧化路径差异较大，而实验结果出现两个峰值的原因正是由于低温氧化机理的作用。

图 19 比较了在当量比为 4.0 条件下本文模型、Sarathy 模型[58] 和 Grana 模型[44] 的模拟结果，其中其他两个模型对 1- 丁烯预测得都不是很合理。从图 19（a）中可以看出，Sarathy 模型对 1- 丁烯摩尔分数的预测结果比实验结果低 4 倍左右，导致这一问题的原因应当是 Sarathy 模型同时低估了仲丁醇的脱水反应 R5 和 $sC_4H_9OH \rightarrow C_4H_8OHm \rightarrow 1-C_4H_8$ 这两条路径的速率常数。Grana 模型在高温下对 1- 丁烯的模拟值比实验值明显偏高，说明模型中过高估计了脱水反应的速率常数，而在低温下对 1- 丁烯预测偏低应当是低估了 $sC_4H_9OH \rightarrow C_4H_8OHm \rightarrow 1-C_4H_8$ 路径的速率常数而导致的。

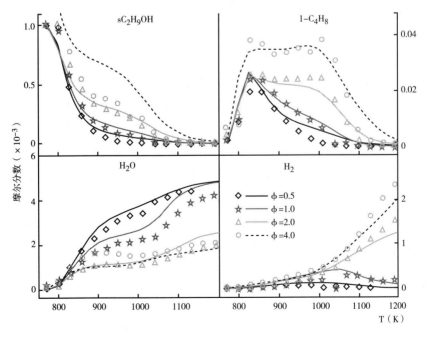

图 18　本文模型对 P = 10 atm 和 φ = 0.5-4.0 条件下仲丁醇 JSR 氧化中仲丁醇（sC_4H_9OH）、1- 丁烯（$1-C_4H_8$）、水（H_2O）和氢气（H_2）的模拟结果，其中点为实验值[45]，线为模拟值[17]

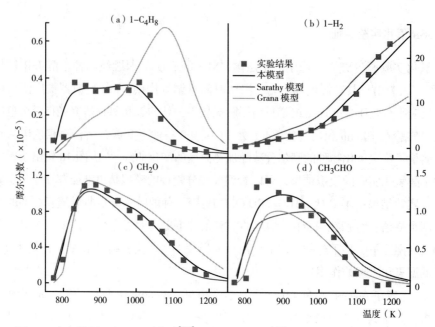

图 19 本文模型、Sarathy 模型[58]和 Grana 模型[44]对 P = 10 atm 和 ϕ =4.0 条件下仲丁醇 JSR 氧化实验中的 1– 丁烯（1–C_4H_8）、氢气（H_2）、甲醛（CH_2O）和乙醛（CH_3CHO）的模拟结果的对比，其中点为实验值[45]，实线为本文模型的模拟值，虚线为其他模型的模拟值[17]

5. 层流预混火焰实验验证

通过与比勒菲尔德大学 Kohse–Höinghaus 课题组合作对四种丁醇同分异构体的低压富燃层流预混火焰进行了研究，利用 SVUV–PIMS 方法检测并鉴别了自由基、烯醇、同分异构体等多种类型火焰物种，并测量了其摩尔分数随炉子表面距离变化的曲线[51]。实验压力为 30 Torr，当量比为 1.70。图 20 给出了仲丁醇火焰中重要 C1 ~ C4 中间体摩尔分数的实验与模拟结果，可以看到本文模型可以对绝大多数观测到的火焰物种进行预测。

生成速率分析显示，该火焰中分别有约 35% 和 65% 的仲丁醇通过单分子解离反应和自由基进攻反应进行消耗。因此在火焰条件下，仲丁醇主要通过 H 提取反应生成 C_4H_8OH 自由基，这表明层流预混火焰适合于验证燃料的 H 提取反应。而其中 40% 的仲丁醇是由 H 进攻导致的 H 提取反应消耗的，因此富燃层流预混火焰对于验证燃料的 H 进攻反应具有重要的意义。

6. 宏观燃烧参数验证

宏观燃烧参数如着火延迟时间和火焰传播速度在实际工程应用中具有重要意义，同时也是验证燃烧模型准确性的重要指标，因此利用这些宏观参数对所发展的仲丁醇模型进行了实验验证。图 21 展示了本文模型对不同压力、不同当量和不同燃料比例条件下仲丁醇着火延迟时间的预测结果，可以看出，模拟结果可以精确地与实验结果相符合。

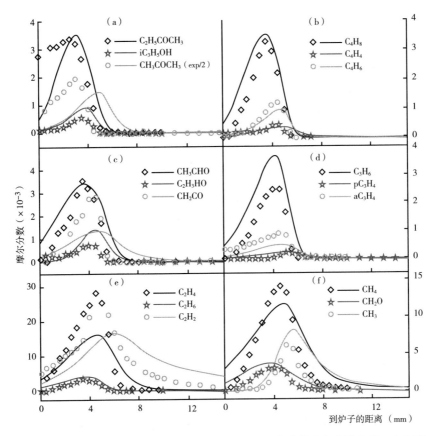

图 20　仲丁醇低压富燃预混火焰中重要 C1 ~ C4 物种的摩尔分数曲线，点为实
验值[51]，同颜色的线为本文模型的模拟值[17]

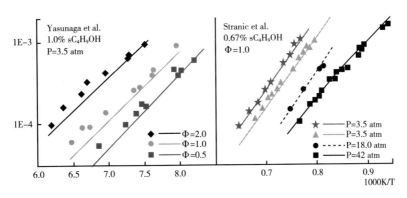

图 21　仲丁醇在不同压力、不同当量和不同燃料比例下的着火延迟时间的
实验（点）[52, 54]与模拟（线）结果[17]

　　目前对丁醇的火焰传播速度的实验研究比较缺乏，只有 Veloo 等人[46]利用对冲流预
混火焰装置测量了初始温度为 343K 和初始压力为 1atm 条件下四种丁醇同分异构体的火焰
传播速度。如图 22 所示，本文模型可以很好地预测仲丁醇的火焰传播速度。

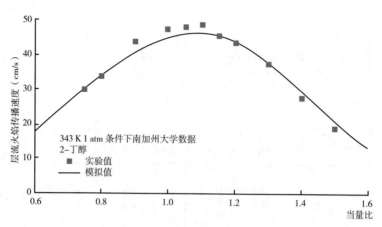

图22 仲丁醇在初始温度 343 K 和初始压力 1atm 条件下火焰传播速度的
实验（点）[46]与模拟（线）结果[17]

综上所述，所发展的仲丁醇模型可以在 800 ~ 2500K、5 ~ 7600Torr、当量比从 0.6 ~ 1.6 的宽广实验条件下，很好地对仲丁醇热解、氧化和火焰的微观物种浓度以及着火延迟时间和火焰传播速度等宏观燃烧参数进行全面的模拟，具有明显优于前人模型的表现。这表明本文模型的准确性和适用性已超过了前人的仲丁醇模型，将能够为仲丁醇的燃烧特性预测和实际工程应用提供理论指导。

三、燃烧反应动力学学科发展的研究内容与科学问题

根据国际研究发展趋势和国家重大科技需求，未来我国燃烧反应动力学学科应以气态和液态燃料燃烧化学反应动力学研究为主线，开展模型基础参数测量和计算、模型构建、优化、验证和简化等方面研究，为先进发动机设计优化、可再生燃料应用、燃烧污染物排放控制等能源、运输、国防与环境领域战略需求提供可靠的燃烧反应动力学模型。关键科学问题包括：①如何准确测量或计算燃烧过程中重要基元反应的微观动力学过程，为模型提供精确的基础参数，主要包括物种的热力学参数、输运参数和基元反应的速率常数；②如何发展出更为先进的实验手段，为构建和验证燃烧反应动力学模型提供更关键、更直接的实验依据；③如何构建高效、可靠的燃烧反应动力学模型，结合国产燃料特点，实现模型优化和简化方法的自主创新。重点开展的研究内容与科学问题包括以下三个方面。

（一）模型基础参数的实验和理论研究

目前以汽油、柴油和航空煤油替代燃料模型、生物质燃料模型等为代表的实用燃烧反应动力学模型中往往包含成百上千个物种和成千上万步基元反应。现有模型中，

众多物种的热力学参数是通过基团贡献法近似得到的，输运参数的准确性也较差，而大多数基元反应的速率常数则是通过相似反应类型估算得到的数据。为了得到精确可靠的模型基础参数以用于燃烧反应动力学模拟，迫切需要基于量子化学理论，并结合统计热力学和动力学方法，发展出精确而高效的模型基础参数理论计算方法。主要研究内容如下。

1. 基于反应微观机制的量子化学计算

发展精确高效的燃烧基元反应势能面的计算方法；发展适合复杂燃烧反应动力学研究需求的反应动力学新理论和新方法；发展精确高效的大分子物种热力学参数和输运参数的计算方法；研究燃烧条件下的多势阱反应路径问题；研究燃烧中间物种的激发和猝灭机制；研究处于振转甚至电子激发态的物种特性。

2. 分子动力学模拟

发展燃烧反应分子力场方法和高效从头算分子动力学方法；开发分子反应力场，构造势能面，开展燃料分子的高温燃烧反应、裂解反应、催化反应及积碳生成等的模拟研究；在分子水平上完成对燃烧反应网络的准确高效的描述。

3. 基元反应速率常数的实验测量

发展燃烧关键基元反应速率常数的高精度测量方法，采用光谱、质谱等实验手段，测量出高精度速率常数；将先进的SVUV–PIMS技术应用于燃烧关键基元反应速率常数的测量；采用相关函数等方法，实现发射光谱衰变的动力学描述；利用先进实验技术探索燃烧过程电子态的热激发和可能的光化学机制。

（二）详细燃烧反应动力学模型的发展

1. 基元反应类型及速率常数规律性

热解关键基元反应类型的研究；低温氧化关键基元反应类型的研究；高温氧化关键基元反应类型的研究；各类碳氢燃料子机理中关键反应类型的研究；新型生物质燃料子机理中关键反应类型的研究；含氮燃料子机理中关键反应类型的研究；多环芳烃形成机理以及积碳机理的研究；各类基元反应速率常数规律性研究。

2. 裂解模型和燃烧模型构建

物种命名和识别方法研究；模型基础参数数据库构建和搜寻方法的研究；热解核心模型构建；低温氧化核心模型构建；高温氧化核心模型构建；污染物形成和积碳机理研究；各类汽油、柴油和航空煤油替代模型的构建；国产燃料燃烧模型的构建；催化裂解和催化燃烧机理研究。

3. 燃烧反应动力学模型简化

从燃烧反应动力学角度，结合数学方法对模型简化方法开展研究；发展新的简化方法，在保证对详细燃烧反应动力学模型高忠实度前提下，结合特定条件，实现详细模型的大规模简化；发展针对国产燃料的简化燃烧模型。

（三）模型验证、燃烧新技术和反应调控

1. 燃烧机理验证

完善和发展燃烧模型验证手段，以 SVUV–PIMS 方法在燃烧中的应用为契机，发展基于各种类型同步辐射和激光诊断方法的先进测量手段，研究重要燃烧中间体浓度变化规律；实现点火延迟和层流火焰速度等宏观燃烧参数的精确测量；开展碳烟前驱体和碳烟分布的光学测量和表征，为可靠的裂解和燃烧模型提供保障。

2. 基于燃烧反应动力学的燃烧新技术

研究催化燃烧特性和等离子体辅助燃烧机理，探索降低点火温度，提高燃烧效率，降低环境污染的燃烧途径；开展极端条件和新型燃烧方式下的基础燃烧反应动力学实验研究。

3. 燃料设计和改性

通过燃料添加剂、结焦抑制剂和改变燃料化学组成等方法，改进燃料链反应诱发机理，改变反应性能，提高燃烧效率，抑制结焦和碳烟生成。

4. 裂解反应优化控制

特别针对超燃冲压发动机主动冷却高热沉、低结焦、快点火等需求，优化燃料裂解温度、系统压力、反应时间；开发燃料裂解催化剂，开展超临界裂解研究，研究界面条件对燃烧反应的影响规律，测量产物和中间体成分，验证燃料裂解模型。

参 考 文 献

［1］ BP 世界能源统计年鉴. 英国石油公司，2012.

［2］ Constable G, Somerville B. A Century of Innovation: Twenty Engineering Achievements that Transformed our Lives ［M］. National Academy of Engineering, USA, 2003.

［3］ McEnally CS, Pfefferle LD, Atakan B, et al. Studies of aromatic hydrocarbon formation mechanisms in flames: Progress towards closing the fuel gap Progress in Energy and Combustion Science, 2006, 32: 247–294.

［4］ 齐飞. 燃烧：一个不息的话题——同步辐射单光子电离技术在燃烧研究中的应用. 物理，2006, 35: 1–6.

［5］ 李玉阳. 芳烃燃料低压预混火焰的实验和动力学模型研究：合肥：中国科学技术大学，2010.

［ 6 ］ Brezinsky K. The high-temperature oxidation of aromatic hydrocarbons. Progress in Energy and Combustion Science, 1986, 12: 1-24.

［ 7 ］ Shukla B, Susa A, Miyoshi A, et al. In situ direct sampling mass spectrometric study on formation of polycyclic aromatic hydrocarbons in toluene pyrolysis. Journal of Physical Chemistry A, 2007, 111: 8308-8324.

［ 8 ］ 蔡江淮. 丁醇燃烧反应动力学的实验与模型研究. 合肥: 中国科学技术大学, 2013.

［ 9 ］ Zhang TC, Zhang LD, Hong X, et al. An experimental and theoretical study of toluene pyrolysis with tunable synchrotron VUV photoionization and molecular-beam mass spectrometry. Combustion and Flame, 2009, 156: 2071-2083.

［ 10 ］ Li YY, Zhang LD, Wang ZD, et al. Experimental and kinetic modeling study of tetralin pyrolysis at low pressure. Proceedings of the Combustion Institute, 2013, 34: 1739-1748.

［ 11 ］ Yang JZ, Zhao L, Cai JH, et al. Photoionization Mass Spectrometric and Kinetic Modeling of Low-pressure Pyrolysis of Benzene. Chinese Journal of Chemical Physics, 2013, 26: 245-251.

［ 12 ］ Yuan T, Zhang LD, Zhou ZY, et al. Pyrolysis of n-Heptane: Experimental and Theoretical Study. Journal of Physical Chemistry A, 2011, 115: 1593-1601.

［ 13 ］ Zhang YJ, Cai JH, Zhao L, et al. An experimental and kinetic modeling study of three butene isomers pyrolysis at low pressure. Combustion and Flame, 2012, 159: 905-917.

［ 14 ］ Wang ZD, Cheng ZJ, Yuan WH, et al. An experimental and kinetic modeling study of cyclohexane pyrolysis at low pressure. Combustion and Flame, 2012, 159: 2243-2253.

［ 15 ］ Cai JH, Zhang LD, Yang JZ, et al. Experimental and kinetic modeling study of tert-butanol combustion at low pressure. Energy, 2012, 43: 94-102.

［ 16 ］ Cai JH, Zhang LD, Zhang F, et al. Experimental and Kinetic Modeling Study of n-Butanol Pyrolysis and Combustion. Energy & Fuels, 2012, 26: 5550-5568.

［ 17 ］ Cai JH, Yuan WH, Ye LL, et al. Experimental and kinetic modeling study of 2-butanol pyrolysis and combustion. Combustion and Flame, 2013: in press (doi: 10.1016/j.combustflame.2013.04.010).

［ 18 ］ CHEMKIN-PRO 15092, Reaction Design: San Diego, 2009.

［ 19 ］ Dagaut P, Cathonnet M. The ignition, oxidation, and combustion of kerosene: A review of experimental and kinetic modeling. Progress in Energy and Combustion Science, 2006, 32: 48-92.

［ 20 ］ Battin-Leclerc F. Detailed chemical kinetic models for the low-temperature combustion of hydrocarbons with application to gasoline and diesel fuel surrogates. Progress in Energy and Combustion Science, 2008, 34: 440-498.

［ 21 ］ Battin-Leclerc F, Herbinet O, Glaude PA, et al. Experimental Confirmation of the Low-Temperature Oxidation Scheme of Alkanes. Angewandte Chemie-International Edition, 2010, 49: 3169-3172.

［ 22 ］ Battin-Leclerc F, Blurock E, Bounaceur R, et al. Towards cleaner combustion engines through groundbreaking detailed chemical kinetic models. Chemical Society Reviews, 2011, 40: 4762-4782.

［ 23 ］ Battin-Leclerc F, Herbinet O, Glaude PA, et al. New experimental evidences about the formation and consumption of ketohydroperoxides. Proceedings of the Combustion Institute, 2011, 33: 325-331.

［ 24 ］ Herbinet O, Battin-Leclerc F, Bax S, et al. Detailed product analysis during the low temperature oxidation of n-butane. Physical Chemistry Chemical Physics, 2011, 13: 296-308.

［ 25 ］ Herbinet O, Husson B, Serinyel Z, et al. Experimental and modeling investigation of the low-temperature oxidation of n-heptane. Combustion and Flame, 2012, 159: 3455-3471.

［ 26 ］ Cord M, Husson B, Lizardo Huerta JC, et al. Study of the Low Temperature Oxidation of Propane. Journal of Physical Chemistry A, 2012, 116: 12214-12228.

［ 27 ］ Cool TA, Nakajima K, Mostefaoui TA, et al. Selective detection of isomers with photoionization mass spectrometry for studies of hydrocarbon flame chemistry. Journal of Chemical Physics, 2003, 119: 8356-8365.

［ 28 ］ Hansen N, Cool TA, Westmoreland PR, et al. Recent contributions of flame-sampling molecular-beam mass spectrometry to a fundamental understanding of combustion chemistry. Progress in Energy and Combustion Science, 2009, 35: 168-191.

［29］ Li YY, Qi F. Recent Applications of Synchrotron VUV Photoionization Mass Spectrometry: Insight into Combustion Chemistry. Accounts of Chemical Research, 2010, 43: 68–78.

［30］ Qi F. Combustion chemistry probed by synchrotron VUV photoionization mass spectrometry. Proceedings of the Combustion Institute, 2013, 34: 33–63.

［31］ McEnally CS, Pfefferle LD. Aromatic and Linear Hydrocarbon Concentration Measurements in a Non–Premixed Flame. Combustion Science and Technology, 1996, 116: 183 – 209.

［32］ Jin HF, Wang YZ, Zhang KW, et al. An experimental study on the formation of polycyclic aromatic hydrocarbons in laminar coflow non–premixed methane/air flames doped with four isomeric butanols. Proceedings of the Combustion Institute, 2013, 34: 779–786.

［33］ Cuoci A, Frassoldati A, Faravelli T, et al. Experimental and detailed kinetic modeling study of PAH formation in laminar co–flow methane diffusion flames. Proceedings of the Combustion Institute, 2013, 34: 1811–1818.

［34］ Weng JJ, Jia LY, Wang Y, et al. Pyrolysis study of poplar biomass by tunable synchrotron vacuum ultraviolet photoionization mass spectrometry. Proceedings of the Combustion Institute, 2013, 34: 2347–2354.

［35］ Dufour A, Weng JJ, Jia LY, et al. Revealing the chemistry of biomass pyrolysis by means of tunable synchrotron photoionisation–mass spectrometry. RSC Advances, 2013, 3: 4786–4792.

［36］ Jia LY, Weng JJ, Wang Y, et al. Online Analysis of Volatile Products from Bituminous Coal Pyrolysis with Synchrotron Vacuum Ultraviolet Photoionization Mass Spectrometry. Energy & Fuels, 2013, 27: 694–701.

［37］ Poling BE, Prausnitz JM, O' Connell JP. The Properties of Gases and Liquids. 5th. New York: McGraw–Hill, Inc, 2001.

［38］ Nigam PS, Singh A. Production of liquid biofuels from renewable resources. Progress in Energy and Combustion Science, 2011, 37: 52–68.

［39］ Jin C, Yao M, Liu H, et al. Progress in the production and application of n–butanol as a biofuel. Renewable and Sustainable Energy Reviews, 2011, 15: 4080–4106.

［40］ Black G, Curran HJ, Pichon S, et al. Bio–butanol: Combustion properties and detailed chemical kinetic model. Combustion and Flame, 2010, 157: 363–373.

［41］ Yang B, Osswald P, Li YY, et al. Identification of combustion intermediates in isomeric fuel–rich premixed butanol–oxygen flames at low pressure. Combustion and Flame, 2007, 148: 198–209.

［42］ Moss JT, Berkowitz AM, Oehlschlaeger MA, et al. An Experimental and Kinetic Modeling Study of the Oxidation of the Four Isomers of Butanol. Journal of Physical Chemistry A, 2008, 112: 10843–10855.

［43］ Dagaut P, Sarathy S, Thomson M. A chemical kinetic study of n–butanol oxidation at elevated pressure in a jet stirred reactor. Proceedings of the Combustion Institute, 2009, 32: 229–237.

［44］ Grana R, Frassoldati A, Faravelli T, et al. An experimental and kinetic modeling study of combustion of isomers of butanol. Combustion and Flame, 2010, 157: 2137–2154.

［45］ Togbé C, Mzé–Ahmed A, Dagaut P. Kinetics of Oxidation of 2–Butanol and Isobutanol in a Jet–Stirred Reactor: Experimental Study and Modeling Investigation. Energy & Fuels, 2010, 24: 5244–5256.

［46］ Veloo PS, Egolfopoulos FN. Flame propagation of butanol isomers/air mixtures. Proceedings of the Combustion Institute, 2010, 33: 987–993.

［47］ Hansen N, Harper MR, Green WH. High–temperature oxidation chemistry of n–butanol – experiments in low–pressure premixed flames and detailed kinetic modeling. Physical Chemistry Chemical Physics, 2011, 13: 20262–20274.

［48］ Harper MR, Van Geem KM, Pyl SP, et al. Comprehensive reaction mechanism for n–butanol pyrolysis and combustion. Combustion and Flame, 2011, 158: 16–41.

［49］ Heufer KA, Fernandes RX, Olivier H, et al. Shock tube investigations of ignition delays of n–butanol at elevated pressures between 770 and 1250K. Proceedings of the Combustion Institute, 2011, 33: 359–366.

［50］ Karwat DM, Wagnon SW, Teini PD, et al. On the chemical kinetics of n–butanol: ignition and speciation studies. Journal of Physical Chemistry A, 2011, 115: 4909–21.

［51］ Oßwald P, Guldenberg H, Kohse-Höinghaus K, et al. Combustion of butanol isomers – A detailed molecular beam mass spectrometry investigation of their flame chemistry. Combustion and Flame, 2011, 158: 2-15.

［52］ Stranic I, Chase DP, Harmon JT, et al. Shock tube measurements of ignition delay times for the butanol isomers. Combustion and Flame, 2012, 159: 516-527.

［53］ Stranic I, Pyun SH, Davidson DF, et al. Multi-species measurements in 1-butanol pyrolysis behind reflected shock waves. Combustion and Flame, 2012, 159: 3242-3250.

［54］ Yasunaga K, Mikajiri T, Sarathy SM, et al. A shock tube and chemical kinetic modeling study of the pyrolysis and oxidation of butanols. Combustion and Flame, 2012, 159: 2009-2027.

［55］ Stranic I, Pyun SH, Davidson DF, et al. Multi-species measurements in 2-butanol and i-butanol pyrolysis behind reflected shock waves. Combustion and Flame, 2013, 160: 1012-1019.

［56］ Rosado-Reyes CM, Tsang W. Shock Tube Studies on the Decomposition of 2-Butanol. J. Phys. Chem. A, 2012, 116: 9599-9606.

［57］ Frassoldati A, Grana R, Faravelli T, et al. Detailed kinetic modeling of the combustion of the four butanol isomers in premixed low-pressure flames. Combustion and Flame, 2012, 159: 2295-2311.

［58］ Sarathy SM, Vranckx S, Yasunaga K, et al. A comprehensive chemical kinetic combustion model for the four butanol isomers. Combustion and Flame, 2012, 159: 2028-2055.

撰稿人：齐飞 等

辐射传递及高效换热发展研究

一、辐射传递的学科内涵

由光子具有波粒两相性，可以引出辐射的两种定义：①物体以电磁波形式传递的能量，也可以指这种能量的传递过程；②物体以光子的形式传递的能量，也可以指这种能量的传递过程。

由热运动产生的电磁波称为热射线，其波长在 0.1 ~ 100 μm 范围内，可分为紫外线、可见光及红外线三部分。真空中，紫外线的波长为 0.1 ~ 0.38 μm，可见光为 0.38 ~ 0.76 μm，红外线为 0.76 ~ 100 μm。此外，比紫外线波长更短的 X 光辐射、比红外线波长更长的微波辐射，因其广泛的应用背景，亦是辐射传递研究范畴。

热辐射是热量传输的三种方式（导热、对流、热辐射）之一，属传热学研究范畴；而紫外、可见光、红外波段作为电磁波的一部分，广泛用于探测、遥感、成像领域，属光学研究范畴。近年来，随着工业发展，尤其在国防科技中出现很多伴随着传热过程的信息传输问题，如红外目标特性、红外探测与遥感，红外成像制导等，需要将传热过程与光传输过程结合起来。

辐射按研究内容可分为：表面辐射；粒子辐射；介质（气体、半透明固体或流体）辐射；辐射传递计算方法；辐射与导热、对流、湍流、化学反应等的多场耦合传热；辐射物性、辐射反问题；纳/微尺度辐射；矢量辐射传递；极端高温环境（10000K 以上）下的辐射传递等。上述辐射研究内容可归纳为两大类：辐射光谱方向特性和辐射传输机理。辐射传输的研究范畴又归纳为：计算辐射学、辐射热力学、辐射传热学、辐射光学与辐射流体力学。

辐射强度不仅是时间、空间位置的函数，也是波长、空间方向的函数，因此，描述半透明介质内辐射强度变化的基本方程为积分 – 微分型的辐射传递方程。对微/纳结构辐射传递行为的描述，需用麦克斯韦方程组。

辐射传输的边界条件不仅包括热边界条件，还需要考虑界面的光学（辐射）特性，即界面的透射特性（不透明、半透明界面）和反射特性（镜、漫反射）[1]。例如：锅炉炉膛、燃烧室内的燃烧属不透明界面，森林火灾、导弹尾喷焰属半透明界面。由于热辐射的选择性，需要考虑界面的光谱特性；由于热辐射的延程性，当界面反射率不为零时，辐射边界条件中含有远程项；当界面为半透明且镜反射时，须考虑界面两侧介质的折射率的影响。

近年来，辐射传输研究的发展趋势是：①研究内容的不断深化；②研究趋向复杂和交叉领域。如：浓相粒子群非独立散射、热辐射与湍流相互作用、高温弥散介质内红外探测、气动光学、多场耦合下辐射传热、极端条件下辐射特性与传输、微 / 纳尺度下辐射传热（包括微、纳米空间尺寸和纳秒、皮秒、飞秒时间尺度）、非平衡态气体辐射特性及传递、光学复杂介质内的辐射传输、生物组织内的辐射传递等。

二、辐射传递国内外研究现状与发展趋势

（一）辐射热力学基础

用热力学分析的方法来研究能量转换设备，如太阳能吸收器、锅炉和燃气轮机内部的传热过程是当今的一个研究趋势。热力学分析可提供设备和器件性能的理想界限指标，并对器件性能进行合理的评价，同时指明设备改进的方向。由于热（光）辐射是太阳能吸收器、太阳能电池、热光伏器件内的主要能量传递方式，在用热力学第二定律对这些能量转换装置进行分析时，辐射熵产的正确计算非常重要。

在宏观尺度框架内，普朗克从不可逆性的角度研究了光和物质的交互作用，并给出了非相干条件下的光谱熵的表达式。Wildt 首次用公式表述了辐射熵传递方程，并基于宏观考虑推导了辐射熵的一系列不等式。Kroll 分析和讨论了熵产的一般形式及其时间导数，结果表明由发射、吸收、散射过程产生的熵产在一般热力学流与力的关系上是双线型的。文献［2］研究了灰体壁面的辐射熵产，给出了灰体辐射熵的近似表达式。文献［3］研究了半透明介质中辐射熵产，并给出了相应的数值模拟方法。

熵产与热力学的不可逆性有关，不可逆性存在于所有的传热过程中并且导致有用功损失。导热过程局部熵产率计算公式为：

$$S_{gen}^{c}(r)=-\mathbf{q}^{c}(r)\frac{\nabla T_{M}(r)}{T_{M}^{2}(r)}$$

在传热学领域，仿照上式，传统的辐射换热过程局部熵产率计算公式常写为：

$$S_{gen}^{r}(r)=-\mathbf{q}^{r}(r)\frac{\nabla T_{M}(r)}{T_{M}^{2}(r)}$$

式中：$\mathbf{q}^{r}$ 为辐射热流密度矢量。从上述两公式来看，似乎导热和辐射过程具有相同的热力学力，因而辐射与导热复合换热过程局部熵产率可按下式计算：

$$S_{gen}(r)=-\left[\mathbf{q}^{c}(r)+\mathbf{q}^{r}(r)\right]\frac{\nabla T_{M}(r)}{T_{M}^{2}(r)}$$

导热和辐射是两种不同机制的传热过程。导热和辐射的显著区别是它们对温度的依

赖不同。根据傅里叶定律，导热热流密度与当地的温度梯度成线性的比例关系。然而，半透明介质中热辐射通常是长程的现象，辐射热流密度取决于所考虑的整个封闭体内的温度分布，而不是由该处的温度梯度所决定。因而传统的辐射局部熵产率计算公式的有效性值得质疑。文献［4-6］通过举反例的方式指出了热工学界传统局部辐射熵产公式的错误，并在非相干辐射假设条件下，基于普朗克辐射熵强度定义，导出了宏观尺度框架内辐射熵和辐射能可用功的传输方程，给出了辐射熵产的计算公式，同时证明了公式的正确性。

在微纳尺度条件下，几何光学已不再适用，且光波间往往存在不同程度的相干性，导致系统热力学几率减小，导致系统统计熵变化。当光辐射波长小于或等于相干波长时（相干波长与薄膜性质、光源和探测器的特征有关），波的干涉变得非常重要。此时，普朗克辐射熵强度的定义已不再成立[7]，必须从光子微观状态和相干状态的表征出发，按统计热力学的角度对光辐射熵进行定义。正是由于这一原因，目前对微纳米结构和器件热力学性能评估不同学者间所得结果还存在很大差异，甚至相矛盾。光子的传递过程往往与电子和声子的输运相关联。因此，在微/纳尺度条件下，需利用量子光学和波动光学的理论，在对辐射光量子微观状态深入分析和甄别的基础上对辐射热力学参数进行重新定义，并将光子辐射熵的概念推广到声子和电子输运过程，以实现对太阳能电池、热光伏器件进行正确的热力学分析、优化和性能评估。

（二）近场辐射

1. 微尺度辐射换热的工程分析理论

近十余年来，随着现代高新技术的发展，特别是微电子、微机械、激光和光电子系统的发展，微纳尺度传热现象引起了广泛的研究兴趣。在辐射传热方面，已通过实验发现了一些重要的新现象：随着接触面距离的靠近，特别是距离近至壁面波长量级（即近场）时，辐射换热可以突破普朗克经典热辐射理论预测的极限换热量，达到极大的热辐射能量密度。现有研究表明当两个辐射源之间距离从常规尺度减小到纳米量级时，辐射换热量会比 Stefan-Boltzmann 公式的计算结果增大 5 ~ 6 个量级。当两个物体间的距离远小于热辐射特征波长时，波的干涉效应以及光子隧道效应在该尺度下作用尤其显著。微纳米尺度下辐射传热研究[8]的重要性体现在一系列高新技术背景中，如：光电探测器、光电转换设备、光学薄膜、光子晶体器件、超短脉冲激光材料加工等。目前微纳尺度辐射传递已成为热辐射研究的前沿课题。

随着研究尺度小到微纳尺寸，传统传热理论在宏观条件下的一些假设条件的普遍适用性、可用性受到广泛置疑。传统的辐射传输理论建立在几何光学假设的基础上，并依赖于以下三大基本假设：①物体的空间尺度远大于辐射的峰值波长；②物体间热辐射传播所需的时间远大于物体分子热激发的弛豫时间；③辐射能与热能之间的转化是瞬间完成的。然而，在微纳尺度，由于几何尺寸以接近甚至小于热辐射峰值波长的尺寸，这些假设已不符合辐射传输的实际情况。传统辐射换热的工程分析理论处理近场辐射换热已经失效，这要求对于近场辐射换热的工程分析建立新的理论体系。

2. 材料微结构光谱辐射特性调控

热辐射光谱控制是热辐射领域一个重要的研究方向，在亚波长尺度分辨率显微镜、热电探测、热光电转换等技术领域有着重要的应用背景。通常意义上，热辐射具有波谱连续、准各向同性的特点，不具有相干性。然而，文献［9］在对由极性材料制成的 SiC 微结构光栅的热辐射特性进行研究时发现，热辐射呈现明显的干涉特征，并用表面波的激励对此进行了解释。在宏观尺度下热辐射不容易发生干涉现象，但是随着系统尺寸的减小，干涉变得容易发生。

随着微纳米技术的迅速发展，人们可以通过微纳米加工技术构造亚波长人工微结构材料。周期性阵列的微观散射和介质格子的布拉格散射会强烈改变光的色散关系，因而传播的电磁波受到周期性调制而形成光子带隙。如果光子频率落入光子禁带频率范围内，则不能在介质中传播。利用光子晶体理论上可在不同方向上对热辐射光谱进行控制。

利用微结构体系实现热辐射和电磁辐射的控制和修正，学术界从理论和实验方面做了大量卓有成效的研究工作。一维光子晶体可以明显抑制光子带隙范围内特定频段的热辐射，却可以显著增强带隙外的热辐射。文献［10］证明多层平面的一维光子晶体结构对于红外波段内两种偏振的电磁波都表现出极高的时空相干性。二维光子晶体可以被用来增强特定频段的热辐射本领。文献［11］提出二维光子晶体微腔结构具有相干热辐射，影响辐射频率和传输方向的主要因素是晶格结构参数。三维光子晶体具有完全带隙从而可以产生更宽的电磁禁带。文献［12］证明了三维光子晶体的相干热辐射特性，热辐射本领在带隙边缘可以得到明显增强，带隙边缘光子态密度的增强意味着可以增加热辐射的相干长度。

材料的微结构辐射特性调控在节能、太阳能辐射、光电探测器、光电转换设备、光学薄膜、光子晶体器件、红外目标特性、红外探测与遥感、红外成像制导等方面有着重要的应用前景。传统的几何光学方法由于忽略近表层微结构内辐射传输的波动效应，不再适用于计算微尺度热辐射特性的问题。近年来，裴俊、刘林华［13-18］主要采用时域有限差分法和严格耦合波分析方法系统研究了近表层微结构红外辐射特性。文献［13］研究了随机粗糙表面双向反射特性，考察了氧化膜以及表面水膜污染对随机粗糙表面红外辐射特性的影响；考虑光的波动效应，对传统的几何光学近似方法进行了改进，发展了部分相干与几何光学混合算法，研究了一维随机粗糙硅表面及其包覆氧化硅膜后的辐射特性，通过与 FDTD 计算结果的比较，给出了 HPCGO 的适用范围。文献［14］研究了金属光栅的红外辐射特性，给出了其独特的共振现象产生的原因及变化规律，进一步分析了非金属光栅及复合光栅的红外辐射特性，讨论了其不同共振波长下的空腔共振模式；搭建了微尺度热辐射特性测量实验台，加工和测量了微尺度正弦结构铝光栅样本，并与数值计算结果进行了比较分析。文献［15］给出了氧化膜对不同结构的光栅辐射特性产生的影响；考察了加工误差对光栅红外辐射特性产生的影响，并且发现了由于表面波、斜入射波以及散射波的耦合形成的光学漩涡现象。文献［16］设计了内嵌周期性圆柱形光学黑洞的光学平板结构，突破了微加工周期性表面结构对特定光偏振方向的局限性。文献［17］研究和讨论了椭圆柱形光学黑洞的红外辐射特性；设计了方柱形光学黑洞结构，同时研究发现了一个衍射效应临界波长。文献［18］考察了方柱形光学黑洞的材料选择以及加工设计，对不同材料组成的方柱形光学黑洞的红外辐射特性进行了研究，给出了组成光学黑洞的不同材料以及材料结构尺寸对其红外辐射特性的影响。

3. 电磁超介质——左手材料的热辐射特性

近年来，通过控制构成单元及其尺寸，人为设计的具有特殊性质的金属基复合材料在微波频段实现了自然界不可能实现的负折射，使得人工微结构异向介质（左手材料，负折射介质等）的研究迅速发展起来。这种金属光子晶体不仅在微波频段能够极大地降低损耗实现全带隙，在光频段还可以实现全角负折射。因而，通过设计微结构材料的结构控制相关频段电磁场的性质成为人们研究的目标。2000 年美国加州大学的 Smith 等在实验上制成了第一个在微波段具有负的介电系数和磁导率的人工金属材料。文献［19］发现负折射率材料平板是一种具有放大倏逝波功能的完美透镜，对于薄金属板，由于表面等离子体的增强效应也会出现倏逝波的放大效应，以至于成像的分辨率可以突破波长的衍射极限。文献［20］研究发现负折射率材料能极大地增强光子隧道效应。相关研究证明对于负介电函数和负磁导率介质结合的平面结构，通过调节介质层厚度可以控制辐射频率和传输方向。从已有实验工作和结构分析的角度上来说，电磁场在异向介质中的传播特性强烈地依赖于材料的固有性质以及结构单元的尺寸、形状、均匀性、对称性等等。含异向介质的光子晶体比传统光子晶体具有更宽的带隙和更狭窄的透射带，可以用于设计多通道光子晶体滤波器。含异向介质的光子晶体的热辐射光谱控制特性国内尚未见报道，对于左手材料复杂的电磁特性在热辐射能量交换中的作用，亦未进行考虑。

4. 近场热辐射传输机理与控制方法

太阳能电池、热光伏、热电直接转换器件、太阳能光催化制氢、LED 光源等能源器件与系统中存在着许多微 / 纳尺度热辐射（即近场热辐射）现象，认识、控制和利用近场热辐射效应对于提高其能量转换与利用效率有重要意义。当热辐射物体的特征尺度接近或小于热辐射特征波长时，建立在几何光学假设基础上的宏观热辐射理论无法处理此类近场热辐射问题，正确描述近场热辐射传递过程需要从基本的热辐射电磁波传播理论出发，研究近场辐射的激发产生、输运传递、调控利用等过程，揭示表面波极化、相干辐射、倏逝波等近场热辐射效应，从而建立近场热辐射传递过程的控制方法。鉴于微 / 纳尺度热辐射涉及复杂的光子、声子或电子输运过程和非平衡能量传递、转换机制，存在着如下重要科学问题需要深入研究：①基于近场热辐射效应的表面辐射特性调控机制；②近场辐射换热理论与控制方法；③近场热辐射效应在能源系统中的应用。围绕着这三个问题，国内宣益民课题组近年做出了卓有成效的工作。

（1）基于近场热辐射效应的表面辐射特性调控机制

改变热辐射表面的微/纳尺度结构可以调节该表面光谱辐射特性，方便地实现对热辐射的光谱控制或匹配。通过改变表面微结构来调控其辐射特性的研究可追溯到20世纪70年代，由金属金形成的周期性微结构表面几乎可完全吸收可见光波段的入射辐射，改变了关于金材料可见光吸收特性的传统认识[21]。随后的研究进一步证实了周期性微结构表面具有辐射特性控制功能[22, 23]。

周期性微结构表面控制辐射特性的机理在于微腔效应、表面等离子激元和光子禁带等。文献[24, 25]研究了一维和二维光栅结构表面的辐射特性，研究表明，通过激发微腔效应可以强化光栅表面对特定波段的光谱吸收性能，实现此特定波段全方向的强化吸收。文献[26]证实了由于表面等离子激元的作用，与光滑介质表面相比，金属/介质光栅表面的吸收率增强了50%以上。基于微结构表面的光子禁带效应，文献[27]设计了Si/SiO$_2$一维微结构滤光器，建立了滤光器辐射特性的控制方法。

实际物体表面是具有一定粗糙度特性的粗糙表面，粗糙表面的热辐射传递过程存在复杂的散射效应。文献[28]研究了粗糙度对硅晶片表面辐射参数和晶片快速热处理过程的影响，研究表明，表面随机粗糙元导致的辐射特性波动成为硅片温度测量和控制的一个关键因素。文献[29]研究了二维粗糙表面的辐射特性，分析了表面结构形态、入射角度、入射光偏振状态对粗糙表面辐射特性的影响。

（2）近场辐射换热理论与控制方法

已有研究表明，在近场辐射换热过程中，波的干涉效应和光子隧道效应非常明显，物体间的热辐射光谱辐射力将突破黑体的限制，比黑体辐射的光谱辐射力大5～6个量级[30, 32]。

文献[33]建立了包括磁性材料在内适用各种材料的近场辐射换热理论分析方法，分析了材料属性（非磁性、磁性、超材料）、表面间距等对近场辐射换热特性的作用机制与调控原理。研究表明，由于超材料能激发TE表面波，近场辐射换热被大大增强[33, 34]。文献[35]研究表明，由于近场辐射效应的影响，遮热板可减弱或增强两个半无限大平板间的辐射换热，其取决于材料的属性。文献[36]利用VO$_2$和LCSMO的热致变色特性研究了近场辐射热整流方法，正反向热流比可以达到8.7。

（3）近场热辐射效应在能源系统中的应用

近年来，国内外研究学者开展了近场热辐射效应在太阳能电池、太阳能光催化制氢、LED光源等能源系统中的应用基础研究。文献[37]提出了一种一维组合式光栅结构的太阳电池表面，拓宽了太阳电池强化吸收的波段。文献[38]提出了在a-Si：H薄膜太阳电池ITO/a-Si：H上界面掺入周期排列纳米粒子的方法，与表面排列纳米粒子的方法相比，显著提高了a-Si：H薄膜太阳电池光吸收率。

文献［39］设计了一种多层结构的纳米粒子，通过金属层激发表面等离子激元共振效应，强化了光催化半导体粒子的吸收性能。进而通过控制 Al/CdS 核壳结构纳米粒子的浓度和粒子结构，强化了半导体粒子 / 水分散体系的太阳吸收性能[40]。

文献［41］提出了采用介质 / 金属组合光栅结构增强 LED 光提取效率的方法，研究表明，在特定的波长其发光效率增大近 4 倍。

未来研究方向主要集中在以下方面：①随机粗糙表面间的近场辐射换热特性；②场辐射换热的实验研究；③进一步开展近场热辐射效应在新型能源系统中的应用研究。

（三）远场辐射

1. 高温介质与及弥散系统的非平衡辐射特性

随着先进推进技术、战略防御技术、等离子体技术和光谱诊断等技术的发展[42]，高温等离子体微观能量输运机制及其辐射特性、高温粒子及团聚物辐射的微观机制和规律的研究是国际上的一个热点问题。

物质处于高温等离子体状态下时，电子不仅在原子核束缚状态下形成束缚—束缚跃迁，还会发生束缚—自由跃迁，挣脱原子核的约束，形成大量自由电子。此时，由束缚—自由跃迁导致的光致电离或辐射消电离，以及由自由—自由跃迁导致的轫致辐射成为等离子体内部最典型的辐射发射和吸收过程，直接影响到等离子体局部辐射特性。此外，在超强、超短激光脉冲的作用下，微观粒子的运动特性甚至可能受投射辐射的影响。由此可见，等离子体状态下物质的辐射特性与辐射传输过程、物质输运过程复杂耦合，不能割舍它们之间的内在联系简单研究等离子体的辐射特性。

所谓非平衡，即指在研究的局部区域内，各种形式的能量分布和热力学特性不能由统一的温度来描述。极高温多组元气体非平衡辐射常伴随一些极端过程出现，如高超声速飞行、等离子体加热与驱动、激光与物质相互作用、核爆炸等[43,44]。在高温（3000K 以上）、高焓、高速等极端条件下，气体组元产生离解、复合、电离、内能级激发跃迁等多种形式的物理化学过程，不同的过程有不同的特征弛豫时间，导致高温气体内分子、原子及离子等各种微观粒子的能级数密度分布偏离经典的玻尔兹曼分布，并最终导致辐射特性不再满足由单一温度控制的基尔霍夫定律和普朗克函数关系。

正是因为极端工况下多种弛豫过程的存在，致使非平衡状态成为较平衡状态更为普遍的状态。而高温非平衡条件下，气体辐射往往是主要的加热方式，飞行器高速进入土星大气的实验表明，激波层辐射是主要的加热方式，是对流加热的 7 倍；研究表明火星探测器再入时辐射热流峰值是气动热流的 10 倍。非平衡效应的存在将使辐射能力提高 2～15 倍，而考虑和不考虑非平衡效应的辐射理论计算结果甚至可以相差 1～2 个数量级以上，比如对探测器进入金星大气层的研究表明，考虑非平衡化学过程的非平衡辐射加热近似为平衡时的 2 倍。

自 20 世纪 60 年代阿波罗计划开始，以美国 NASA 为首的研究机构，整合了热辐射、分子动力学、化学动力学、光谱学、计算物理等多个学科的科研实力，针对高温非平衡气体辐射特性开展了系统研究。至今，高温非平衡气体辐射特性仍是航空航天高技术领域的研究热点。我国在该领域的研究起步较晚，尚未形成独立的研究体系，亟须从微观物理化学过程入手，建立微观过程基本物性参数数据库，细致研究各种非平衡弛豫过程，探寻高温非平衡态多组元气体辐射的微观机制和规律，建立气体宏观非平衡辐射特性与微观弛豫过程间的统计关系。

从微观角度看，辐射与等离子体的耦合过程可以看作是光子输运与分子输运的耦合过程，二者统一于玻尔兹曼方程。从碰撞理论出发，在玻尔兹曼方程框架下研究高温等离子体内能级激发、离解、电离、复合等微观能量输运机制，获得高温等离子体能级布居模型；基于量子力学、光谱学和原子分子辐射理论发展高温等离子体辐射特性参数计算方法；在此基础上，发展基于玻尔兹曼方程框架下的高温等离子体辐射特性和辐射传输研究方法，并探寻其规律；开展激光等离子体实验观测，进行理论模型校验和非平衡机制分析。

2. 非均匀弥散颗粒团簇多尺度辐射

弥散颗粒广泛存在于化工、冶金、动力、建筑、医药、生物、食品、航天、气象、大气等多个应用领域，粒子问题的研究涉及传热学、天体物理学、地球物理学、光学、电磁学、微观物理学、生物学、胶体化学、声学、军事科学等多个学科。目前，随机团聚状态下多组分、非球形和非均匀弥散颗粒团簇辐射特性的研究已成为国际学者研究的热点，已成为火焰燃烧诊断、航空航天、大气遥感探测等技术领域所关心的基础科学问题[45, 46]。

在自然环境中，很多粒子都是呈聚集粒子状态存在的，如大气中的悬浮颗粒、气溶胶微粒、星际间的尘埃等，均可以看作是由大量基本球形粒子由于无规则运动群聚而成的聚集粒子。在高温燃烧系统中，超细的基本粒子会聚集成形状、大小各异的聚集团簇。以炭黑火焰为例，炭黑粒子（10nm量级）集于火焰面以内聚集成非规则结构的团聚物，其辐射特性是在炉内辐射换热计算过程和炉内的火焰温度的光学诊断中必不可少的参数，聚集体结构和形态变化直接影响到粒子辐射特性，对聚集体辐射特性的研究对进一步精确模拟炉内辐射换热和光学诊断火焰温度具有重要意义。由于炭黑团聚粒子的复杂结构，研究其光学和辐射特性具有一定的困难。目前的结论是聚集效应使前向散射增强，但是对聚集粒子相函数的具体形状特征还不准确，有待于进一步研究。另外炭黑粒子常常是与其他非吸收介质内部或外部掺混。高温的炭黑粒子容易被非吸收性介质壳所包围形成内部混合形式，如链状非均匀内混结构。这些链状结构聚集体相互作用而折叠起来形成紧堆类球形结构，这些链状非规则聚集粒子具有分形特性且具有特殊的光学特性，采用球形等效均匀假设将导致不真实的辐射特性。由于炭黑粒子对光的吸收和散射能够被混合物所改变，炭黑和灰尘混合的团聚物散射研究受到关注。掺杂灰尘粒子的体积分数、内部掺杂结构和粒径分布对炭黑团聚物的吸收和散射特性的影响需要进一步研究。

3. "黑障"状态下热质传输研究

高超声速飞行器在穿过大气层时，与空气发生巨大的摩擦和强大的挤压，形成高温激波层，气体分子在激波层内被电离，产生自由电子；此外，飞行器壁面烧蚀增大了激波层内电子密度，最终导致在飞行器周围形成高密度、低温度等离子体层，称之为"等离子鞘套"[47]。因"等离子鞘套"内电子密度极高，出现"黑障"现象，此时射频通信信号强烈起伏和衰减，并可能产生信号中断，直接影响地面测控设备对目标信号的跟踪和测量。在此期间，目标通常经历最为恶劣的环境，此时的最大冲击、振动、过载、热流等参数急需传送至地面，进行实时分析和事后处理。哥伦比亚号航天飞机因"黑障"导致事故前遥感勘测失灵，几乎没有地面数据可以支持对事故的分析；无人火星探测器在再入过程中，因"黑障"导致飞行器失去控制中心的控制和导航，此时，连续和实时的遥感是飞行任务是否成功的关键。

"黑障"状态下，有如下热质传输相关科学问题有待开展研究：高超声速飞行器再入飞行弹道的精确确定是攻角估计、气动参数辨识等气动设计、分析工作的前提，在"黑障"导致无线电通讯中断的环境下，等离子鞘套的辐射特性成为重要的辅助手段；光致电离是激波层内电子产生的主要机理，采用敏感性分析的方法，耦合光化学和辐射传输过程，系统研究飞行器飞行环境、速度、壁面外形及材料等因素对等离子体鞘套形成过程的影响，探寻减轻"黑障"的手段，耦合分子输运、离子输运、光子输运和碰撞反应机理，系统分析等离子体鞘套内的传热传质过程，准确计算等离子体鞘套内的对流和辐射热通量。

4. 高速飞行条件下的流固耦合与气动光学

超声速巡航飞机、导弹、高超声速飞行器以及可重复使用天地往返运输载具等各种类型的高速和高超声速飞行器技术不仅具有重大的国防价值和社会经济意义，而且反映一个国家的科技水平和能力，是航空航天领域的重点发展方向。

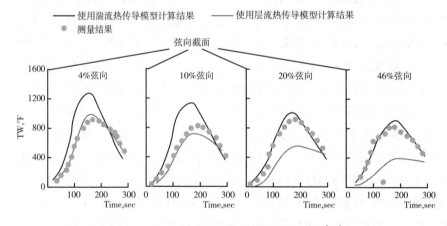

图1　X-15型飞机机翼瞬态温度分布曲线[48]

流固耦合传热是高速飞行器的热防护、红外探测、红外隐身等关键技术中的共性基础科学问题，涉及真实气体高速气动对流、非均质各向异性导热、介质热辐射、表面热化学反应及热质传递效应、表面细观传热的多层次复杂耦合作用。开展高速飞行条件下的流固耦合过程基础研究[48]，认识流固耦合瞬态过程中各种效应的复杂耦合机制、作用途径和特性规律对相关技术的创新发展非常重要。目前，国际学术界对超声速和高超声速气动热、热防护材料与结构传热机理、燃气轮机叶片冷却等内流亚音速流固耦合问题已比较重视。由于问题的复杂性，对超声速和高超声速流与复杂固体结构的流固耦合问题研究尚比较缺乏。

高速飞行条件下的流固耦合传热研究的主要科学问题包括：多物理场耦合机理及其表征和描述方法、高精度与高效计算方法、地面模拟试验方法、温度／热流与压力测量方法、瞬态热过程时频特性、界面细观传热机理、多尺度分析方法、材料体系热化学反应及热质传递效应、热辐射效应及红外光谱特性等。

（四）高新技术中的辐射问题

1. 极端条件下固态物质热辐射参数的估算方法

材料的热辐射特性参数是进行辐射计算和分析的前提。在工程应用和科学研究中，高精度的红外辐射模拟分析常常面临与之相关的超高温和超低温等极端条件下材料辐射热物性数据缺乏的问题。迫切需要对极端条件下固态物质的基本热辐射参数从更高层次和深度来分析研究。

超高温和超低温等极端条件下固态物质的基本热辐射参数的实验测量，所需设备复杂、实验困难，且难以获得波长连续的数据。目前文献中公开的高温热辐射参数数据十分奇缺，严重地限制了极端条件下红外热辐射的模拟精度。

热辐射过程涉及材料分子和原子内部微观能级的跃迁。研究物质的微观结构、宏观辐射特性以及两者间的联系是材料热辐射特性研究中的重要课题。原则上利用材料的分子和原子结构参数，求解薛定谔方程得到系统的波函数后，系统的全部物理性质都可以由波函数导出。随着计算机技术的迅猛发展，计算机模拟已成为辐射热物性研究的重要手段。深入研究材料微观结构与宏观热辐射参数间的理论关系，发展极端条件下固体物质热辐射物性参数数值预测的第一性原理方法，是热辐射研究的一个重要基础方向，也是国际上本领域尚未开展的前沿课题[49]。

2. 复杂红外辐射特征提取和融合

红外辐射作为热能和信号传递的一种方式，在军事目标的红外探测、识别、跟踪、制导和红外隐身等国防安全技术领域有广泛的应用。捕捉目标的距离除了与红外成像、红外跟踪系统的灵敏度直接有关外，也与目标及背景的红外信号特征及大气穿透率有着密切的关系。自20世纪六十年代以来，国外军事强国先后进行了：高空环境模拟器模拟测量；

发动机尾喷焰红外光谱分布随高度变化的外场测试；弹载的导弹尾喷焰和地球大气背景红外光谱测量；星载的地球、大气背景红外测量。为支撑能预警战略、战术导弹发射的新一代导弹预警卫星的研制，近几年来，国外有关飞行器喷焰、尾流的辐射传递热和特性的研究不断深入，理论模型和计算方法仍在不断地改进与完善[50]。作为适应未来高科技战争的需要，提高防御和预警能力的基础和理论储备，开展目标光谱辐射特性研究具有迫切性，尤其是复杂环境和条件下红外辐射特征提取和融合的理论与方法。

3. 多孔复合材料的热辐射特性及多模式耦合换热

多孔复合材料是一类新型的多功能材料，一般指由一定元胞微结构构成的高孔隙率的特殊新型复合材料（图2）。国际上已展开研究的多孔复合材料主要有泡沫陶瓷和泡沫金属，其他还有聚酯泡沫、气凝胶等。多孔复合材料的孔隙率范围一般在40%～98%。由于多孔隙及特殊的微元胞结构，多孔复合材料除具有母体材料的基本特性外，还具有质量轻、刚性强、吸能性能优异等特性，因而在航空、航天领域有重大的潜在应用价值。由于泡沫陶瓷和泡沫金属适用于高温换热过程，因此多孔复合材料的辐射特性预测及多模式的耦合换热已成为辐射换热领域的一个重要研究方向。

目前国内外对多孔复合材料内辐射换热的研究刚刚开始。由于具有复杂的多孔结构，通过对孔隙结构进行详细建模和网格离散，直接求解孔隙尺度的辐射传递方程工作量巨大，显然不适合工程设计的需求。建立多孔复合材料连续介质近似下的辐射传输模型然后进行求解是一种思路。基于连续介质近似，多孔复合材料内热辐射传输预测的关键问题和困难在于等效辐射特性如吸收系数、散射系数、散射相函数等基本参数的确定。

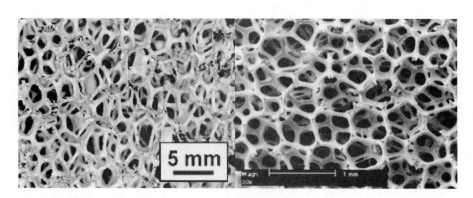

图2　多孔复合材料示意图

4. 短脉冲激光与物质的相互作用

短脉冲激光具有广泛的应用背景。短脉冲激光辐照参与性介质时，在介质内与表面处会产生时域信号。与稳态光源相比，时域信号能提供物质独有的特征信息。时域辐射信号经常用于确定介质的内部结构与辐射特性。时域辐射信号的获得需要求解瞬态辐射传递方程。用于求解瞬态辐射传递方程的方法有积分方程法[52-54]、离散坐标法[55]、间断有限元法[56]、离散传递法[57]、DRESOR 法[58]、有限体积法[59]、蒙特卡洛法[60-62]等。已有的工作主要侧重于研究非折射性介质瞬态辐射传递，没有考虑折射率在介质边界处存在间断的问题。

张勇、易红亮、谈和平[63]建立了求解平行平板介质辐射传递问题的格子 –Boltzmann模型，解决了非射线跟踪类数值方法在处理漫反射 / 折射光学边界条件存在的问题；该模型程序实现简单，计算精度及效率高。

由于辐射偏振信息的重要性，矢量辐射传递在许多研究领域引起了极大关注，发展了很多求解方法，如蒙特卡洛法[64]、FN 法[65]、倍增法[66]、离散坐标法[67]、逐次散射法[68]、马尔可夫链法[69]。已有的绝大部分工作都集中在稳态偏振辐射传递问题。尽管在一些情况下偏振效应可以忽略，但要完整而正确的描述短脉冲激光在散射性介质内的传播行为，必须既考虑瞬态又考虑偏振效应。尤其对于短脉冲激光在强散射性介质内传递时，如果不考虑偏振的影响，势必对瞬态结果造成很大的偏差。但瞬态偏振辐射传递问题因其求解难度大，对算法数值性能要求高，国际上研究甚少，迄今找到 4 篇公开发表的文献[70-73]，且已有工作远不够系统和深入。

蒙特卡洛法是求解辐射传递问题的经典方法。对于求解考虑瞬态和偏振效应的辐射传递问题，与其他数值方法相比，蒙特卡洛法有两大优势。在蒙特卡洛法中，光束每次传递距离都已确定，因此光束在介质内传递时，很容易实现空间与时间的转换。因为这个优点，蒙特卡洛法非常适合用于求解瞬态辐射传递问题。此外，作为一种射线跟踪法，蒙特卡洛技术在求解光子遇到 Fresnel 表面 / 界面导致的偏振问题时，具有其他方法所不具备的独特优势。蒙特卡洛法的缺点同样明显：很多情况下，尤其对于求解瞬态辐射传递问题，为得到稳定、精确的结果，需要数量庞大的光束，导致计算时间超长、计算效率极低。如果光束不够多，得到的结果会出现强烈的非物理震荡，尤其对于光学厚度较大的情况，更是如此。

易红亮、贲勋、谈和平[74]率先将时间平移与叠加原理引入到蒙特卡洛法，对一维散射性介质瞬态偏振辐射传递问题进行了系统、深入的研究。时间平移与叠加原理的引入，使得 MCM 求解瞬态偏振问题的计算精度与效率几乎与稳态偏振问题无异。

（五）计算辐射学

描述辐射能传输过程的基本方程为辐射传递方程。辐射传输沿程衰减，辐射特性随波长、方向变化，故辐射传递方程须对路径、波长、方向积分，通常为积分方程或积分 – 微分方程。

辐射传输的边界条件不仅包括热边界条件，还需要考虑界面的光学（辐射）特性，即界面的透射特性（不透明、半透明界面）、反射特性（镜、漫反射）和光谱特性；由于热辐射的延程性，当界面反射率不为零时，辐射边界条件中含有远程项；因此，须考虑界面光学特性与界面传热特性的耦合影响。

由于上述原因，到目前为止，辐射传递方程仅在一维灰介质、不透明漫反射界面条件下有解析解，多数情况下只能通过数值计算的途径进行近似求解。目前已发展起来的辐射传递方程数值求解方法主要可以分为以下两类：第一类，基于射线跟踪的方法；第二类，基于微分形式辐射传递方程全局离散的方法。第一类方法一般需要通过跟踪光束传播轨迹来进行求解，如区域法（Zone Method，ZM）、蒙特卡洛法（Monte-Carlo Method，MCM）和离散传递法。第二类方法的求解过程类似于一般偏微分方程的离散和求解，如离散坐标法、有限体积法、有限元法、谱元法、无网格法等[75, 76]。

基于微分形式辐射传递方程全局离散的方法求解过程中存在两种类型的主要误差，即射线效应和假散射。一般认为，射线效应主要归咎于角度离散不当，假散射主要归咎于空间离散不当，但同时这两种误差相互影响。相比于假散射而言，射线效应会引起辐射场求解结果出现非物理振荡，甚至会带来求解结果趋势上的错误，因而是更应关注的一种误差。关于如何消除该类方法的射线效应问题目前国际上还没有很好的解决方案。

因此，如何判断某一辐射传递方程数值求解方法的可信度和计算精度，是一个值得注意的问题。

1. 热辐射数值计算的实验验证

迄今为止，有关热辐射的实验研究主要集中在辐射物性上，例如：金属和非金属表面半球发射率，方向半球反射率，表面双向反射率；气体的发射率，气体的吸收系数、衰减系数；粒子的光学常数（复折射率），粒子系的穿透率等。相对而言，有关热辐射的传输实验，文献报道很少，主要集中在单纯的红外辐射传输，或热辐射与热传导耦合时的传输问题。其中的原因以我们的理解，主要有以下三点[1]。

（1）除了在高真空下（宇宙空间，或特定的实验条件），高温热辐射通常与流体流动、化学反应（燃烧）联系在一起。

（2）湍流流动、湍流燃烧的理论分析与数值计算至今尚未很好地解决，数值计算与实验结果的对比尚存在较大的偏差。

（3）如果上述两点能得到共识，则高温热辐射与湍流流动、湍流燃烧耦合后的实验结果很难用来单纯验证热辐射传输模型、热辐射传输数值计算的正确性与否。实验结果可以用来说明某种型号的燃烧器、发动机是否可以应用，也可以用于测定在该实验条件下某一光谱热辐射强度。但是用它来验证热辐射传输模型与数值计算的前提是，湍流流动和湍流燃烧的理论模型与数值计算是否正确？偏差多少？

2. 热辐射数值计算的对比验证

由于辐射强度是空间方向的函数，而目前绝大多数的辐射传递方程数值求解方法是基于微分形式辐射传递方程的全局离散，如热流法、离散坐标法、有限体积法、有限元法等，均对空间方向进行了离散，则不可避免地带来了离散辐射传递方向所产生的误差。因此，目前常被国内外文献用作数值求解比对验证的参考基准方法是区域法和蒙特卡洛法。

由于区域法不存在对空间立体角的离散，所以对无散射的热辐射传输问题的计算精度较高，因此通常可将它的解作为一个验证的参考基准，以确定其他辐射求解方法对空间立体角离散所带来的误差。然而，区域法目前尚不能有效处理各向异性散射介质的辐射传递，也未能处理诸如半透明界面、镜反射等复杂界面光学特性。

蒙特卡洛法是一种概率模拟方法，它的优点显著：其一是适应性强，可以处理各种复杂问题，如多维、复杂几何形状、各向异性散射、各向异性发射等；其二是在处理复杂问题时，MCM 模拟计算的复杂程度大体上随问题的复杂性成比例增加；而其他方法处理复杂问题时，其复杂程度大体上随问题的复杂性成平方增加。与区域法一样，MCM 也不存在对空间立体角的离散，因此通常也将它的解作为一个验证的参考基准。影响 MCM 模拟精度的主要原因在于产生的伪随机数的优劣，尽管目前检验伪随机数的方法有许多种，但是这些检验方法绝大多数是必要的却并不充分。作为一种概率统计方法，MCM 不可避免地存在一定的统计误差，其计算结果总是在精确解周围波动，随着模拟抽样光束数量的增加逐渐接近精确解；其前提是，所采用的伪随机数序列分布均匀、充分独立、序列重复周期足够长。

3. 辐射传递高精度数值算法的近期进展

辐射传递方程是一阶偏微分方程，与对流—扩散方程相比，可视为一类特殊的不存在扩散项的对流占优型方程。基于这一类方程全局离散的数值结果存在非物理震荡，为消除误差，通常采取两种稳定策略：①将对流型一阶辐射传递方程转化为扩散型二阶辐射传递方程，再采用传统数值方法求解；②采用各种数值稳定技术，如迎风方案或人工扩散方案等。

二阶辐射传递方程（SORTE）含有二阶导数项，具有扩散特性与良好的数值性能。近年来，中外学者提出了三种不同形式的 SORTE[77, 78-82]。一种是辐射传递方程的偶宇称形式[78-80]，一种是以辐射强度为解变量的二阶辐射传递方程[81, 82]。SORTE 因其存在衰减系数的倒数项，应用范围受到限制。第三种是新型的二阶辐射传递方程（MSORTE）[77]，克服了 SORTE 带来的奇异性问题。Zhao 等[77]采用移动最小二乘无网格法求解 MSORTE，研究了强烈非均匀介质内的辐射传递问题，得到了稳定、精确的结果，证实了 MSORTE 的数值性能。尽管上述三类 SORTE 与一阶辐射传递方程相比更加稳定，但前者更加消耗计算时间。此外，与一阶辐射传递方程相比，SORTE 在辐射强度对路径的可微性方面要求更高，其应用范围受到限制。

另一个消除非物理震荡的数值稳定方案是引入迎风格式，这既能得到稳定的数值解，与求解 SORTE 相比，也能节省计算时间。目前已经发展了很多迎风方案，用于有限差分法、有限元法与有限体积法。很明显，不论通过什么途径，只需在传递方向上施加迎风效应。然而，对于多维问题，设计这样的方案并不容易。Hughes 与 Brooks[83]引入流线迎风（SU）法，构造人工扩散算子，作用于传递方向；然而 SU 法不满足辐射传递方程的一致性，导致过度的扩散，解的精度反而降低。几年后 Hughes 与 Brooks[84]提出了改进的迎风格式，流线迎风彼得罗夫－伽辽金法（SUPG），在迎风方向引入了一个附加稳定项，但该方法相关参数的选择仍然不太直接。Liu 和 Zhao 等人[85, 86]采用伽辽金有限元法结合 SU 和 SUPG 格式分别求解了一阶辐射传递方程，在某些工况下得到了稳定的结果。

2013 年，罗康、易红亮、谈和平[87]提出了基于一阶辐射传递方程的迎风配点无网格法（UPCM），其迎风格式的构造方式为：将移动最小二乘的支持域迎着来流方向移动，此方法类似于有限体积法的迎风构造方式，但更加简洁和易于实现。采用该方法在求解辐射强度场时，需在每个离散角度方向都设计相应的迎风格式，用以加强每个方向上辐射传递方程的数值稳定性。经过大量的数值算例验证发现，UPCM 能够明显改善辐射传递方程的强对流性质，同时对于强烈非均匀介质或衰减系数较低的介质亦有有很好的适用性，数值解能够更快的收敛，稳定性更强。此外，相对于 SORTE 而言，基于一阶辐射传递方程的 UPCM 需要更短的计算时间，在某些情况下其数值解稳定性甚至优于基于 SORTE 的数值解；虽然 UPCM 不能完全消除射线效应，但能有效消除假散射，在数值解精度上，UPCM 甚至优于伽辽金谱元法[88]与间断谱元法[89]。

另外，张勇、易红亮、谈和平[90-94]率先建立了多维辐射传递的自然元模型，获得了稳定、精确的数值解。

4. 其他待解决的问题

在锅炉炉膛、发动机燃烧室、尾喷焰、飞行器再入等高温强湍流条件下，辐射传输会与湍流脉动对流发生交互作用。目前除了直接模拟手段以外，国际上还没有发展出完善的工程湍流辐射交互模型。传统的热辐射传输的研究忽略了电磁波的偏振特性，然而根据电磁理论，界面反射、粒子散射均存在起偏效应，因而需要研究考虑偏振特性的辐射传输问题。传统标量辐射传输的求解方法并不能直接推广到考虑偏振辐射传输的情形，特别是针对梯度折射率介质存在较多困难。考虑偏振的辐射传输的求解方法还有待探讨。在具有跨尺度的辐射传输和耦合换热求解方面，由于尺度的跨量级变化，使得计算域的离散和求解存在较大困难，对于跨尺度辐射传输及耦合换热的计算模型和方法还有待研究。实际介质的辐射参数具有随光谱复杂变化的非灰特性，在非灰介质辐射传输求解方面，高效高精度的多光谱求解方法是工程中进行大型高温过程辐射换热分析的重要手段，目前已提出的多种谱带模型虽满足了一定的工程需要，但在精度和计算量方面还有待进一步改进。

目前，随着科学研究和工程应用对热辐射计算精度的不断提高，对计算热辐射学的研究提出了更高的要求。今后计算热辐射学方面研究的重点包括：①射线效应和假散射抑制方法的研究；②工程湍流辐射模型的研究；③梯度折射率介质内矢量辐射传递过程的数值模拟方法研究；④跨尺度辐射传递的多尺度和并行算法研究；⑤高效高精度的多光谱辐射换热求解方法。

（六）热辐射测试技术——非接触式测量、非侵入式测试原理与方法（红外热像、MRI 测温）

目前应用较广泛的非接触式／非侵入式热物理测量方法主要有红外热成像、核磁共振测温，超声无损测温，以及微波测温等等。其中红外热成像与微波测温均是基于不同温度的物体其辐射波谱的不同来反演出温度信息。红外热成像仪一般包括光学系统、探测器，扫描转换器以及显示器等部分组成，其主要原理是通过光学的方法，将所测物体辐射的红外波段聚焦到探测器，探测器检测到的信号转换成相应的信号后推算出温度信息。该种测量方法测温范围较大，可以适用多种测量条件。其主要缺点在于仅能测量表面温度，对于深部温度常常需要通过传热反问题的分析获得，目前仍然处于研究中。微波测温技术则是通过检测表面的微波段辐射来反演温度信息。通过测量测试物体在微波段（30cm ~ 1mm）的辐射，被测物体需要放置在一可屏蔽外部电磁场的腔中，以防止外界信号的干扰。物体内不同位置所辐射的微波被腔内天线所接受，通过放大器和处理器，根据计算和信号分析获得物体内不同位置的温度信息。其空间测试分辨率与所要测量深度处于矛盾关系，目前其空间测试分辨率可以达到 1cm，同时测试深度可以达到 20cm。其与红外测试相比测量精度较高，且可以获得较深位置的温度信息。但其测试装置较昂贵，测量过程控制较严格。

磁共振（MRI）测温的方法主要基于含水物质中的 H 原子核在磁场作用下多个弛豫参数与温度相关性[96]。在测试过程中，将被测物体放置在稳定的外部磁场中，其所含的水分子在磁场作用下氢原子自旋排列方向改变，产生磁矩，磁矩和磁场的相互作用使得质子自旋能量分裂成一系列分立的能级，相邻的两个能级之差 $\Delta E=rgb$。然后施加以频率适当的电磁辐射脉冲，如果电磁辐射光子能量 hv 恰好为两相邻核能级之差 ΔE，则原子核吸收该光子，发生核磁共振，在去掉脉冲式电磁波后，原子核磁矩将所吸收的能量中的一部分以电磁波的形式发射出来，释放出与此相关的多种信号。

目前使用的 MRI 测温原理主要有：①纵向弛豫时间 T_1 对温度的依赖性；②水分子的扩散速率随温度的变化规律；③质子共振频率（PRF）的化学位移与温度的关系；④质子浓度；⑤其他参数如散装磁化和磁化传递率等。其中基于质子共振频率的测量方法是目前使用最多的方法，因其时间响应相对很快，且测量准确性几乎与测试材料中的其他组分关系不大。基于弛豫时间 T_1、水分子扩散速度和质子共振频率所获得的为相对变化温度，若需获得绝对温度还需要有该同一物体在已知温度条件下的对照图像。MRI 测温的方法与其他非介入式测量方法相比，无需电磁波的介入，测温的空间分辨率较高，但其实时响应性以及其高昂的测试成本仍然是制约其发展的主要瓶颈。

总的来说，在这些无损测温的技术中，MRI 的方法具有可以接受的精度、空间和时间分辨率，但测试成本最高；而超声测温在其测量精度内，是一种有前途的低成本非介入式测温方法。

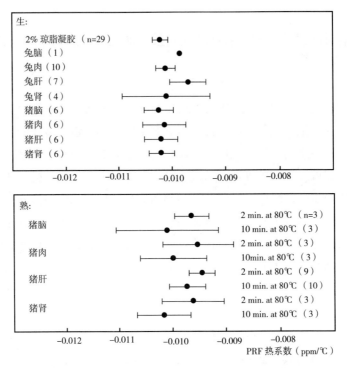

图3 采用磁共振温度成像技术测得生的和熟的兔和猪的组织 PRF 热系数[96]

（七）交叉研究——太阳能光热利用

由于太阳能具有能流密度低、昼夜间歇性、随地球自转辐照强度不断变化的基本特性，各种高效的太阳能利用方式都需要通过太阳能聚集转换和存储技术来提高能流密度、实现稳定的能量供应。太阳能高效利用方式主要包括光—热转换、光—电转换、光化学与光生物转换几类，其关键热物理问题包括能源聚集、转换与储存过程，需要将导热、对流与辐射三种传递方式进行耦合分析，同时广泛涉及新型能源材料的结构设计与性能调控、高能流密度高温交变环境下热质传递特性、多尺度多相多场耦合传递和反应等问题，这些传热传质问题为能源材料与工程学发展提出新的研究方向和发展目标。

太阳能光—热转换[97]为高辐射能流密度、高温交变热应力冲击的非稳态非均匀传递过程，其中紧密结合的传递现象包括质量、热量和动量传递，传递过程中变物性与多相态工质的传输机制非常复杂。太阳辐射聚集是太阳能高效光热转换的基本前提，已开展太阳能分频高效热利用辐射热力学理论、太阳能低成本高效聚集的光热辐射频谱特性与传输[98]、太阳能流高效传输的非成像聚光机理等基础研究，给辐射传热引入新的交叉研究课题。聚光太阳辐射的光热转换是太阳能高品位热利用的关键技术，涉及太阳选择性吸收材料的设计原理和光热学特性、太阳辐射能流聚集与吸收的时空协同输运及转换规律[99]、高温交变环境下吸热表面热应力分布特征等挑战性课题，相关研究对基本科学问题的认识和能源利用系统的创新都具有重要意义。

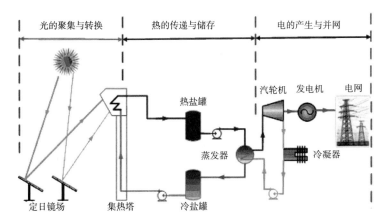

图4 太阳能热发电系统的能源转换与存储问题

参 考 文 献

［1］ 谈和平，易红亮. 多层介质红外热辐射传输. 北京：科学出版社，2012.09.

［2］ Wright SE, Scott DS, Haddow JB, Rosen MA. On the Entropy of Radiative Heat Transfer in Engineering Thermodynamics. International Journal of Engineering Sciences, 2001, 39：1691-1706.

［3］ Caldas M, Semiao V. Entropy Generation through Radiative Transfer in Participating Media：Analysis and Numerical Computation. Journal of Quantitative Spectroscopy and Radiative Transfer, 2005, 96：423-437.

［4］ Liu LH, Chu SX. On the Entropy Generation Formula of Radiation Heat Transfer Process. ASME Journal of Heat Transfer, 2006, 128：504-506.

［5］ Liu LH, Chu SX. Verification of Numerical Simulation Method for Entropy Generation of Radiation Heat Transfer in Semitransparent Medium. Journal of Quantitative Spectroscopy and Radiative Transfer, 2007, 103：43-56.

［6］ Liu LH, Chu SX. Radiative Exergy Transfer Equation. AIAA J. Thermophysics and Heat Transfer, 2007, 21（4）：819-822.

［7］ Zhang ZM, Basu S. Entropy Flow and Generation in Radiative Transfer between Surfaces. International Journal of Heat and Mass Transfer, 2007, 50：702-712.

［8］ Gupta S, Farmer J. Multiwalled carbon nanotubes and dispersed nanodiamond novel hybrids：Microscopic structure evolution, physical properties, and radiation resilience. Journal of Applied Physics, 2011, 109, 014314.

［9］ Gall JL, Oliver M, Greffet JJ. Experimental and theoretical study of reflection and coherent thermal emission by a SiC grating supporting a surface-phonon polariton. Phys. Rev. B, 1997, 55：10105-10114.

［10］ Zhang ZM, Fu CJ, Zhu QZ. Optical and thermal radiative properties of semiconductors related to micro/nanotechnology. Advances in Heat Transfer, 2003, 37：179-296.

［11］ Laroche M, Carminati R, Greffet JJ. Coherent Thermal Antenna Using a Photonic Crystal Slab. Phys. Rev. Lett., 2006, 96, 123903.

［12］ Chan DLC, Soljaccaronicacute M, Joannopoulos JD. Direct Calculation of Thermal Emission for Three-Dimensionally Periodic Photonic Crystal Slabs. Physical Review E, 2006, 74（3）：036615.

［13］ Qiu J, Wu YT, Huang ZF, Hsu PF, Liu LH, Zhou HC. A Hybrid Partial Coherence and Geometry Optics Model of Radiative Property on Coated Rough Surfaces. ASME Journal of Heat Transfer, 2013, 135（9）：091503（1-6）.

［14］ Qiu J, Liu LH, Hsu PF. FDTD Analysis of Infrared Radiative Properties of Microscale Structure Aluminum Surfaces. Journal of Quantitative Spectroscopy & Radiative Transfer, 2010, 111（12-13）：1912-1920.

［15］ Qiu J, Liu LH, Hsu PF. Effect of Oxide Film on Infrared Radiative Properties of Grating Structures of Aluminum. AIAA Journal of Thermophysics and Heat Transfer, 2011, 25（1）: 80–86.

［16］ Qiu J, Liu LH, Hsu PF. Radiative Properties of Optical Board Embedded with Optical Black Holes. Journal of Quantitative Spectroscopy & Radiative Transfer, 2011, 112（5）: 832–838.

［17］ Qiu J, Tan JY, Liu LH, Hsu PF. Infrared Radiative Properties of Two–dimensional Square Optical Black Holes. Journal of Quantitative Spectroscopy & Radiative Transfer, 2011, 112（16）: 2584–2591.

［18］ Qiu J, Hsu PF, Liu LH. Infrared Radiative Properties of Two–dimensional Square Optical Black Holes with Materials of Insulators and Semiconductors. Journal of Quantitative Spectroscopy & Radiative Transfer, 2014, 132: 99–108.

［19］ Pendry JB. Negative refraction makes a perfect lens. Phys. Rev. Lett., 2000, 85: 3966–3969.

［20］ Kong Jin Au, Wu Bae–Ian, Zhang Yan. Lateral displacement of a gaussian beam reflected from a grounded slab with negative permittivity and permeability. Appl. Phys. Lett., 2002, 80: 2084–2086.

［21］ Hutley M, Maystre D. The Total Absorption of Light by a Diffraction Grating. Opt. Commun. 1976, 19: 431–436.

［22］ Yablonovitch E. Inhibited Spontaneous Emission in Solid–state Physics and Electronics. Phys. Rev. Lett. 1987, 58: 2059–2062.

［23］ John S. Electronmagnetic Absorption in a Disordered Medium Near a Photon Mobility Edge. Phys. Rev. Lett. 1984, 53: 2169–2172.

［24］ Zhang Y, Xuan YM. Spectral Features of an omnidirectional narrowband emitter. Journal of Heat Transfer, 2012, 134: 102701–1–102701–7.

［25］ Huang J, Xuan YM, Li Q. Narrow–band spectral features of structured silver surface with rectangular resonant cavities. Journal of Quantitative Spectroscopy & Radiative Transfer, 2011, 112（5）: 839–846.

［26］ Gou Y, Xuan YM, Han Y. Investigation on spectral properties of metal–insulator–metal film stack with rectangular hole arrays. International Journal of Thermophysics, 2011, 32（5）: 1060–1070.

［27］ Liu G, Xuan YM, Han Y, Li Q. Investigation of one–dimensional Si/SiO$_2$ photonic crystals for thermophotovoltaic filter. Sci. China Ser. E–Tech Sci., 2008, 51（2）: 1–9.

［28］ Hebb J, Jensen K, Thomas J. Effect of surface roughness on the radiative properties of patterned silicon wafers, IEEE Transactions on Semiconductor Manufacturing, 1998, 11（1）: 607–614.

［29］ Xuan YM, Han Y, Zhou Y. Spectral radiative properties of two–dimensional rough surfaces. International Journal of Thermophysics, 2012, 33（12）: 2291–2310.

［30］ Mulet J P, Joulain K, Carminati R, Greffet JJ. Enhanced Radiative Heat Transfer at Nanometric distances. Microscale Thermophys. Eng., 2002, 6: 209–222.

［31］ Pendry JB. Radiative Exchange of Heat Between Nanostructures. J. Phys. Condens. Mat., 1999, 11: 6621–6633.

［32］ Volokitin AI, Persson BN. Resonant Photon Tunneling Enhancement of Radiative Heat Transfer. Phys. Rev. B, 2004, 69: 045417/1–5.

［33］ Zheng Z, Xuan YM. Theory of near–field radiative heat transfer for stratified magnetic media, International Journal of Heat and Mass Transfer, 2011, 54: 1101–1110.

［34］ Joulain K, Drevillon J, Ben–Abdallah P. Noncontact heat transfer between two metamaterials, Physical Review B, 2010, 81: 165119.

［35］ Zheng Z, Xuan YM, Enhancement or suppression of the near–field radiative heat transfer between two materials, Nanoscale and Microscale Thermophysical Engineering, 2011, 15: 237–251.

［36］ Huang J, Li Q, Zheng Z, Xuan YM, Thermal rectification based on thermochromic materials, International Journal of Heat and Mass Transfer, 2013, 67: 575–580.

［37］ Yang L, Xuan YM, Han Y, Tan J. Investigation on the performance enhancement of silicon solar cells with an assembly grating structure; Energy Conversion and Management; 2012, 54: 30–37.

［38］ Yang L, Xuan YM, Tan J. Efficient optical absorption in thin–film solar cells, Optics Express, 2011, 19（S5）: 1165–1174.

［39］ Duan H, Xuan YM. Enhancement of light absorption of cadmium sulfide nanoparticle at specific wave band by plasmon resonance shifts. Physica E, 2011, 43: 1475–1480.

[40] Duan H, Xuan YM. Enhanced optical absorption of the plasmonic nanoshell suspension based on the solar photocatalytic hydrogen production system. Appied Energy. 2014, 11: 22–29.

[41] Gou Y, Xuan YM, Han Y, Li Q. Enhancement of light−emitting efficiency using combined plasmonic Ag grating and dielectric grating. Journal of Luminescence, 2011, 131: 2382–2386.

[42] Lamet JM, Rivie re P, Perrin MY, Soufiani A. Narrow−band model for nonequilibrium air plasma radiation. Journal of Quantitative Spectroscopy and Radiative Transfer, 2010, 111(1): 87–104.

[43] Rond C, Boubert P, Félio JM, Chikhaoui A. Nonequilibrium radiation behind a strong shock wave in CO_2 − N_2. Chemical Physics, 2007, 340(1–3): 93–104.

[44] Lamet JM, Babou Y, Rivière P, Perrin MY, Soufiani A. Radiative transfer in gases under thermal and chemical nonequilibrium conditions: Application to earth atmospheric re−entry. Journal of Quantitative Spectroscopy and Radiative Transfer, 2008, 109(2): 235–244.

[45] Bansal A, Modest MF, Levin DA. Multi−scale k−distribution model for gas mixtures in hypersonic nonequilibrium flows. Journal of Quantitative Spectroscopy and Radiative Transfer, 2011, 112(7): 1213–1221.

[46] André F, Vaillon R, Galizzi C, Guo H, Gicquel O. A multi−spectral reordering technique for the full spectrum SLMB modeling of radiative heat transfer in nonuniform gaseous mixtures. Journal of Quantitative Spectroscopy and Radiative Transfer, 2011, 112(3): 394–411.

[47] Burdakov VP, Baranovsky SI, Klimov AI, Lebedev PD, Leonov SB, Pankova MB, Puhov AP. Improvement perspectives of aerodynamic and thrust−energetic parameters of hypersonic aircraft and engines when using algorithmic discharges and plasmoid formations. Acta Astronautica, 1998, 43(1–2): 31–34.

[48] Quinn RD, Gong L. A method for calculating transient surface temperatures and surface heating rates for high−speed aircraft. Citeseer, 2000, NASA/TP−2000−209034.

[49] Billaud Y, Kaiss A, Consalvi JL, Porterie B. Monte Carlo estimation of thermal radiation from wildland fires. International Journal of Thermal Sciences, 2011, 50(1): 2–11.

[50] Mahulikar SP, Sonawane HR, Rao GA. Infrared signature studies of aerospace vehicles. Progress in Aerospace Sciences, 2007, 43(7–8): 218–245.

[51] Ko KH, Anand NK. Use of porous baffles to enhance heat transfer in a rectangular channel. International Journal of Heat and Mass Transfer, 2003, 46: 4191–4199.

[52] Tan ZM, Hsu PF. An Integral Formulation of Transient Radiative Transfer. Journal of Heat Transfer, 2001, 123(3): 466–475.

[53] Wu CY, Wu SH. Integral Equation Formulation for Transient Radiative Transfer in An Anisotropically Scattering Medium. International Journal of Heat and Mass Transfer, 2000, 43(11): 2009–2020.

[54] Wu SH, Wu CY. Time−resolved spatial distribution of scattered radiative energy in a two−dimensional cylindrical medium with a large mean free path for scattering. International Journal of Heat and Mass Transfer, 2001, 44: 2611–2619.

[55] Guo ZX, Kumar S. Three−Dimensional Discrete−Ordinates Method in Transient Radiative Transfer. Journal of Thermophysics and Heat Transfer, 2002, 16(3): 289–296.

[56] Liu LH, Hsu PF. Analysis of Transient Radiative Transfer in Semitransparent Graded Index Medium. Journal of Quantiative Spectroscopy and Radiative Transfer, 2007, 105(3): 357–376.

[57] Rath P, Mishra SC, Mahanta P, et al. Discrete Transfer Method Applied to Transient Radiative Transfer Problems in Participating Medium. Numercial Heat Transfer, 2003, 44(2): 183–197.

[58] Huang ZF, Cheng Q, Zhou HC, Hsu PF. Existence of Dual−Peak Temporal Reflectance from a Light Pulse Irradiated Two−Layer Medium. Numerical Heat Transfer, Part A: Applications, 2009, 56: 342–359.

[59] Mishra SC, Muthukumaran R, Maruyama S. The Finite Volume Method Approach to The Collapsed Dimension Method in Analyzing Steady/Transient Radiative Transfer Problems In Participating Media. International Communications in Heat and Mass Transfer, 2011, 38: 291–297.

[60] Hsu PF. Effects of Multiple Scattering and Reflective Boundary on The Transient Radiative Transfer Process. International Journal of Thermal Sciences, 2001, 40(6): 539–49.

[61] Guo ZX, Aber J, Garetz BA, et al. Monte Carlo Simulation and Experiments of Pulsed Radiative Transfer. Journal of Quantitative Spectroscopy & Radiative Transfer, 2002, 73: 159–68.

[62] Wu CY. Monte Carlo Simulate of Transient Radiative Transfer in A Medium with A Variable Refractive Index. International Journal of Heat and Mass Transfer, 2009, 52(19–20): 4151–4159.

[63] Zhang Y, Yi, HL, Tan HP. One–dimensional transient radiative transfer by lattice Boltzmann method. Optics Express, 2013, 21: 24532–24549.

[64] Kattawar GW, Plass GN. Radiance and polarization of multiple scattered light from haze and clouds. Appl. Opt.1968, 7: 1519–1527.

[65] Garcia RDM, Siewert CE, The FN method for radiative transfer models that in include polarization effects. J. Quant. Spectrosc. Radiat. Transfer, 41: 117–145(1989) .

[66] Evans KF, Stephens GL, A new polarized atmospheric radiative transfer model. J. Quant. Spectrosc. Radiat. Transfer 1991, 46: 413–423.

[67] Siewert CE. A discrete–ordinates solution for radiative–transfer models that include polarization effects. J. Quant. Spectrosc. Radiat. Transfer, 2000, 64: 227–254 .

[68] Lenoble J, Herman M, Deuze JL, Lafrance B, Santer R, Tanre D. A successive order of scattering code for solving the vector equation of transfer in the earth's atmosphere with aerosols. J. Quant. Spectrosc. Radiat. Transfer, 2007, 107: 479–507.

[69] Xu F, West RA, Davis AB. A hybrid method for modeling polarized radiative transfer in a spherical–shell planetary atmosphere. J. Quant. Spectrosc. Radiat. Transfer 2013, 117: 59–70.

[70] Ishimaru A, Jaruwatanadilok S, Kuga Y. Polarized pulse waves in random discrete scatterers. Appl. Opt, 2001, 40: 5495–5502.

[71] Wang XD, Wang LV, Sun CW, Yang CC. Polarized light propagation through scattering media: time–resolved Monte Carlo simulations and experiments. J. Biomed. Opt, 2003, 8, 608–617.

[72] Sakami M, Dogariu A. Polarized light–pulse transport through scattering media. J. Opt. Soc. Am. A 23, 664–670 (2006) .

[73] Ilyushin YA, Budak YP. Analysis of the propagation of the femtosecond laser pulse in the scattering medium. Comput. Phys. Commun. 2011, 182: 940–945.

[74] Yi HL, Ben X, Tan HP. Transient radiative transfer in a scattering slab considering polarization. Optics Express, 2013, 21(22): 26693–26713.

[75] Wang L, Haworth DC, Turns SR, Modest MF. Interactions among soot, thermal radiation, and NO_x emissions in oxygen–enriched turbulent nonpremixed flames: a computational fluid dynamics modeling study. Combustion and Flame, 2005, 141(1–2): 170–179.

[76] Tang ST, Chernovsky MK, Im HG, Atreya A. A computational study of spherical diffusion flames in microgravity with gas radiation Part I: Model development and validation. Combustion and Flame, 2010, 157(1): 118–126.

[77] Zhao JM, Tan JY, Liu LH. A second order radiative transfer equation and its solution by meshless method with application to strongly inhomogeneous media. J Comput Phys, 2013, 232: 431–55.

[78] Fiveland WA, Jessee JP. Comparison of discrete ordinates formulations for radiative heat transfer in multidimensional geometries. J Thermophys Heat Transf 1995, 9: 47–54.

[79] Liu J, Chen YS. Examination of conventional and even–parity formulations of discrete ordinates method in a body–fitted coordinate system. JQSRT, 1999, 61: 417–31.

[80] Sadat H. On the use of a meshless method for solving radiative transfer with the discrete ordinates formulations. JQSRT 2006, 101: 263–8.

[81] Hassanzadeh P, Raithby GD. Finite–volume solution of the second–order radiative transfer equation: accuracy and solution cost. Numer Heat Tranf B–Fundam, 2008, 53: 374–82.

［82］ Zhao JM, Liu LH. Second-order radiative transfer equation and its properties of numerical solution using the finite-element method. Numer Heat Tranf B-Fundam 2007; 51: 391-409.

［83］ Hughes TJR, Brooks A. A multidimensional upwind scheme with no crosswind diffusion. Finite element methods for convection dominated flows, AMD. 1979; 34: 19-35.

［84］ Brooks AN, Hughes TJR. Streamline upwind/Petrov-Galerkin formulations for convection dominated flows with particular emphasis on the incompressible Navier-Stokes equations. Comput Meth Appl Mech Eng 1982; 32: 199-259.

［85］ Liu LH. Finite Element Simulation of Radiative Heat Transfer in Absorbing and Scattering Media. J Thermophys Heat Transf 2004; 18: 555-7.

［86］ Zhao JM, Tan JY, Liu LH. A deficiency problem of the least squares finite element method for solving radiative transfer in strongly inhomogeneous media. JQSRT 2012; 113: 1488-502.

［87］ Luo K, Cao ZH, Yi HL, Tan HP. A direct collocation meshless approach with upwind scheme for radiative transfer in strongly inhomogeneous media. JQSRT, 2014, in press.

［88］ Zhao JM, Liu LH. Spectral element method with adaptive artificial diffusion for solving the radiative transfer equation. Numer Heat Tranf B-Fundam 2008; 53(6): 536-554.

［89］ Zhao JM, Liu LH. Discontinuous spectral element method for solving radiative heat transfer in multidimensional semitransparent media. JQSRT 2007; 107: 1-16.

［90］ Zhang Y, Yi HL, Tan HP. Natural element method for radiative heat transfer in two-dimensional semitransparent medium. Int. J. Heat Mass Transfer, 2013, 56: 411-423.

［91］ Zhang Y, Yi HL, Tan HP. Natural element method for radiative heat transfer in a semitransparent medium with irregular geometries. J. Computational Physics, 2013, 241: 18-34.

［92］ Zhang Y, Ma Y, Yi HL, Tan HP. Natural element method for solving radiative transfer with or without conduction in three-dimensional complex geometries. JQSRT, 2013, 129: 118-130.

［93］ Zhang Y, Yi HL, Tan HP. Natural element analysis for coupled radiative and conductive heat transfer in semitransparent medium with irregular geometries. Int. J. Thermal Sci., 2014, 76: 30-42.

［94］ Zhang Y, Yi HL, Tan HP. Least-squares natural element method for radiative heat transfer in graded index medium with semitransparent surfaces. Int. J. Heat Mass Transfer, 2013, 66: 349-354.

［95］ Beaucamp-Ricard C, Dubois L, Vaucher S, Cresson PY, Lasri T, Pribetich J. Temperature measurement by microwave radiometry: Application to microwave sintering. IEEE Transactions on Instrumentation and Measurement, 2009, 58(5): 1712-1719.

［96］ Quesson B, JA de Zwart. Magnetic resonance temperature imaging for guidance of thermotherapy. Journal of Magnetic Resonance Imaging, 2000, 12(4): 525-533.

［97］ Wang ZF. The research status of solar thermal power technologies in China. Proceeding of 13th International Symposium on Concentrating Solar Power and Chemical Energy Technologies, Seville, Spain, 2006.

［98］ Shuai Y, Xia XL, Tan HP. Radiation performance of dish solar concentrator/cavity receiver systems. Solar Energy, 2008, 82: 13-21.

［99］ He YL, Xiao J, Cheng ZD, Wang YS. A MCRT and FVM coupled simulation method for energy conversion process in parabolic trough solar collect. Renewable Energy, 2010, 36: 976-985.

撰稿人：谈和平　等

多相流科学技术发展研究

一、多相流的学科内涵与战略地位

多相流学科研究具有两种以上不同相态或不同组分的物质共存并有明确分界面的多相流体流动力学、热力学、传热传质学、燃烧学、化学和生物反应以及相关工业过程中的共性科学问题，它是一门从传统能源转化与利用领域逐渐发展起来的新兴交叉科学，是能源、动力、核反应堆、化工、石油、制冷、低温、可再生能源开发利用、航空航天、环境保护、生命科学等许多领域实现现代化的重要理论和关键技术基础，在国民经济的基础与支柱产业及国防科学技术发展中有不可替代的巨大作用。同样在自然界及宇宙空间、人体及其他生物过程也广泛存在多种复杂的多相流，如地球表面及大气中常见的风云际会、风沙尘暴、雪雨纷飞、泥石流、气蚀瀑幕；地质、矿藏的形成与运移演变；生命的起源与人类健康发展；生态与环境的变迁、保护、可持续开发利用等，均普遍遵循多相流科学的基本理论与规律。因此，多相流科学的发展与进步对国民经济与国防科技发展、人体健康，对于生态与环境的变迁、保护、可持续开发利用等均具有极为重要的意义。

多相流学科不但是与物质结构及基本粒子等纯数理科学、化学、生命科学等同样重要的基础科学，而且是在连接人类活动的有序化及目的化方面具有更特殊优势的学科。多相流及其传热传质学属于技术基础科学范畴，旨在解决工程所具有的普遍性热物理科学问题，是联系工程和基础理论的桥梁。多相流学科的发展将根据自然科学与工程的现状和发展趋势有远见地选定超前的研究课题，开拓新领域，以新的概念、理论、技术和方法武装工业，带动其不断前进。

能源是人类赖以生存、发展的物质基础，能源的消耗与利用水平是衡量一个国家国民经济发展和人民生活水平的重要标志，保障能源供应安全是世界各国政府的重要目标。能源的高效开采、洁净和可再生转化利用的许多过程均是典型的多相流及其传递过程，存在着大量的多相流动、传热、传质、化学及生物反应等基础科学问题，如多相流的相分布与相运动规律，离散相颗粒与变形颗粒的动力学，特高参数与复杂几何流道中流动传热的规律和极限、瞬态过程流动传热与临界及超临界效应，多相连续反应体系复杂过程热力学与微多相流动力学、非均质多相流光化学与热化学等。尽管人们在上述领域已经开展了大量的研究并得出许多有意义的结果，但迄今并没有从根本上掌握多相流及其传递过程的基本规律及其数理描述方法，对上述基础科学问题开展研究非常必要。

二、多相流学科在相关领域主要研究进展

（一）气液两相流与沸腾传热传质研究

1. 新型煤气化航天炉内螺旋管蒸汽发生器内汽液两相流与传热理论和规律研究及其应用

近年来西安交通大学动力工程多相流国家重点实验室在早期研究工作基础上，针对航天长征化学工程股份有限公司自主开发的"HT-L航天粉煤加压气化装置"中的关键设备——螺旋管式蒸汽发生器开展了特定结构条件下的螺旋管内汽液两相流与传热理论和规律方面的系统研究，完成了内部水—蒸汽汽液两相流传热、压降和临界热负荷等热力性能和参数分布变化规律及其设计计算方法的研究，并取得系统的研究结果。该成果在该公司"HT-L航天粉煤加压气化装置"的研发过程中发挥了重大作用，由于能准确掌握详细的螺旋管式蒸汽发生器的热力性能和参数分布与变化规律，使用者能很好地控制炉膛内的各种参数工况，确保气化装置的高效稳定运行。自应用以来，依此成果设计的系列"HT-L航天粉煤加压气化炉"的螺旋管式蒸汽发生器已安全无故障运行超过800天。"HT-L航天粉煤加压气化炉"系列产品已经在晋煤中能化工股份有限公司、山东鲁西化工股份有限公司、永煤中新化工有限责任公司等企业成功投入运行，产生巨大的经济和社会效益。实际运行效果表明：与传统气化炉相比，HT-L航天粉煤加压气化炉克服了传统气化炉的煤种挑剔、需要定期检修、维修成本高等问题。大大扩展了气化原料的可选范围，扩大了燃烧负荷调节范围，碳转化率在99%以上，冷煤气效率在82%以上，有效气体成分大于90%，设备国产化率达到了100%。该气化炉螺旋管蒸汽发生器解决了传统炉膛的易烧损、易冲刷和运行过程中不易监测的问题，环保、经济和社会效益十分显著。

2. 先进及新型反应堆热工水力特性的研究

西安交通大学基于先进的中子输运理论和节块法，建立了超临界水堆与快堆结合的新型堆（超临界快堆）的堆芯物理热工耦合分析方法，并研制了相应的计算软件，在此基础上通过优化设计提出了压力管式超临界水堆堆芯方案。因具有明显的安全优势，国际超临界水堆研究组在第五届国际超临界会议的大会报告中引用了本研究成果。提出的超临界快堆堆芯方案成功克服了超临界水堆功率密度和空泡反应性的矛盾，保证了超临界水冷快堆的经济性和安全性，被日本原子力开发机构（JAEA）、九州大学等9家单位

引用。本研究为国际超临界水堆研究提供了一个可供参考的堆芯设计方案，为进一步开展其反应堆控制、启动及安全分析提供了基准数据。从机理上揭示了影响超临界快堆空泡反应性的根本因素，并给出了克服这一困难的具体办法，为超临界水冷快堆的研究扫清了一种突出的障碍。

同时，针对我国自主研发的新型反应堆中稳压器波动管的布置型式展开了深入系统研究。目前国际上和国内关于热分层的实验研究较少，美国 AP1000 四代核电技术对波动管热分层仅采用了数值模拟的方式进行分析，而本研究在国内首次进行了反应堆稳压器波动管热分层特性的实验研究，考虑了主管道高速流体对波动管内热分层的影响，这在国际上也是少见的。进行了主管1∶3、波动管1∶4的比例模型的实验，实验中再现了热分层现象，验证了按 Ri 数相似指导热分层实验的有效性。本次实验过程中测得了明显的热分层现象，通过实验实测与数值模拟，验证了波动管流速对热分层发生位置及最大截面温差的影响，为稳压器波动管的力学计算与分析提供了科学数据。上述研究成果为我国开发具有自主知识产权的相关技术提供了有力保障。

3. 微乳液液滴生成、破裂的乳化机理以及不同重力场环境中气液两相流研究

东南大学采用数值模拟和微流动实验观测相结合的方法在微乳液液滴生成、破裂的乳化机理方面开展研究，获得了协流式微通道制备乳液液滴过程中出现的滴式、宽喷式和窄喷式三种基本流型，阐明了滴式与宽喷式的颈部压断以及窄喷式的颈部拉断乳化机理。该成果可为 MEMS 工艺制备高质量单乳液提供重要的理论依据。

另外，东南大学围绕气液两相流系统在火星、月球表面等不同重力场环境中的空间探测应用，研究了不同重力场强对气液两相流型、空隙率脉动及两相滑移率的影响机理。

4. 微通道内微液滴生过程的三维数值模拟

采用 VOF 方法对十字交叉微通道内微液滴生过程进行了三维数值模拟研究，分析了拉伸挤压、滴状剪切、单分散射流三种单分散微液滴的生成机制并获得了紊乱射流、管状流、滑移流和节状形变流等两相流型。发现液液两相微流动主要受两相流速、两相界面张力以及连续相黏度的影响。连续相流速增大，微液滴生成尺寸减小，生成频率增大；离散相流速的作用则相反。两相表面张力系数与连续相黏度分别在低 Ca 数条件下和高 Ca 数条件下对微液滴的生成起主导作用。在拉伸挤压和滴状剪切流型下微液滴生成尺寸随表面张力系数减小而减小，在射流条件下则反而增大；对于生成频率的影响规律则恰好相反。微液滴的生成尺寸随连续相黏度的增大而减小，生成频率则随之增大。另外，离散相流体与壁面的接触角在拉伸挤压流型下对微液滴的生成除了两相界面从外凸变为内凹以外并无太大影响；但对滴状剪切和单分散射流来说则当离散相壁面接触角减小到某一值时，微液滴便无法稳定生成，且此临界接触角随两相流速的增大而增大。

（二）气固两相流燃烧及污染控制、超临界水煤气化多相流热物理热化学研究

1. 对于存在化学反应的气固两相流动过程中相内／相间热传递的数值模拟方法的研究

固体废弃物热解、燃烧、气化等热转化过程是湍流、多种形状／尺寸／密度异性颗粒流动、相内／相间热质传递和化学反应相互耦合的复杂过程，其数值模拟一直是研究的前沿和难点问题，国际上目前尚无一种可以完全考虑固废颗粒形状特征的气固流动和化学反应耦合的数值模拟方法及模型。东南大学课题组研究发展了"欧拉－欧拉＋化学反应"、"欧拉－拉格朗日＋化学反应"和"稠密异型颗粒离散元气固耦合模拟"三种数值模拟方法，来研究多组分固体废弃物热转化过程的多相流动、热质传递和化学反应机制。

2. 超临界水煤气化制氢多相流热物理热化学理论及规律与高效近零排放热力系统的研究

鉴于常规煤规模利用过程中普遍采用"一把火烧煤"的模式造成巨大的环境污染，西安交通大学动力工程多相流国家重点实验室在十多年前就提出了超临界水煤气化制氢、以"一锅水煮煤"形式完全洁净无污染转化利用煤炭资源的新思路，利用超临界水的高溶解性、高扩散性等物理、化学性质，将煤气化制取高纯度氢气和二氧化碳，其特点为：以超临界水为煤的气化提供均相、快速反应媒介，整个过程耗水低、无废水排出；可通过简单控制下游工艺实现 CO_2 的分离和富集，煤种适应性强，不受国外技术制约。西安交通大学动力工程多相流国家重点实验室近年来持续开展原理探索和试验研究并取得突破，在 2011 协同创新计划的促进下进一步系统深入地开展了多种煤的超临界水气化规律实验研究，实现了碳转化率 90% 以上、氢气产量超过 60mol/kg、氢气百分含量超过60%。针对超临界水流化床这一新型气化反应器设计理论还不完善的难题，在国际上率先开展了超临界水条件下流化床内多相流动力学与传热特性研究，将传统气—固两相流的研究拓展到了超临界水—固体两相流动传热、超临界水流态化等新领域。解决超临界条件下气固两相流参数测量难题，搭建高流量超临界水流化床多相流动力学、传热传质实验装置；获得了超临界水流化床两相流阻力特性，论证了经典 Ergun 公式在超临界水条件下的适用性，首次提出超临界水流化床最小流化速度的设计准则式；建立了流化床反应器内多相流模拟的双流体及 DEM-CFD 模型，获得了流化床内两相流动及传热特性。研究结果发表在多相流领域国际权威期刊 *Int J Multiphase Flow* 上，还被邀请在"12th international conference of Clean Energy"上做"水煮煤"主旨报告，在 2012 年美国圣地亚哥举行的"243rd ACS National Meeting & Exposition"、中国西安举行的"7th International Symposium on Multiphase Flow, Heat Mass Transfer and Energy Conversion（ISMF2012）"等上作关于超临界水流化床流动及传热特性研究的主旨和特邀报告。基于超临界水煤气化制氢的研究结果，进一步提出了基于超临界水煤气化制氢、多级燃氢补热的新型蒸汽轮机耦合构建新型热力循环发电系统。

2012 年 6 月 8 日，西安交通大学、陕西煤业化工集团有限责任公司、清华大学、浙

江大学、西北有色金属研究院、中国东方电气集团有限公司、陕西鼓风机（集团）有限公司等共同组建了"煤的新型高效气化与规模利用协同创新中心"。协同创新团队目前共同完成了工业化示范系统的论证，相关企业已确定近期予以投资建设。

（三）多相流数理模型和数值方法

1. 湍流两相燃烧的直接数值模拟

1）复杂气固、气液两相燃烧一方面涉及多场耦合问题，如湍流运动、颗粒扩散、传热传质、化学反应等；另外一方面涉及多尺度问题，包括湍流尺度、颗粒尺度、化学反应尺度等，这给湍流两相燃烧的直接数值模拟提出了巨大的挑战。为此，浙江大学提出了一套三维可压缩两相燃烧的直接数值模拟理论和方法，发展了高精度、易于大规模并行、格式稳定的离散方法，完善了两相燃烧的特征无反射边界条件，耦合了拉格朗日颗粒跟踪模型，考虑了两相之间质量、动量及能量的相互作用，研发出了具有自主知识产权的、大型通用的两相燃烧直接数值模拟软件程序包。

2）浙江大学率先在国际上对气液两相旋流液雾燃烧进行了直接数值模拟研究，揭示了液雾燃烧的基本规律，发现各种工况下液雾燃烧中都存在着预混燃烧火焰与扩散燃烧火焰，且预混火焰对系统热释放的贡献率明显大于扩散火焰。这一新的发现改变了传统上人们普遍认为液雾燃烧主要是扩散燃烧的思想以及液雾燃烧模型主要是基于扩散燃烧模型的观念，为两相燃烧新模型的发展奠定了基础。

3）浙江大学对雷诺数高达28284的气固两相圆射流煤粉燃烧进行了直接数值模拟研究，揭示了煤粉两相燃烧的火焰规律，发现在射流的上游，煤粉燃烧以离散的单颗粒燃烧为主；而在射流下游，则呈现出颗粒群燃烧的模式。尽管流场中同时存在着预混燃烧火焰和扩散燃烧火焰，但在大部分区域以扩散燃烧为主。

4）气固两相边界层流动广泛存在于能源、冶金、化工等关键工程领域，其中复杂的拟序结构、传热、离散颗粒的相互耦合作用控制着近壁区两相流动的质量、动量和能量传递过程。为了探索气固两相湍流边界层的流动特性及离散相颗粒动力学行为规律，并对其进行有效控制和合理运用，浙江大学提出采用高精度数值模拟方法对单相、气固两相湍流边界层流动问题进行了直接数值模拟研究。

2. 对于稠密气固两相流动微介尺度特性的数值模拟方法的研究

为了能够在颗粒尺度上给出流态化系统动态变化过程的非常丰富的受力和运动信息，以研究流态化系统内部两相流动的微观机理，弥补试验研究的不足。东南大学研究团队建立了稠密异型颗粒离散元气固耦合模拟方法，旨在揭示固废颗粒运动和传递的微介尺度特性。目前，在气固两相耦合的非球形DEM数值模拟方面，目前国内外的报道很少，国际上尚未见有多种非球颗粒混合体系在复杂稠密气固系统中流动的相关报道。这是在固体废弃物运动和传递精确数值模拟方法上的重要进展。

3. 竖直槽道内颗粒流体两相湍流的直接数值模拟研究

颗粒流体两相流动系统广泛地存在于自然现象和工业领域中,西安交通大学对颗粒流体两相流动系统进行深入研究,揭示颗粒在湍流场中的分布模式及弥散规律和颗粒对湍流的调制机理,对于人们认识自然现象和指导工业生产实践具有重要意义。通过对摩擦雷诺数为150的载有颗粒的竖直槽道两相湍流进行直接数值模拟,研究了颗粒在湍流场中的分布规律以及颗粒对连续相流场的调制作用,同时还考虑了颗粒与连续相计算时间匹配对模拟结果的影响。研究结果表明:当两相计算时间进行等值匹配时,颗粒相分布呈典型的双峰分布模式,而当颗粒计算时间明显小于连续相计算时间时,颗粒分布的壁面峰值比较小,且峰值处稍远离壁面。当基于壁面时间单元尺度的无量纲 St 数为 2 左右时,颗粒的趋壁分布最为明显,当 St 数继续增加时,颗粒在壁面附近的局部体积分数会下降。湍流场中的颗粒倾向于分布在低速条纹和低涡量区。颗粒的加入轻微地减小了连续相主流速度,同时颗粒的速度也小于连续相主流速度。颗粒的加入轻微抑制了连续相的流向湍流脉动强度,而对其他壁面法向和展向的湍流脉动轻度几乎没有影响。由于颗粒与连续相的相互作用,使得连续相的流向涡受到抑制,一定程度上改变了连续相湍流的结构。

(四)石油工程多相流研究

1. 深海油气开发过程中的多相流动安全控制技术关键技术取得突破

西安交通大学动力工程多相流国家重点实验室针对严重段塞流形成与抑制机理开展了长期系统深入的研究,研究了水平 – 下倾 – 立管系统与 S 型柔性立管系统中的严重段塞流的发生、发展、消失及消除过程,深入研究与分析了倾角、黏度及管线结构对于严重段塞流特性的影响。研究发现,倾角段对严重段塞流具有很明显的加强作用,使得管内更易发生严重段塞流;而液相黏性增大时会使得发生严重段塞流的区域明显变小,液相黏性较高时,在大部分气液折算速度下,两相流动为过渡型严重段塞流;比较垂直立管和 S 型柔性立管,S 型管结构能够缩小发生严重段塞流区域,而对于变径管线,变径管比非变径管严重段塞流区域向小气速方向偏移。基于对机理和规律的认识,课题组提出了两套严重段塞流的消除方法,即立管顶部节流法和立管底部注气法。研究表明立管顶部节流可以有效地抑制和消除严重段塞流,当节流区域在28% ~ 32%之间时可以取得较好的抑制效果,以此为基础,开发的基于立管底部压力信号消除严重段塞流的自动节流程序也获得了成功。对注气法的实验研究表明,增大注气量可以降低管内持液率,减小压力波动,从而有效抑制严重段塞流的发生。

2011 年 7 月起将该系列研究所开发的立管顶部阀门自动节流技术直接应用到中海石油(中国)有限公司湛江分公司文昌油田作业区的"海洋石油 116 FPSO"海上平台原油生产中,截至到 2012 年底的现场数据表明,对典型段塞的消除率达93.3%,可将下海管压力波动幅度由31%降低到13%,显著消除和缓解了严重段塞流引起的产量和压力的巨大波动，减少因为段塞流引起的原油产量损失达 10000 方，维持了海上平台采输系统的安全运行；降低了能耗，减少柴油消耗 2000 吨 / 年，折合 2914 吨标准煤 / 年。该技术是中海油文昌油田群首次采用、并安全运行于实际生产的非引进流动安全保障技术，是我国海洋油气开采中采用的唯一的我国自主创新技术，解决了实际中难以获取水下立管底部压力的技术难题，节省了安装水下传感器所需要的一次投入约 8000 万元。该技术的应用和推广对安全高效开发海上油气田具有重大意义，社会与经济效益显著。

2. 油气田二次开发中的多相流热物理基础理论与关键技术

西安交通大学针对致密气田、煤层气田、页岩气田单井产气量小、积液严重，迫切需求排水采气技术，研究了气液搅拌流液膜稳定与液滴破碎机理。对于气液搅拌流动，大振幅界面波及其失稳产生夹带液滴等是其关键物理过程，由于缺乏丰富的实验观测数据与可靠的理论分析模型，是目前认知最少的气液两相流流型之一，是多相流热物理学研究中的一个难点科学问题。采用机理实验和理论分析相结合的研究方法，深入研究了气液搅拌流大振幅界面波与液滴夹带的动力学机理，建立数理描述模型，获得系统规律，发现了搅拌流内同时存在袋式破碎和带式破碎液滴产生方式；建立了搅拌流内大波运动模型和液滴夹带率计算模型，获得了搅拌流到环状流的理论转变界限。研究工作丰富了对搅拌流这一目前认知最少的流型的认识，为研究先进的排水采气技术提供了理论基础。

（五）多相流测量技术

1. 多相流测量理论与关键技术新进展

多相流相参数测量是本学科领域的基础科学问题和难点，是石油、化工、核能、制冷及冶金等相关工业领域迫切需要解决的关键技术。在前期研究基础上，西安交通大学持续开展了测量新理论和技术开发工作。在湿天然气气液两相流测量理论研究方面，基于前期的实验数据，发现了文丘里管内液膜射流现象，提出了两相流量系数概念，揭示了流量系数与两相流综合参量的定量规律，建立了基于 V 锥流量计（单节流元单压差法）两相流量系数的湿气测量模型，发明了单节流单压差的气液流量测量新方法。在多相流分流分相式测量研究方面，主要研究了新型流体比例采样新结构，并成功应用于高温高压水蒸气流量测量，发明了被动 / 主动两种新型两相流体采样新结构，实现了管流截面 1% ~ 5% 比例流体准确采样，样品流体气液分离后采样单相测量，测量结果的相对不确定度小于 5%；应用分流分相测量原理和开发的新型两相流量检测装置，拓展应用于高压湿蒸汽两相流、煤气多相流的测量。

2. 超声法、图像法、电容层析成像、光脉动谱法等多相流测量方法

上海理工大学在超声法、图像法、电容层析成像、光脉动谱法多相流测量等研究方向上进行了持续深入的研究，并取得了长足的进展：

1）在超声多相流测量方面，其一，引入过程层析成像的理论，自行研制了含 16 个和 8 个换能器的 PT 换能器阵列，完成了液固两相流超声过程层析成像实验系统、气固两相流超声过程层析成像实验系统的搭建及相应图像重建算法的编写，实现了相应横断面的重建。其二，对利用主动式超声波测量气固两相流颗粒相平均粒度和浓度的方法进行了研究，结果表明该方法可以实现气固两相流固相颗粒浓度的在线测量。其三，搭建了在线非接触式测量高浓度纳米流体颗粒粒径的实验装置，对超声测粒高浓度理论模型进行了改进，采用超声衰减谱法测量体积浓度高达 30% 的纳米 ITO 流体颗粒粒径，并研究了流体温度和流速对超声测量结果的影响。另外，还开展了超声法测量窄通道气泡含气率实验研究和基于超声多次反射法的两相流密度、浓度和黏度多参数测量研究。

2）近年来，图像法两相流在线测量方法正在迅速发展成为一种新的重要的测量方法。利用 CCD 技术、计算机、光学元件和数字图像处理技术发展的新成果，开展了基于单镜头的三维流场图像法测量方法的初步研究，图像法测量气液两相流颗粒相粒度及分布的研究。对离焦模糊颗粒影像复原方法、不均匀背景光源下颗粒影像识别方法等开展了研究，采用图像法实现了含特大液滴的宽分布大流量喷雾液滴的测量，以及低浓度下两相流颗粒相的粒度、速度和浓度的同步测量，另外，初步研究还表明，图像法能适应汽轮机内湿蒸汽测量的恶劣环境，是研究二次水滴形成机理的有效测量方法。

3）针对高温、含复杂反应的多相流动过程，如发光火焰的在线测量，利用微型光纤光谱仪研究了实时在线测量火焰真实发射率的方法，结合图像法，实现高温物体温度场的实时测量；针对复杂的湍流燃烧过程，正在探索燃烧火焰微细结构的测量方法。还开展了由测得的火焰发射率反演火焰燃料成分比的研究，研究结果表明由火焰的辐射谱可以得到不同液体燃料混合比。这给燃烧中的燃料混合过程提供了一种新的实时在线测量方法。

4）在光脉动谱法两相流颗粒相粒径在线测量方面，背景光信号的测量十分困难，甚至不可能，限制了该方法的应用。通过理论研究得到了背景光信号与透射光强信号以及透射光信号时间序列方差间关系，并通过实验研究得以证实，提出了解决光脉动谱法在线测量背景光信号的问题，并已用于电厂煤粉的实时在线测量。

3. 三维喷动流床内颗粒相速度、浓度等参数测量

东南大学对于三维喷动流床内颗粒相速度、浓度等参数的测试，提出一种光纤式高速视频图像测量方法，并构建了相应的测量装置。该装置集成了光纤内窥成像、高速 CCD 摄影和数字视频 / 图像处理等多种技术，已申请两项国家发明专利。对于密相气力输送过程中颗粒速度的测试，提出了一种气固两相流颗粒速度及局部平均速度的线性静电传感器阵列 / 矩阵空间滤波测量方法，并成功应用于高压密相气力输送装置，进行粉体流动速度测量。该项工作得到国内外同行的高度评价，研究成果发表在国际测量仪器类顶级期刊上，获得授权国家发明专利 4 项。

（六）新能源转化利用中的多相流能质传输机理研究

1. 太阳能热化学制氢过程多相流热物理、热化学、光化学及光生物研究进展

（1）小型工业试验装置中聚焦太阳能供热与生物质超临界水气化耦合制氢启动机制、稳定运行、动态规律与放大特性研究

为了掌握聚焦太阳能与生物质超临界水气化耦合制氢技术的工业化和规模化设计理论与运行调控方法，西安交通大学动力工程多相流国家重点实验室建立了 1t/h 处理量的在小型工业试验装置，并在此装置上进行葡萄糖、玉米淀粉、玉米芯等多种生物质超临界水气化制氢实验，完成了装置启动过程中流量、加热功率、压力、温度等多类型运行参数的匹配耦合机制，获得聚焦太阳能与生物质超临界水在长时间运行情况下，气体产物的组成（H_2、CO_2、CH_4、CO 以及少量的 C_2H_4 和 C_2H_6）和百分含量基本保持稳定；得到完全太阳能供热下反应器内流体平均温度连续变化所呈现出的动态特性；重点考察了物料浓度和流量对葡萄糖气化特性的影响，并与小型流化床气化结果对比。得到浓度从 5wt% 上升到 15wt% 时，气体产物中 H_2 含量、最大气化率和潜在产氢量均高于小型流化床气化结果。同时，出现大流量工况下，反应器壁面催化效应减弱新现象；建立的小型工业试验装置与国内外类似装置比较，气化结果处于国际领先地位。小型工业试验装置成功连续稳定的运行，提供了聚焦太阳能与生物质超临界水气化耦合制氢技术规模化应用的设计方法、安全运行理论以及调控技术，夯实了聚焦太阳能与生物质超临界水气化耦合制氢技术工业化放大的基础理论和技术支撑，有力地推动该技术迈上新的台阶。

（2）生物质、造纸黑液、煤等有机废弃物的气化制氢规律和反应路径的研究

近年来西安交通大学动力工程多相流国家重点实验室得到木质素在 350 ～ 475℃的近临界水中的气化规律，获得反应温度、反应压力、停留时间、水密度等因素对气体生成以及液体产物分布规律的影响，利用 GC-MS 联用技术，采用 SIM 选择离子检测方法对液体产物中的 8 种酚类、酮类主要产物进行定性定量测定，确定 2- 甲基苯酚及 4- 乙基 -2- 甲氧基苯酚是木质素分解的初级产物，进一步明确了木质素在近临界水中的反应路径。

通过对煤、造纸黑液、城市污泥等在超临界水中气化制氢的研究，获得高浓度褐煤高效非催化超临界水气化的主要参数为：气化温度 700℃以上（与生物质不相同）、煤浆浓度不宜超过 40%、停留时间仅需 100s 左右，得到高浓度褐煤超临界水气化不必追求太高的碳气化率（如传统煤气化的 98% ～ 99%），在较低的碳气化率（如 65%）条件下也能达到和传统煤气化相同的产气效果（冷煤气效率 81%）。对比造纸黑液与木质素在超临界水中的气化，得到造纸黑液超临界水气化产气中 CO 含量明显比煤气化的低，分析认为这是造纸黑液中的碱盐促进了水气转化反应。进一步研究木质素的加入对煤气化的影响，发现木质素 / 煤共同气化的气化率高于两者单独气化后的代数和，明显

具有相互协同效应。研究碱催化剂对城市污泥超临界水气化影响，得到 KOH 催化效果较好。

2. 太阳能光催化 / 光电化学制氢

（1）催化剂可控合成的基本理论与技术和光化学反应的界面电荷传递规律研究

西安交通大学动力工程多相流国家重点实验室从光催化剂的光吸收转化特性入手，基于低能量光子的有效利用，设计制备了上转换发光剂位点选择性掺杂的 ABO_3 可见光催化剂——Er^{3+} 掺杂的 $SrTiO_3$，通过制备投料控制，对离子掺杂取代位点进行有效调控，实现 Er^{3+} 多级吸收低能光子（可见光）产生高能激发态，而后发生辐射跃迁，激发 $SrTiO_3$ 实现带带跃迁（紫外光）生成高能自由载流子，进而参与氧化还原反应，为开发可见光完全分解水的单光催化剂提供一种新的思路。

（2）光催化反应理论及机理研究

基于细致平衡原理和电化学分解水的基本要求，西安交通大学动力工程多相流国家重点实验室成功构建了双阶梯式太阳能光（电）催化转化极限效率分析模型，在光催化反应工作等效电流、等效电压、等效辐射谱概念的基础上，发现光（电）催化完全分解水的能量转化效率由光谱匹配度、自由能内能比例、量子产率等三部分决定。

根据光催化反应条件下氢气泡形成生长规律的实验研究，对氢气泡生长过程中的传质过程进行了分析，建立了扩散作用控制阶段的氢气泡生长模型。将气泡生长简化，通过对氢气泡界面厚度的无量纲数、氢的相关浓度参数、氢在液相中的扩散率以及氢气泡生长过程中接触角等参数的模化，实现了氢气泡生长模型与光催化反应动力学的耦合。在光催化反应条件下，氢气泡的生长受到温度、压力、接触角、光催化反应速率等因素的影响；而在一定的温度、压力条件下，影响氢气泡的生长最关键的因素是光催化反应的速率。

使用第一性原理计算研究了 CdS 和 ZnS 的极性表面，即闪锌矿（111）2×2 表面和纤锌矿（0001）2×2 表面，研究了这些表面的表面原子结构、能带结构和带边位置，发现某些极性表面可以产生表面态，分为空表面态和被占据表面态，它们分别具有俘获光生电子和空穴的能力，因而在光催化反应中，产生这些表面态的空位或吸附原子有可能成为反应的活性中心。实际的光催化反应牺牲剂通常包含 S^{2-} 和 SO_3^{2-} 离子，计算模型中最为符合的是 S 原子吸附的表面，分析表明这个表面在光催化反应中具有优势。发现带边位置对于表面形貌极其敏感（闪锌矿和纤锌矿 CdS 和 ZnS），金属原子面有利于还原反应，非金属原子面有利于氧化反应，可预测新型催化剂。

研究了 CdS 和 ZnS 中的两种常见层错：孪晶界和异相结，计算了孪晶界和异相结的形成能、势垒、带阶和带边态的电荷密度分布。计算的结果表明单个孪晶界和第二型异相结（ZnS）即具备分离光生载流子的能力。异相结超晶格具有两种效应：超晶格单元的两个界面间分离光生载流子，这是由于纤锌矿结构的自发极化和带阶的共同作用；异相结超晶格可以产生"反常光伏效应"，在一定数量的超晶格单元中累积后可以输出可观的光电压。异相结超晶格的这两种效应均有利于光催化产氢反应的进行。

（3）太阳能光解水制氢系统的集成及优化

光催化制氢反应，其量子产率的测量大多采用氙灯光源和带通滤光片组合选取较窄波段的入射光，对光的入射方向和光斑分布一般极少控制，且光谱单色性尚不理想，使得光辐射的测量较为复杂且准确性有限。因此，西安交通大学动力工程多相流国家重点实验室构建了标准漫射光光催化反应测量系统，为光催化反应的对比提供了有利的基准。利用该系统测试研究了不同硫锌镉用量的光催化反应特性，结果表明催化剂的用量及反应特性决定了其颗粒分布特性，进而影响其产氢活性。

太阳能聚光与光催化耦合制氢规模化系统装置，是实现太阳能 – 光催化反应 – 氢能系统面临的重大挑战，解决其中存在的关键性问题具有重要的战略和现实意义。目前实验室业已设计开发了三代直接太阳能光催化反应耦合制氢系统，新型的规模化产氢系统的预期目标：直接太阳能光催化制氢能量转化效率 $\geq 6\%$，反应器总采光面积不小于 $100m^2$、总容量不小于 400L、太阳辐射（直射光）达到 $500W/m^2$ 以上时，产氢速率达到 500NL/d。

三、多相流学科重点研究领域及方向

能源转化与利用过程存在着大量的多相流热物理问题，对于多相流基本现象与规律、数理建模与数值模拟方法，以及传统能源高效清洁利用、可再生能源规模化利用中涉及的多相流动传热问题，是近期多相流学科的重点支持方向。此外，多相流与相关学科的综合交叉也是本学科需要加以关注的重点。

（一）多相流基本现象与规律

多相介质在相场空间结构与分布不均匀性、状态多值性和过程不可逆性是最基本最突出的特征，界面的传输现象、流体微团及颗粒群随机运动与各组分、各相间相互作用，使问题具有不规则和非线性，流动结构形态、相分布与状态参数变化稳态下就已十分复杂，在快速启停及变负荷运行系统中，相变、相界面传输过程的瞬态、空间微层特征所引起的时空尺度超常及所处力场特性的变化，至今难以准确系统地掌握多相流动与传热传质过程的规律。

两相及多相流传递，包括质量、动量和能量的传递与交换，均必须通过相界面来进行，相界面结构形状变化与界面波动的力学属性、相界面特征参数如局部相分布、相界面浓度分布（单位混合物容积内所包含的相界面面积）特性等对多相流过程描述及其准确预测有着决定性的意义，而相分布、界面浓度分布又与多相流体内部的湍流脉动相互影响，因此界面的动力学形为及其模化研究十分重要。多相流传递过程基本现象及共性规律的研究主要包括多相流非线性动力学与热质传递、多相流动体系的相变传热强化理论等，研究的难点和重点主要是界面数值模拟方法，可变形气泡和液滴的非线性热动力学，瞬态过程流动传热与临界及超临界效应，多相流相界面特征参数的测量与预报方法等。

（二）多相流数理模型与数值模拟技术

1. 复杂区域非牛顿多相流界面先进捕获方法及可变形颗粒动力学

由于多相流固有的复杂性，界面的捕获、特别是如何获得精细而锐利的高分辨率一直是多相流数值模拟领域的一个难点，尤其是可变形颗粒在非牛顿流体作为连续相的复杂几何区域的多相流动日益受到强烈的关注，发展此类问题的界面先进捕获方法并研究可变形颗粒动力学是未来学科发展的重要研究方向。

研究多尺度、非牛顿流变和两相耦合的复杂流体流动规律描述模型和求解方法，引入各种非牛顿流体本构方程研究复杂区域非牛顿多相流体动力学，研究描述复杂区域可变形颗粒界面动力学行为的界面先进捕获方法，包括基于非结构化网格的 VOF/Levelset 方法及非结构化网格高效生成算法，无网格方法包括移动粒子半隐式方法（MPS）、光滑粒子动力学方法（SPH）、格子－玻尔兹曼方法（LBM）、蒙特卡洛方法等；研究可变形颗粒在非牛顿流体中的受力和运动规律；研究非牛顿流体湍流模型的构建；研究非牛顿流体与可变形颗粒的相互作用规律以建立多相非牛顿流体的"双向耦合"模型；研究适用于非牛顿多相流界面测量的电容／电导探针测量技术等界面参数的测量方法，以及流变特性的高精度测量与预报方法，包括剪切黏度、弹性或塑性、拉伸黏度等的有效测量方法，非牛顿多相流体内颗粒团聚行为及其与流变特性关系的物理模型及高效数值算法；研究颗粒团聚结构的观测方法及其导致的流体新功能（如减阻、动脉硬化等）、颗粒团聚结构的低压损高效强化与破坏方法等。

2. 气固多相流的全尺度数值模拟

气固多相流的流动、传热和燃烧中，运动的固体颗粒相和流体相之间存在着十分复杂动量、质量以及能量传递。相间相互作用的机理十分复杂。传统的气固多相流的数值方法能够对一些宏观现象进行理解和解释。对于气固多相流中的微观现象，需要用全尺度的数值模拟方法即气固多相流的真正的直接数值模拟来进行研究，例如内嵌边界方法等。采用气固多相流的全尺度数值模拟技术有望对气固多相湍流之间相互作用、湍流调制等一系列基本物理问题有更深入的认识。

另外，固体颗粒与流体之间的燃烧是一个十分复杂的物理过程。固体颗粒在运动过程中伴随着复杂的化学反应过程和传热传质过程。传统的用于计算固体颗粒与流体之间燃烧的数值方法无法解释多相燃烧过程中出现的微观的、更深层次的物理现象，因此发展用于计算固体颗粒与流体之间燃烧的全尺度数值方法显得十分的重要。

（三）高新科技中的两相流

1. 微纳系统可控多相流动、传热及化学反应基本现象、共性规律及应用研究

微纳系统中的多相流动经常伴随着传热或化学反应，构成功能化微纳系统的基础。以航空航天、信息及生物技术中功能化多相微纳系统共性规律的掌握及系统集成为目标，重点研究采用表面张力、表面改性、新的微细结构、电场、磁场、光化学反应等方法实现多相微纳系统中相界面的精确控制，实现微纳系统的功能；研究采用微细加工技术制备功能化微纳系统；研究微纳系统中汽液、液固等多相体系在控制信号作用下相界面的精细捕捉、速度场、温度场、浓度场、液膜厚度等的测量原理及方法。

2. 微重力沸腾传热与两相流

目前，国际上对微重力气液两相流动与传热的研究，逐渐转移到对相关细观过程与机制的探索，我国近期的研究工作也同样强调了这种趋势。综合利用地面实验、地基短时微重力实验和返回式卫星或飞船实验等多种实验手段，结合数值模拟研究，对微重力环境中沸腾传热特性、气泡形成—成长—脱落过程特性、液—气—固相互作用、液体内部热毛细流动及其对传热的影响等进行深入研究，以获得微重力沸腾过程中气泡动力学特征及传热特性数据，加深对相关流动与传热规律的认识以及针对空间应用（尤其是载人航天应用）中的两相系统技术开发。

（四）常规能源高效节约的多相流理论基础

1. CO_2 减排、储存与循环利用的基础理论与关键技术

根据国际上 CO_2 减排技术的发展趋势，集中开展煤粉低污染燃烧、火力发电厂中锅炉烟气为矿物捕集及碳酸盐化储存机理和不同液体处理剂对 CO_2 的吸收特性及其改性方法、二氧化碳合成低碳烯烃的资源化利用技术等学术前沿和热点问题，运用多相流、传热传质学、化学反应动力学等学科的理论，深入研究低 NO_x 燃烧器（LNB）、空气分级（OFA）、再燃烧技术（Reburying）和选择性非催化还原工艺（SNCR）分任务联合脱除 NO_x 的技术；研究不同能源动力系统的"碳"传递规律，阐明能量转化利用与 CO_2 分离一体化原理，探讨能源动力系统中"碳"的形成、迁移、转化机理，揭示能量转化利用和 CO_2 分离过程之间不可逆耦合特性，建立 CO_2 吸收分离过程的物理模型并发展相应的数值算法，提出先进的 CO_2 物理化学处理方法，采用固体及液体预处理方案，构建先进的 CO_2 综合处理与利用系统；研究基于 CO_2 为工作介质的低温余热发电技术、CO_2 超临界传递现象、CO_2 分离 PSA 方法、超临界 CO_2 绿色化工新体系，最终实现 CO_2 的生物及化学转化利用，逐步建立适合中国国情的碳隔离技术体系，为我国应对全球气候变暖打下坚实的科学技术基础。

2. 煤的新型高效气化基础理论与核心关键技术研究

我国以煤为主的能源供应关系在相当长的时间内不会改变，先进煤气化技术是洁净、高效地利用煤炭的主要途径之一。开发煤的新型高效气化技术研究，尤其是煤的超临界水气化制氢技术，对于实现煤的清洁转化利用、降低污染排放具有重要的意义。

煤的新型高效气化过程涉及多相多组分流动和反应动力学与热力学的耦合，属于工程热物理、流体力学、化学、材料等多学科的前沿交叉，开展相关研究具有重要的学术意义和工程应用价值。

3. 深水油气开采中流动安全保障与水合物风险控制技术

平台设备的流动安全和输运安全问题是维系整个海上油、气田开发的最基本生产要素，研发基于平台的油、气的安全流动保障技术和水合物风险控制技术的集成工艺技术可为我国油气开发技术向深海领域提供理论指导和相应的技术支撑。由于多相流的复杂性，在严重段塞流预测及控制技术、多相流腐蚀机理、多相流在线测量等方面虽有一定进展但远未成熟，仍应进一步加以大力支持。

4. 油气田二次开发中的多相流热物理基础理论与关键技术

目前中国石油产量的 70% 仍然来自老油田，其剩余可采储量仍相当可观。老油田二次开发是一项艰巨复杂的系统工程，多相流热物理是重构地下认识体系、重建井网结构、重组地面工艺流程等三个核心内容中的关键理论支撑，同时也是石油工程多相流热物理发展的挑战，因此研究多相渗流理论和井筒内多组分多相流相态及流型理论，发展低渗、超低渗油气田的增产开发新技术、单井多相流量在线计量新技术和一级半集输流程新工艺，可从多相流热物理角度油气田二次开发以提高石油自给率，对从根本上改变地下自然资源的利用和获取程度，最大限度地实现中国石油资源可持续发展，意义重大。

（五）能源可再生转化利用的多相流理论基础

1. 太阳能规模制氢与燃料电池耦合系统及其内部多相多物理及化学过程的理论及关键技术研究

燃料电池发电技术是 21 世纪首选的洁净发电技术，国家"十五"和"十一五"规划以及《国家中长期科学和技术发展规划（2006—2020 年）》都把燃料电池技术列为重点发展项目。根据太阳能光催化和生物质热化学规模制氢技术以及质子交换膜和固体氧化物燃料电池各自的特点，对其进行耦合，对于高效、洁净和便捷的实现太阳能的高品质利用具有至关重要的意义。耦合大大增加了系统的复杂性，必须针对耦合系统内部的复杂多相多物理过程理论及关键技术开展深入的研究，以最终实现高效、洁净、便捷利用太阳能的目标。

2.燃料电池多尺度复杂结构中多相多组分热质传输与电化学反应耦合的基本问题

燃料电池是一种高效清洁发电技术，它已成为可持续能源技术研究领域最具代表性的前沿热点研究方向之一。燃料电池不仅多孔结构多样化，而且其内部各种传输过程复杂，燃料电池内与电化学反应耦合的复杂传输过程的数学模拟还不完善，还需要多方面的共同努力，这不仅依赖于多孔介质内多相传输理论的突破，还依赖于对燃料电池内部微观结构和传输过程等相关信息的掌握程度。需要深入研究通道内的气－液两相流动特性，建立合理的非连续性气－液两相动模型；研究微观尺度的传输模型用以描述多孔介质内的两相流动传输特性，并实现微观模型和宏观模型的跨接；进一步完善多孔介质内考虑毛细压力作用的传输理论，这对于气液两相在多孔介质内的传输过程和分布形态起着决定性作用。

（六）多相流及传递问题的实验与测试技术

在多相流、燃烧等许多领域，测量技术的发展已极大推动了工程热物理学科的发展，最典型的是 PIV 已成为气动力学、多相流、燃烧、传热等许多领域研究不可或缺的测量方法，对这些领域的机理研究起了很大作用。但随科学研究的深入，测量新方法的发展不足也成为限制这些领域机理研究进一步发展的瓶颈，应继续开展基于新的物理机理的多相流测量新方法和机理的研究：

基于新物理原理的多相流测量方法的研究，尤其是对二维和三维场参数测量的新方法及机理的研究。近年来，物理学、数学、电子技术和计算机技术等的发展，使得许多原来不可能或很难实现的测量方法成为可能，而对多相流机理的深入研究也迫切需要能测量多种场参数的多相流测量方法，因此，必须发展基于新的物理原理和技术的测量方法显得十分必要，如太赫兹、飞秒激光、量子超声等原理的多相流测量方法。

对极端条件，如高温，高压，高速、瞬态及非稳态、微尺度下的多相流参数测量方法的研究。在这些极端条件下，许多常规的测量方法及技术已不再适用，必须发展新的测量方法以适应极端条件的多相流的研究进展。

工业应用中复杂多相流现象的在线测量新方法研究。在工业应用中经常存在诸如变参数多相流，带化学反应多相流等复杂多相流过程，在许多场合，这些多相流参数是相互影响的，对这些复杂多相流过程的研究需要有新的能同时测量多个参数的测量方法。

基于多种效应集成和综合的多参数复杂场测量方法研究。对许多复杂多相流场的测量，基于一种原理的测量方法已无法胜任，而多方法集成和综合的多相流测量方法将有可能解决复杂多相流多参数场的测量，如将光散射，受激荧光辐射，光谱吸收等方法集成，有可能实现浓度场、温度场、粒度场和速度场的同步测量。因此，多方法集成的新的测量方法将会成为复杂多相流场测量的重要方法。

（七）多相流与其他科学的相互渗透及交叉

多相流动既是力学系统中的一门独立的基础学科，又是众多应用学科的基础。除了在能源动力、化学工程、过程工程和环境工程中普遍存在外，还与地球物理学科、石油开采与采矿、医学和制药行业、生物芯片乃至自然灾害与公共安全等领域密切相关。通过学科交叉，可大大促进多相流动学科的发展。展望21世纪的科技发展趋势，当前两相流研究应当和微重力和微尺度科学、生命科学以及纳米科学结合起来，继续就以下问题开展研究：生物、医药科学中的两相及多相流如血液流动、人工关节磨损的微粒两相流等，尤其针对具体患者的个性化治疗方案中涉及的多相流动问题；能源高效和可再生转化的微多相流光化学与热化学反应理论；电磁场、光声效应等作用的多物理场多相流；材料制备中的多相流等开展研究。

参 考 文 献

[1] 国家自然科学基金委员会工程与材料科学部. 学科发展战略研究报告（2011—2020）—工程热物理与能源利用. 北京：科学出版社，2011.

[2] 郭烈锦，樊建人，蔡小舒，等. 多相流科学技术发展研究 // 中国科学技术协会. 工程热物理学科发展报告（2009—2010）. 北京：中国科学技术出版社，2010.

[3] Zhu Dahuan，Zhao Hao，Wenxi Tian et al.，Development of TACOS code for loss of flow accident analysis of SCWR with mixed spectrum core. Progress in Nuclear Energy, 2012, 54：150–161.

[4] Chen Yongping，Wu Liangyu，Zhang. Chengbin Emulsion droplet formation in coflowing liquid streams. Phys. Rev. E, 2013, 87（1）：013002.

[5] Chen Bin . Micro-bubble and droplet formation in different microchannels. Eighth International Topical Team Workshop on Two-Phase Systems for Ground and Space Applications. Bremen, Germany, September 16–19, 2013（keynote）.

[6] Liu Xiangdong，Chen Yongping，Shi Mingheng . Influence of gravity on gas - liquid two-phase flow in horizontal pipes. International Journal of Multiphase Flow. 2012, 41：23–35.

[7] Ren Bing，Shao Yingjuan，Zhong Wenqi，et al. Investigation of mixing behaviors in a spouted bed with different density particles using discrete element method. Powder Technology. 2012, 222：85–94.

[8] Lu YJ, Zhao L, Han Q, Wei LP, Zhang XM, Guo LJ, Wei JJ. Minimum fluidization velocities for supercritical water fluidized bed within the range of 633–693 K and 23–27 MPa. International Journal of Multiphase Flow, 2013, 49：78–82.

[9] Ren B., Zhong W, Chen Y, et al. CFD-DEM simulation of spouting of corn-shaped particles. Particuology, 2012, 10（5）：562–572.

[10] Luo Kun, Wang Haiou, Fan Jianren, Yi Fuxing. Direct Numerical Simulation of Pulverized Coal Combustion in a Hot Vitiated Co-flow. Energy Fuels 2012, 26：6128–6136.

[11] Luo K., Pitsch H, Pai MG，O. Desjardins. Direct numerical simulations and analysis of three-dimensional n-heptane spray flames in a model swirl combustor. Proceedings of the Combustion Institute, 2011,（33）：2143–2152.

[12] Debo Li, Jianren Fan, Kun Luo, Kefa Cen. Direct numerical simulation of a particle-laden low Reynolds number

turbulent round jet. International Journal of Multiphase Flow, 2011（37）: 539–554.

［13］ Haiou Wang, Kun Luo, Jianren Fan. Direct numerical simulation and CMC（conditional moment closure）sub-model validation of spray combustion. Energy 2012, 46: 606–617.

［14］ Bin Chen. Moving Particle Semi-implicit Method Based on Large Eddy Simulation. The 4th International Conference on Computational Methods（ICCM2012）, Gold Coast, Australia. November 25–27, 2012.

［15］ M. J. Pang, J. J. Wei, B. Yu, Mechanism on Lateral distribution of Small Bubbles in Vertical Bubbly Upflows, Nonlinear Dynamics, 2011, 64（1–2）: 147–156.

［16］ M. J. Pang, J. J. Wei, B. Yu, Numerical Study of Bubbly Upflows in a Vertical Channel Using the Euler–Lagrange Two-Way Model, Chemical Engineering Science, 2010, 65（23）: 6215–6228.

［17］ Li Nailiang, Guo Liejin, Li Wensheng. Gas–liquid two–phase flow patterns in a pipeline–riser system with an S–shaped riser. International Journal of Multiphase Flow, 2013, 55: 1–10.

［18］ Ke Wang, Bofeng Bai, Jiahuan Cui, Weimin Ma. A physical model for huge wave movement in gas - liquid churn flow. Chemical Engineering Science, 2012, 79: 19–28.

［19］ He Denghui, Bai Bofeng. Numerical investigation of wet gas flow in Venturi meter. Flow Measurement and Instrumentation, 2012, 28: 1–6.

［20］ He Denghui, Bai Bofeng, Xu Yong, et al., A new model for the V–Cone meter in low pressure wet gas metering. Measurement Science & Technology, 2012, 23（12）: 125305.

［21］ Zhang Bingdong, Zhang Xingkai, Wang Dong, et al., Equal quality distribution of gas–liquid two–phase flow by partial separation method. International Journal of Multiphase Flow, 2013, 57: 66–77.

［22］ Wang Dong, Liang FaChun, Peng Zhi quan, et al., Gas–liquid two–phase flow measurements by full stream batch sampling. International Journal of Multiphase Flow, 2012, 40: 113–125.

［23］ Cai Xiaoshu, Huang Zhiyao, Dong, Feng, et al., Measurement Technology for Particulate System Preface. Particuology, 2013, 11（2 SI）: 134–134.

［24］ Dong Xuejin, Su Mingxu, Cai Xiaoshu. Resonance scattering characteristics of double–layer spherical particles. Particuology, 2012, 10（1）: 117–126.

［25］ Qin Shouxuan, Cai Xiaoshu. Indirect measurement of the intensity of incident light by the light transmission fluctuation method. Optics Letters, 2011, 36（20）: 4068–4070.

［26］ Chuanlong Xu, Jian Li, Shimin Wang, A Spatial Filtering Velocimeter for Solid Particle Velocity Measurement Based on Linear Electrostatic Sensor Array. Flow Measurement and Instrumentation, 2012, 26: 68–78.

［27］ Heming Gao, Chuanlong Xu, Shimin Wang, Effects of particle charging on electrical capacitance tomography system. Measurement, 2012, 45（3）: 375–383.

［28］ Simao Guo, Liejin Guo, Changqing Cao et al., Hydrogen production from glycerol by supercritical water gasification in a continuous flow tubular reactor. International Journal of Hydrogen Energy. 2012, 37（7）: 5559–5568.

［29］ Shi JW, Ye JH, Ma LJ, Ouyang SX, Jing DW, Guo LJ. Site–selected doping of upconversion luminescent Er^{3+} into $SrTiO_3$ for visible–light–driven photocatalytic H_2 or O_2 evolution. Chem Eur J, 2012, 18（24）: 7543–7551.

［30］ Zhaohui Zhou, Jinwen Shi, Po Wu, Mingtao Li, Liejin Guo. First–principles study on absolute band edge positions for II–VI semiconductors at（110）surface. Chem. Phys. Lett., 2011, 513: 72–76.

［31］ Hu Xiaowei, Guo Liejin, Wang Yechun. In Situ Measurement of Local Hydrogen Production Rate by Bubble-Evolved Recording, International Journal of Photoenergy, 2013: 568206.

［32］ Maochang Liu, Lianzhou Wang, Gaoqing（Max）Lu, Xiangdong Yao and Liejin Guo, Twins in Cd1-xZnxS solid solution: Highly efficient photocatalyst for hydrogen generation from water, Energy Environ. Sci., 2011, 4: 1372–1378.

［33］ Maochang Liu, Dengwei Jing, Zhaohui Zhou & Liejin Guo, Twin–induced one–dimensional homojunctions yield high quantum efficiency for solar hydrogen generation, Nature Communications, 2013, 4: 2278.

撰稿人: 郭烈锦　等

ABSTRACTS IN ENGLISH

Comprehensive Report

Advances in Engineering Thermophysics

INTRODUCTION

The discipline of engineering thermophysics and energy utilization is fundamental study of the basic Law and application of technology of the energy and matter in the process of conversion, transfer and utilization. It is the main basic disciplines of energy saving and emission reduction. In the history of human use of energy and power development, ancient humans depend almost entirely on renewable energy, artificial or simple machines. They are able to satisfy the needs of the farming community. In modern times, the invention of the steam engine brings back the first industrial revolution. The energy base is the fossil energy dominated by coal. From small scale power generation technologies to the large power grids with large-scale energy output, they satisfy the needs of the large-scale industrial production. But excessive use of fossil energy, resulting in serious environmental pollution and depletion of fossil energy resources. It will be a serious threat to human survival and development. Thus it requires humans mainly to use the renewable energy again. It spoke of the human will once again entered the era of renewable energy —— a new era of renewable energy based on the contemporary development of high-tech innovation. It is completely different from the past. This time, according to Rifkin statement of the Third Industrial Revolution, is the age of the distributed utilization of the renewable energy based on the modern information technology and the distributed energy technologies. To implement the development strategy of China Association for Science and Technology on research work about the deployment, developing disciplines of Engineering Thermophysics in China and the strategy of development of the discipline of energy use in China. Organization by the academicians, the middle-aged and young specialists, from development and major national requirements of the strategic level, and review the development of the discipline of engineering thermophysics. In subject development status, and development trend, and important study on direction, and support system construction such as a few regard carried out Strategy Study on work, focus around clean coal technology, and distributed energy system, and New Concept engine, and wind and solar use, and energy power system greenhouse gas control such as independent innovation. Study on the hot engineering subject development strategy and priority areas, upgrade subject development planning developed work scientific, and strategic and prospect in energy-saving emissions. So that they occupy the energy science and technology and emerging energy industry high ground to provide science based for China energy utilization.

The latest research progress on this subject in recent years

1. Energy-saving and scientific energy efficiency

Energy saving can be divided into "save" and "scientific energy efficiency". Scientific energy efficiency emphasis on relying on science and technology to achieve energy-saving and improve the energy efficiency, designed to comprehensively and effectively promote the development of circular economy. It is the fundamental way to save energy, is the inevitable result of the energy technology.

"Scientific energy efficiency" mainly includes three meaning: the first is by "allocation properly, requirement distribution, and temperature counterpart, and cascade energy use" way, constantly improving energy and the various resources comprehensive utilization efficiency, reducing environment resources cost; the second is by resolving energy and environment coordination compatible problem, closely combination energy conversion process together with the material conversion process, special focus on control the formation, migration and conversion of the waste and pollutants, organic combination of the energy conversion process together with the separation pollutants process, reducing and even avoiding the additional energy consumption during the separation process, implementation of the separation, and recovery of the pollutants during the energy use; the third is to change the traditional patterns of energy use, developing the resources, energy, environmental integration mode, achieving the resource recycling, minimizing the "waste" and "waste energy".

2. The cleaner use of fossil fuels

It is most prominent to clean use of coal in China. You must open up a new type of high efficiency, clean coal utilization technologies. At present the clean coal power generation technology is built around the main development direction of coal-fired combined-cycle (CFCC). CFCC is an advanced coal-fired combined cycle power generation system by combination of the transformation of clean coal or coal technologies and efficient combined-cycle. Among them, the integrated gasification combined cycle (IGCC) has completed a number of demonstration projects and trial operation successful, verify the technical feasibility, making the IGCC from technical validation phase to the business application. On the basis of IGCC, another important direction of clean coal technology development is chemical-powered cogeneration systems. Chemical-powered cogeneration system refers to the chemical process through system integration and power systems coupled together organically. It is a versatile, comprehensive energy utilization system upon completion of the energy conversion such as power generation, heating, at the same time, the production of alternative fuel or chemical products, to meet the energy, chemicals and the environment requirements.

3. Study on Advanced power technologies

Advanced power technologies, including gas turbines and internal combustion engine technologies, carried out extensive researches in China. The experimental platforms and measurement technologies on mechanism validation were systematically established. The related basic researches on developing advanced gas turbine were deployed. A number of basic experimental data were obtained. It is solved a large number of key problems in the multi-stage axial-flow compressor, combustor, turbine internal flow, turbine cooling and the gas turbine design theory. These researches reduce the gap with international advanced level. The internal engine research focused on developing energy saving and emission reduction technology. It is important to protect China's oil and energy security and meet the country's energy – saving targets.

4. Study on heat transfer problems

The main problem in heat transfer subject is the study of micro–and nano–scale heat transfer mechanisms, Complex structures and heat transfer under extraordinary conditions, the optimization and control of heat transfer process.

5. Renewable energy

China's solar, wind and biomass energy resource is very rich, with substantial favourable conditions for development. Large–scale renewable energy technology and industrial development should be an important measure for China's transition to a sustainable energy system.

In the area of hydropower development, in 2010, the total installed capacity of hydropower reached 216.06 million–kilowatt and electricity 686.736 billion kwh, accounting for 16.2 of national output.

In terms of wind energy, in the end of 2010 the total installed capacity of wind power 31 million–kilowatt, during the "Eleven–Five", the annual growth rate of 89.8 per cent. The generating capacity is 49.4 billion–kilowatt–hours, 1.2 per cent of national electricity production. The Grid–connected sizes are in the world's second.

Total amount of solar thermal utilization has been a world leader in China, the national scale photovoltaic power generation machine reached 800,000–kilowatt in 2010, installation of 168 million square meters of solar water heaters; in addition, solar air conditioning, solar cookers, solar architecture, has also developed industry scales and is booming. China has complete demonstration of solar thermal power technology.

As for Bio-energy, the widening scope of the application of biogas in country, The technologies get breakthroughs to produce liquid fuel from biomass such as cassava, sweet sorghum grain. Thousands of tons of straw cellulose ethanol are in the pilot stage of industrialization demonstration project. By the end of 2010, various types of biomass power generation capacity is around 5.5 million-kilowatt. It is already achieving preliminary results in the countryside in clean use of energy.

Geothermal energy and marine energy use technology is continue development. The shallow layer geothermal energy used in building areas is of fast development. In the end of 2010, source hot pump heating refrigeration area reached 140 million square meters. The tidal utilization technology is basic mature. The wave energy, and trend energy technology research and development and small scale application made progress. The development and utilization work is in start stage, It has better technology reserve in the current, the future has larger development potential.

6. Greenhouse gas control strategy

China need new idea and new technologies for greenhouse gas control to satisfy the economic development and its energy structure.

The strategic planning to reduce CO_2 emissions need carry out in stages. The recent objectives is to improve the energy efficiency by "shut-down and go to recap" to eliminate backward productive forces, and to develop and promote the energy-saving technologies. The medium and long term objectives are focus on renewable energy and other green alternatives. The future is to develop CO_2 control emissions integrated system.

The integration ideas is refers to in in the West such as resources rich Set area construction recovery CO_2 alternative fuel-power co-production system. It will transfer coal in Hang Hau into power, F-T fuel or methanol, and DME and so on alternative fuel. At the same time most of the CO_2 will be separated and recovery and in-place buried. The power and alternative fuel can be transported to the economic developed area with big energy demand. In the economic developed area, alternative fuel both can be used as traffic transport fuel, also can be used as advanced clean power generation system fuel.

This approach conforms to China's "rich in coal, relative shortage of oil and natural gas resources" energy structure, "Energy base is relatively concentrated, consumer terminal relatively fragmented" resource distribution particularity, and "between the East-West economic development existing a big gap" status quo, The greenhouse gas control technique is suited to China's national conditions.

Comparison of domestic and international development of the discipline of engineering thermophysics

1. Development Trends

Energy and environment issues in the world are highly valued. Especially in developed countries, to raise energy issues to the height of the issues of the national security and tackle climate change. Many developed countries in improving the energy efficiency of the legal framework, it has accumulated rich experience on scientific and technological innovation. Common features of these State are: energy efficiency as a basic tool of the national energy policy; to develop energy-saving quantitative objectives on the legal; provide funding for the promotion of energy efficiency and the organizational structure support, development of a comprehensive energy efficiency projects.

Energy input in science and technology in recent years increase steadily in developed countries, increasing renewable energy research and development investment. Improving energy efficiency is more cost-effective, and great potential. Accelerated transformation of energy technologies, increasingly widely used. Electricity sector in most countries are major emitters of greenhouse gases sector, improve the efficiency of coal power generation technologies have developed rapidly. This is an urgent demand for safe and stable operation of power system of electric energy storage and power transmission. The distribution energy technology has developed rapidly in recent years.

CO_2 capture and storage are the new direction of development of fossil energy technology to reduce emissions. The capture needs to enhances the economics of technology. It is potential for technological breakthroughs. It always receive adequate attention on natural gas research and development and the use and application of technology of synthesis gas. The renewable energy has achieved rapid development in China, various types of renewable energy is growing rapidly. The renewable energy will play a major role on optimizing the energy structure, improving the ecological environment and building a resource-conserving and environment-friendly society. Because the advantage areas such as energy efficiency, environmental protection and power supply safety, the distributed energy technologies gradually accepted by the developed countries. Energy Storage Technology is the efficient use of renewable energy and the key to smart grid technology. CO_2 emissions of greenhouse gases and energy types and use are closely related, as the main concentration of mass CO_2 emission source. Energy and Power Systems become the core areas of application of CCS technology, energy and power systems control of greenhouse gases. They have become the subject of important emerging branch of engineering thermophysics. This is not only the new challenges facing the discipline of engineering thermophysics, as well as Century Challenges facing energy science.

2. Subject Analysis of advantage and disadvantage

（1）Engineering Thermodynamics and energy subjects

The distributed energy and greenhouse gas control as the both rapid development directions in recent years, the gap is closing to the world's advanced level in China. Multi-energy cascade use of complementary and integrated, as well as system integration is all advanced academic study of distributed energy systems theory. In terms of greenhouse gas control, trapping CO_2 principle of Chinese scholars proposed source of fuel for the first time, break the traditional separation of this principle to put emphasis on the source capture of the CO_2, that is, release, transformation and utilization of chemical energy in the process of looking for low energy consumption, even without the CO_2 separation energy consumption.

（2）Heat engine aero-thermodynamics and fluid mechanics disciplines

In the studies of the utilizations of waste heat from internal combustion engine by the turbine hybrid theory, waste heat from abroad will be able to use as an automobile engine technology and invested heavily in the future study. Chinese researchers from " twelve-five " to carry out study on unsteady flow mechanism and control of turbine.

In terms of theory and technology of turbine water jet propulsion research and development, compared to the ship's water jet propulsion research and development technology in China and abroad there is a big gap. In recent years, researchers in China to a Water jet part, propulsion systems and integration with the hull of the "boat-pump" system to conduct an in-depth study of the flow field.

Offshore power generation is a new field of development of the international wind power industry in recent years. The system of offshore wind power wind turbine technology research is focused on the study of aerodynamics and fluid machinery in recent years. World wind power industry is developing rapidly, key technology of wind power industry is growing. China's offshore wind power development process as a whole lags behind Europe and the United States.

（3）Heat and Mass Transfer discipline

It is hot in the field of far-field radiation, medium and high temperature diffusion study on the radiation characteristics of non-equilibrium systems, in particular the micro-energy transport mechanism of high temperature plasma and radiation characteristics, high-temperature particles and reunion study on the micro-mechanism of radiation in the world. Thermal radiation properties of porous composite materials and multi-mode coupling heat transfer problems attract more attentions in recent years.

（4）Combustion discipline

The research on coal combustion was carried out. The basic researches on combustion source of respirable particulate formation and control are in progress. The researches on engine mixing fuels or alternative fuel were carried out. The DLN combustor for gas turbine, as well as oxygen, hydrogen-rich combustion research are studied in China.

（5）Multiphase flow discipline

In advanced and the new reactor hot workers Hydraulic Characteristics study, based on advanced neutron lose games theory and section block law, the thermophysics coupled analysis method was established for super critical water bunch of and fast bunch of combination of new bunch of（super critical fast bunch of）. The appropriate calculated software was developed. Based on this the optimization design was proposed for the pressure tube type super critical water bunch.

It disclosed the influence of supercritical on cavitation in a fast reactor reactivity of the underlying factors from the mechanism. It gave out specific measures for overcoming this difficulty, for supercritical water-cooled fast reactor research.

In general terms, although China has obtained the world's outcome in the new mechanism of the fossil fuel energy release and the new principle engine and so on, but there is a large gap for the level of researches on engineering and thermophysics in China and the advanced world level.

Development trend and prospect of the subject

1. The development trend and demand forecasting

（1）Energy saving and emission reduction, improving the energy efficiency: including Intensive industries energy conserve, industrial energy saving and pollutant control, building energy conservation, transportation energy saving, and new energy-saving technology.

（2）Coal and fossil fuels: including Clean coal utilization and conversion of energy, cleaning chemicals, energy conversion and utilization of oil resources, fuel power saving and clean conversion, and the important direction in the areas of distributed energy system.

（3）Renewable energy and new energy: including solar, wind, biomass, hydrogen energy, hydro, ocean energy, geothermal, nuclear, renewable energy storage, conversion and complementary systems and so on.

（4）Control of greenhouse gases and no carbon-carbon and low carbon energy system: including energy and power systems science and technology for reducing emissions, carbon-free technology of low-carbon energy system, low carbon energy, chemical and industry, such as low-carbon eco-industry system.

2. Suggestions on the discipline developments

To achieve the development goals of energy science, It is important to effective combine the layout of the system and key point of the development. The selection of priority development areas should be guided by the following principles:

(1) strengthen basic research. (2) continued to support innovative research on high risk. (3) system layout at all times. (4) capacity-building as a top priority. (5) encourage integration of application-oriented research. (6) focus on the supporting of the study on the distinctive.

Written by: Kong Wenjun, Ke Hongying, Sui Jun, Qi Fei, Yang Ke,
Zhang Yangjun, Tan Heping, Yao Qiang, Guo Liejin

Reports on Special Topics

Report on Advances in Distributed Energy Systems

Distributed energy systems with combined cooling heating and power as the main form, have efficient, environmentally friendly, economical, reliable and flexible features, which are able to save energy and reduce emission to a large extent. Currently, the United States and European countries are starting smart energy revolutionary with distributed energy systems as the core technology. National Long–term Scientific and Technological Development Plan in China has already established distributed energy technologies as cutting–edge ones in the energy sector.

The existing distributed energy systems have many technical problems, such as great energy loss during the releasing process of chemical energy in fuel, low efficiency among micro and small scale power cycles, lack of effective methods to utilize waste heat in power variable temperature systems, poor performance of system under off–design condition. From the multidisciplinary aspects of the current energy, environment and other areas, it is necessary to carry out basic research on distributed energy systems, which includes the principle of cascade utilization of chemical and thermal energy in fuel, complementary mechanism of multi–energy and theoretical research on all conditions of the regulation. Meanwhile, key technologies of micro and small scale power cycles, efficient conversion of waste heat, advanced energy storage, complementary multi–energy and system integration energy have become focus of researches.

In recent years, on basis of basic researches, Chinese researchers have carried out a number of projects of distributed energy systems and raised new generation of distributed energy systems based on complementary multi–energy and cascade utilization of chemical and physical energy in fuel. Energy conservation rate of those demonstration projects is close to 30% and innovative technologies to support independent distributed energy systems are formed initially.

Written by Sui Jun et al

Report on Advances in CO$_2$ Capture and Storage (CCS)

Facing the increasing pressure of CO$_2$ emission control, China is trying to find out the low carbon development route for the power industries heavily relying on high carbon coal. CO$_2$ Capture and Storage (CCS) is one of the important technologies to reduce the CO$_2$ emission of fossil fuel based power plants. To identify the meaning of CCS technology to China, and indicate the potential direction for technology innovation, the report investigated the role of CCS technology in the national strategy of Greenhouse Control, and clarify its characteristics compared to energy saving and renewable energy utilization. The progress of academic researches and demonstration projects had been summarized and reviewed worldwide. And the, on the basis of overview of the current state of CCS technologies, the report indicated the problems and the breakthrough for development of CCS in China. With rather high energy penalty and cost, the exiting CCS technologies are unacceptable to sustainable development of China. Instead of the traditional chain mode to control CO$_2$, the new concept of integration mole, which emphasizing capturing CO$_2$ from its generation sources accompanying the conversion and utilization of energy, are necessary to China. The frontier research filed of this area, including the integration principle of cascade utilization of chemical energy and CO$_2$ capture, combustion theory of concentrating CO$_2$, the combination mechanism and methodology of thermal cycle and CO$_2$ separation, and the innovation of energy system with low energy penalty, had been introduced. The science problems are discussed and identified. Meanwhile, the supporting conditions for research and development of CCS technologies suitable for China had been recommended.

Written by Gao Lin et al

Report on Advances in Fluid Machinery

Fluid machinery coverts energies using fluids as working mediums and it may include compressors, expanders, bumps, propellers, water and wind turbines, etc.

It has been an important research theme for the application of fluid machinery such as compressors, bumps, water turbines in industry and energy fields. In recent years, China has made significant progress in the research of fundamental theories of fluid dynamics and in their technical application in transportation and national defense sectors based on continuous work on the theoretical as well as technical aspects of fluid machinery.

China is currently in the stage of comprehensive development. With the implementation of the plan for the advanced transportation and defense propulsion system, the energy–saving and emission–reduction, and the low–carbon economic development model, fluid machinery, as an essential part in the system of transportation, defense propulsion, energy, and industrial equipment, will be supported with priority by the nation in the areas of advanced propulsion and the energy–saving and emission–reduction system. Furthermore, attentions should also be paid on research fields of waste heat utilization at low temperature and offshore wind power generation from a strategic view.

Written by Zhang Yangjun et al

Report on Advances in Wind energy utilization

The science and technology of wind energy utilization is a interdisciplinary subject, dealing with aerodynamics, engineering thermalphysics, structural mechanics, atmosphere physics, power electronics, etc. Wind power, which is the main technology of wind energy utilization, has experienced great development in recent decade for the generated electricity produces no harmful emissions and dose not contribute to the greenhouse effect. The wind turbine, especially HAWTs, which transforms the kinetic energy in the wind to mechanical energy in a shaft and finally into the electrical energy in a generator, is encountering challenges from the increasing generating capacity and various operating conditions. The report firstly reviews the progress having been made in the wind utilization in the following fields: wind resource assessment, wind farm micro–sitting, design and analysis on the large wind turbine (airfoil/blade design, power control, and maintenance) , integration of wind power, and off–shore wind power. Then the report describes key problems and research contents for the continuing development of the wind energy, such as three dimensional forming theory on large wind turbine blades, advanced wind power technology based on various natural environmental scales and local region characteristics, intelligence on wind turbine, various utilization on wind energy, and offshore wind energy. At last, the report summarizes important research fields and directions at the current stage of the wind energy utilization: systematical 3–D design method on the large blades for wind turbines, design and verification on dedicated airfoils for wind turbines operating in Chinese wind conditions and environmental characteristics, wind resource assessment and wind field optimization specially for Chinese climate and geographical characteristics, blade testing technology and standardization, anti–pollution and anti–dust storm technology of wind turbine, anti–typhoon technology, high efficient and new concept rotor blade design method, composite characteristics and structural property of blades, compressed air energy storage system of wind energy, seawater desalination using wind energy technology, offshore wind energy utilization, green manufacturing technology of wind power, and meteorology on wind energy.

Written by Yang Ke et al

Report on Advances in PM2.5 Emission from Coal-fired Power Plants

Particulate matter pollution has become one of the most serious environmental problems in China, resulting from huge consumption of fossil fuels. Fine particulate matter (PM2.5) pollution problem is particularly prominent. PM2.5 is the main cause of reduced visibility and the formation of haze. It is more harmful than coarse particles because it contains toxic ingredients and penetrates the alveoli into the blood circulation system. In the PM2.5 emission caused by human activities, the PM2.5 emission by the use of fossil fuel in stationary sources exceeds 60%. Meanwhile, PM2.5 emissions from coal–fired power plants account for the highest proportion of stationary sources. Therefore we must strengthen the study of the formation and control of PM2.5 from the coal–fired power plants to seek more effective and more targeted approach.

The particulate matter produced by the coal–fired power plants contains an ultrafine mode and a coarse mode. Ultrafine particles are the particles of which the size is under $1\mu m$, and they can be also referred to as sub–micron particles; the size of coarse mode particles is usually larger than $1\mu m$, and they are also called residual ashes. These two types of particles have different physical and chemical properties and are formed by different generation mechanisms. Fine mode particles are mainly formed during the gasification–condensation process of the inorganic matter from the coal. Therefore the type of boilers that decide the combustion process, the load of boilers, the types of coal and other factors affect, to a large extent, the initial particle concentration and particle size distribution. During the practical measurement in the power plants, it is also found that the type of boilers, the load of boilers and the type of coal will influence the PM2.5 concentration and particle size distribution at the entrance of precipitator.

Particulate matters produced by combustion are respectively disposed by the denitration equipment, the precipitator and the desulfurizing tower before they are eventually discharged into the atmosphere through the chimney. The precipitator is the main particulate collecting equipment in the coal–fired power plants. By measuring the size distributions of particles before and after the precipitators of the power plants mass concentrations of particles at different types of precipitators are achieved. A bimodal distribution of particle concentrations is observed at each precipitator.

Electrostatic precipitator has a lower efficiency on eliminating smaller particles, with the lowest efficiency of 91.9% and 93.4% for particles with diameters around 1 micron. The hybrid ESP/BAGs shows the best elimination ability, with an efficiency of over 99% for not only PM_{10}, but also PM2.5 and PM_1. The wet precipitator has intermediate elimination efficiency between ESPs and hybrid ESP/BAGs for particles smaller than 1 micron, and has a worse efficiency for larger particles compared with ESPs.ESP part works cooperatively with bag filter part in the hybrid ESP/BAG during the dust elimination process. If hybrid ESP/BAGs are used by all power plants, total emission can be reduced from 2.1836 million tons to 104.3 thousand tons, with a decrease of PM2.5 from 898.5 thousand tons to 47.48 thousand tons. To achieve more strict control on particle emission, hybrid ESP/BAGs can be more widely utilized.

There are still many uncertainty in the PM2.5 formation and control research area and more studies are necessary in the near future.

Written by Yao Qiang et al

Report on Advances in Combustion Kinetics

Research in combustion kinetics is crucial for developing effective and clean combustion techniques, designing optimized combustion–driven power devices, controlling pollutant emissions from combustion etc., which have positive effects on China's core interests such as sustainable development of economy and national security. This report briefly introduces the strategical significances and the research progresses in China of the research in combustion kinetics. Furthermore, significant scientific problems and research topics in the long–term development of China's research in combustion kinetics are also suggested in this report.

Written by Qi Fei et al

Report on Advances in Radiation Transfer

Radiation is the physical phenomenon of energy transfer in the form of electromagnetic wave. In the temperature range which often encountered in engineering, the energy of thermal radiation is mainly focus on three wavebands in the scope of $0.1-1000\,\mu m$, namely, ultraviolet ray ($0.1-0.38\ \mu m$), visible light ($0.38-0.76\ \mu m$) and infrared ray ($0.76-1000\ \mu m$) . In addition, it is also important to investigate the radiation with shorter wavelength than ultraviolet ray and with longer wavelength than infrared ray such as the X-ray radiation and the microwave radiation.

The research subjects of the radiation are given as: the surface radiation; the particle radiation; radiation in participating media (gas, fluid or semitransparent solid) ; the numerical methods for radiation; radiation coupled with conduction, convection or chemical reaction; the experimental study of radiative parameters; inverse problem of radiative transfer; vector radiative transfer; the radiative transfer under extreme high temperature condition. These subjects can mainly be classified into two categories, namely, the radiative properties and the radiative transfer. The research contents of radiative transfer are provided as: radiation computation; radiation thermodynamics; radiation heat transfer; radiation optics; radiation hydrodynamics. Currently, the tendency of radiation research is focusing on two aspects. One is the deepening research of traditional radiation subjects. The other is the development of radiation interdiscipline such as the particle swarm non-independent scattering, the interaction of thermal radiation and the turbulent flow, infrared detection in high temperature dispersion medium, coupled heat transfer involved in thermal radiation, the radiative properties and radiative transfer under the extreme condition like the extreme high temperature plasma, the micro-scale or nano-scale radiative heat transfer, nonequilibrium gas radiation characteristics and transmission, radiative transfer in optically complex media, radiative transfer in biological tissue, radiative transfer considering the effects of transients and polarization.

Written by Tan Heping et al

Report on Advances in Multiphase Flow Science and Technology

Multiphase flow means a mixture of different phases or components with specific interface and investigates the cutting edge of the common fundamental nature in the field of fluid dynamics, heat and mass transfer, combustion, biochemical reaction and other applications in industries. As a emerging cross-discipline developed from traditional energy conversion and utilization, multiphase flow is the foundation of fossil and renewable energy, power, nuclear reactor, chemical engineering, petroleum, refrigeration and cryogenics, aeronautics and astronautics, environment protection and lift science investigations, which plays an irreplaceable role in the development of basis and mainstay industries of the national economy and defense technology. Multiphase flow is also existed widely in the nature, human body and other bioprocess, for example the gathering of wind and clouds, dust storms, rain and snow, debris-flow, cavitation, and waterfall in the earth surface and atmosphere, formation and evolution of geologic mineral resources, origin of life and human health, transition and protection of ecological environment, and so on.

Multiphase flow and heat mass transfer is the connection bridge between engineering and fundamental theory. Nowadays, Chinese researchers focus most of their attention on finding a solution to the multiphase flow and transfer in the high-efficiency exploitation, clean and renewable conversion and utilization of energy processes. An important feature of multiphase flow research in China is the strong connection to the requirement of national industry development and consequently to solve the fundamental science and technology problems which restrict the development of national economy.

In order to prompt the development of multiphase flow research of China, present research work must be re-surveyed from the emphasis on the new phenomena, new models and new methods of experiment, measurement and computation. Based on the inheritance & development of up-to-date methodology, we must focus on the innovative deep and cross investigations to solve the fundamental problems which restrict the development of national economy according to the requirement of national industry though taking the following measures: 1) To enhance the basic research and construct new or more precise constitutive relations; 2) To develop large software with independent knowledge property right by the amalgamation of new results of basic research and commercial software; 3) To strengthen the cross-research and promote the unisonous development through the reference of related disciplines for example fluid mechanics and molecular dynamics; 4) To extent the research field to other disciplines including chemical engineering, aeronautics, environment, life science and so on.

Based on the reviews of results in recent years, this report also indicates the directions of future efforts in the coming years, which may produce a profound influence on the multiphase flow science in China: 1）gas–liquid two–phase flow and heat/mass transfer; 2）gas–solid two–phase combustion and pollution control; 3）thermal physics and chemistry of coal gasification in supercritical water; 4）mathematical and physical model as well as numerical simulation methods of multiphase flow, 5）multiphase flow in petroleum engineering; 6）measurement technology; 7）multiphase flow and energy transportation in the conversion of renewable energy.

Written by Guo Liejin et al

索 引